Christoph W. Rosenthal

# Die Humanevolution war ganz anders

Eine überfällige Revision

Christoph W. Rosenthal

# Die Humanevolution war ganz anders

## Eine überfällige Revision

Bibliografische Information der Deutschen Nationalbibliothek:
Die Deutsche Nationalbibliothek verzeichnet diese Publikation in der Deutschen Nationalbibliografie; detaillierte bibliografische Daten sind im Internet über http://dnb.ddb.de abrufbar.

Alle Zeichnungen vom Autor,
alle Fotos in Privatbesitz

ISBN 978-3-96103-451-2


- Korrigierte Fassung 1.1 März 2019



www.rediroma-verlag.de
16,95 Euro (D)

*„Die modernen Menschen jedoch, die sich in Afrika zur gleichen Zeit entwickelten, genossen einen kleinen Vorteil – das Klima. Homo sapiens war gewissermaßen ein echter >Sunnyboy<, verwöhnt von einem warmen Klima, das Flora und Fauna des gesamten Kontinents seit langem prägte.“* [1]

[1] Friedemann Schrenk & Stephanie Müller, in: Gabriele Uelsberg & Stefan Lötters, Roots/Wurzeln der Menschheit, S. 29

Mit Dank an
Gernot, Marina, Renate, Felix, Andreas, Bernd

# Teil I
## Zu den Hintergründen der Entstehung der Humanevolution

# Aufriss

**Die Humanevolution war ganz anders:** dies meint nicht, dass ich hier mit sensationellen neuen Ausgrabungen aufwarten könnte, und auch nicht, irgendwelche abenteuerlichen Spekulationen um Außerirdische ins Spiel bringen zu wollen.

Es geht ganz einfach um das Problem, dass die bislang gängige Konzeption von Humanevolution mit ***fatalen*** **Konsequenzen falsch** ***gedacht*** ist. Dieses Verzeichnen geht so weit, dass die gängigen Konzeptionen von Humanevolution die **eigentliche Humanevolution** nicht wirklich in den Blick bekommen und eigentlich auch eher gar **nicht enthalten**.

Es handelt sich hierbei nicht um Nebensächlichkeiten, sondern um Grundfragen der menschlichen Existenz und unserer gesellschaftlichen Ausrichtung, und es ist so eine Sache, wenn hier problematische Ideologien des 19. Jahrhunderts immer noch eine wissenschaftliche Stütze finden.

Das Problem liegt in den falschen Prämissen bzgl. >Mensch< oder (lat.) >Homo<. Weder die Größe des Gehirns noch der Gebrauch von Werkzeugen können wissenschaftlich als die eigentlichen Kriterien in Bezug auf den Menschen genommen werden. Dass dies sogar regelrecht verkehrt ist, dürfte in den weiteren Ausführungen noch ersichtlich werden.

Es ist von den **neurologischen** Einsichten *an sich* klar und eindeutig, dass sich der **kategoriale** Unterschied zwischen >Mensch< und >Tier< - *allein* - damit verknüpft, dass es im Verlauf der humanevolutionären Entwicklung zur Aneignung der genetischen Verhaltenssteuerung zur Befähigung zur Selbststeuerung kam. Diese Fähigkeit zur Selbststeuerung seines Verhaltens wurde kurz vor unserer Art Homo sapiens erreicht, denn sie erwuchs aus diesem Ergebnis. Entsprechend ist der >Mensch< ein kulturales Wesen, und dies meint im Kern die Anlage zum Erwerb der Fähigkeit zur Selbststeuerung. Der Komplex >Kultur< ist personal wie sozial das Produkt fähiger Selbststeuerung, wie z.B. die Fähigkeit zu Kommunikation und Konfliktumgang. Mit dieser Aneignung der genetischen Verhaltenssteuerung verknüpfen sich die völlig neuartigen Möglichkeiten des Menschen gegenüber den Tieren. Doch deutet sich an, dass es auch ernste evolutionäre Gründe bis äußerst dicht vor das Aussterben gab, von der Verhaltens-Anlage der Tier-Stufe wegzukommen.

Hingegen enthält das gängige Konzept von Humanevolution in seinen Bezügen die Auffassung, dass sich das Entscheidende des Menschen mit der Entwicklung von Technologie verknüpft. Entsprechend bringt man dort >Homo< und die Humanevolution mit den Entwicklungen der Steinwerkzeuge und dem gewaltigen Gehirnwachstum in der Ära vor rund 2 Mio. Jahren in Verbindung und kommt dann, nachdem man seitdem Schritt für Schritt zunehmende Weiterentwicklungen in den Techniken konstatiert, konsequent auf die zivilisatorische Entwicklung nach dem >Ende der Eiszeit<.

Doch muss diese Konzeption in **allen** entscheidenden Punkten als **falsch** bezeichnet werden. Sie trifft, wie gezeigt werden soll, weder den tatsächlichen evolutionären Prozess zu und in der Humanevolution noch die wirklichen Hintergründe und Primär-Logiken der historischen Entwicklung.

Sie erfasst allein die Sachverhalte der der Humanevolution *vorausgehenden* Hominiden-Evolution, um die es sich seit der Ära vor ca. 2,5 Mio. Jahren handelte. Diese Fehleinschätzung ist tragisch, weil genau diese Entwicklung ganz im Gegensatz zu den Affen und den Menschenaffen wie etwa den Schimpansen komplett dem Aussterben verfiel – nicht aufgrund von zu wenig technologischer Intelligenz und Technologie, sondern angesichts von zu unfähigen Sozialverhältnissen zu viel.

Insofern verknüpft sich die humanevolutionäre Entwicklung an sich genau nicht mit einer Steigerung an Technologie, sondern ganz im Gegenteil in der Zuwendung zu seinen Kindern mit der Aneignung der bislang genetischen Verhaltenssteuerung zwecks Entwicklung eines fähigen Sozial- und Beziehungslebens, eben von *Kultur*.

Die Überwindung des evolutionären Problems von Sozialverhältnissen in Rängen mit ständigen Konkurrenzkämpfen zugunsten echter Beziehungs-Verhältnisse in Kommunikation war mitnichten einfach und erfolgte auch nicht in einem Schritt. Sie war jedoch aus drängenden evolutionären Gründen der tatsächliche Inhalt der ganzen eigentlichen Humanevolution. Dafür brauchte es kein größeres Gehirn, sondern eine neuartige neurologische Struktur, wie sie in Verbindung mit Sprache *und* Kommunikation entstand.

Diese Entwicklung erwies sich sowohl als möglich als auch als höchst lohnend, nicht nur als die letztlich einzige Alternative zum gegenseitigen Selbstruin. Mit dem neuen – nicht mehr nur auf Äußeres, sondern *primär* auf einen Umgang miteinander ausgerichteten – Bewusstsein gelang es mit der Entwicklung von Kommunikation und Konflikt-Fähigkeit, die negative Spannungsproblematik von Konkurrenzverhältnissen in ein positiv spannendes Sozial- und Beziehungsleben zu wenden. Man beachte: die Evolution von Technologie verknüpft sich mit der Lösung von *äußeren* Notstands-Problemen, die Evolution von Kultur mit der Entwicklung von Lebens-Qualität. Natürlich lässt sich unter dem Primat von Kultur auch Technologie zur Entwicklung von Lebens-Qualität nutzen, und ganz in diesem Sinne kam es auch humanevolutionär zu gewissen weiteren technologischen Entwicklungen.

Bei den Prozessen ab dem >Ende der Eiszeit< handelt es sich folglich gerade nicht um den erst eigentlichen Beginn der Entwicklung von Kultur, wie man früher meinte. In Teilen war eher das Gegenteil der Fall. Sie erklären sich vielmehr durch gigantische Naturkatastrophen in dem geologischen Umbruch vom Pleistozän auf das Holozän mit heftigen Klimakapriolen, dem sintflutartigen Anstieg des Meeresspiegels um ca. 120 m aufgrund des Abtauens der eiszeitlichen Gletschermassen usw. Anders als vielen höheren Tierarten gelang es dem Menschen wohl zu überleben, doch verbreitet auch nicht mehr. Die Entwicklung von Kultur und Persönlichkeit kam hier substanziell zu kurz, was sehr schnell gravierende soziale Folgen zeitigen sollte: ein Aufkommen hierarchischer Konkurrenzverhältnisse wie vor der Humanevolution, nun aber auch noch bis hin zu Diktaturen und kriegerischen Problemen. Gewalt, Hunger, Elend und Barbareien waren die Folge.

Sehr wohl gab es ein hohes Bemühen, die entstandenen Probleme zu lösen. Von daher kam es auch tatsächlich zu bedeutsamen Fortschritts-Entwicklungen, die auf keinen Fall unterschätzt werden sollten.

Inzwischen gibt es von daher an sich genug Nahrung, Produkte, Produktions-Möglichkeiten und Dienstleistungs-Angebote, sogar im Überangebot. Die seit dem Ende der Eiszeit bis heute bestehenden sozialen und ökonomischen Probleme haben ihren eigentlichen Grund in dem Mangel an Entwicklung von Kultur und Persönlichkeit im Sinne unserer evolutionären kulturalen Anlage.

In gewisser Weise stehen wir wieder in einer ähnlichen Situation wie in der humanevolutionären Entwicklung, und die inhaltlichen Parallelen sind alles andere als Zufall. Sie begründen sich in unseren evolutionären Prämissen.

Es ist insofern höchst lohnend, sich mit der wahrscheinlich tatsächlichen humanevolutionären Entwicklung zu befassen. Ich empfand diese Auseinandersetzung für mich selbst als einen wichtigen Klärungsprozess bzgl. unserer menschlichen Gegebenheiten, wobei für mich eine Auseinandersetzung mit den Alten Kulturen und im Übrigen auch mit Geschichte unabdingbar dazu gehört. Insofern kann dieses Buch ein Beitrag für die im Raum stehende >Große Transformation< zur Entwicklung der (historisch) Neuen Kultur sein.

# Zusatzbemerkungen

Angesichts solch grundlegender Umbrüche in Forschung und den sozialen Diskursen ist ein solches Werk ein Unterfangen. Dies betrifft zum ersten die uferlose Fülle an Material und auch an Auffassungen, wenn man sich nicht auf engste Spezialbereiche ausrichtet.

Es ist von daher, zum zweiten, nicht einfach, eine geeignete Form einer Abfassung zu finden. Angesichts der Masse an Themen in diesem Bereich möchte ich betonen, dass das hier vorliegende Buch von der **Auseinandersetzung um den kategorialen Unterschied zwischen >Mensch< und >Tier/** Primaten< bestimmt ist: nämlich der evolutionären Aneignung der genetischen Verhaltenssteuerung zur Befähigung zur Selbststeuerung. Es geht hier darum, wie dieser Prozess überhaupt möglich war; welche tatsächlichen Gründe es dafür gegeben haben dürfte, mit welchen Entwicklungen dieser Prozess verbunden war und was dieser im Praktischen bedeutet/e.

Es werden hier in diesem Buch neuere Einsichten aus dem verschiedensten wissenschaftlichen Bereichen wie z.B. Geschichte, Neurologie und Sprache aufgenommen, die auf diesem Stand noch nicht zu einem neuen Ergebnis integriert sind.

Für mich hat sich seit 2010 im Besonderen ein Forschungsfeld zu Sprache in Evolution, Geschichte und Etymologie ergeben, da ich dort wichtige Aufschlüsse fand. Ich hätte gerne meine diesbezüglichen Arbeiten vor diesem Buch veröffentlicht, da von dorther noch ein ganz anderer Hintergrund für die hier vorgetragene Argumentation entsteht, doch sind hier noch weitere Ausarbeitungen nötig. Bei dem gegebenen Stand denke ich an eine Veröffentlichung im Sommer 2019.

Um Kritiken und Reaktionen auf die hier vorliegende Abfassung aufnehmen zu können, ist hier zunächst mit Absicht eine Veröffentlichung im >Book on Demand<-Format gewählt. Es ermöglicht eine kleine Auflage und, falls notwendig, schnelle Überarbeitungen.

Für Kritiken, weitere Hinweise und eine Kontaktaufnahme soll demnächst eine Homepage zu meiner Person und auch zu dem Label >Edition Neue Kultur< ins Internet gestellt werden.

Die hier vorliegende Arbeit ist ein *Teil* einer umfassenderen Auseinandersetzung zu >Anthropologie und Geschichte<. Inzwischen erschienen ist (September 2018):

- >**Die kopernikanische Wende unseres Weltgeschichts-Bildes<**

Wie erwähnt soll in näherer Zeit erscheinen:

- **Cûl Tura:** Die ursprüngliche Sprache des Homo sapiens und ihr Vermächtnis in Geschichte und unseren Wörtern (2 oder mehr Bände)

Christoph W. Rosenthal

Wuppertal,
im September 2018

Mit Korrekturen und Aktualisierung im März 2019

Hinweise:

- **Wikipedia:** Für den Fall des Interesses an weitergehenden Informationen erfolgen hier häufiger Verweise auf Wikipedia-Artikel, da diese leicht per Internet zu erreichen sind. Dort finden sich oft auch Bilder, Karten, Graphiken und weitere Verweise auf Literatur und andere Artikel. Ein Vorteil ist auch, dass sich hier oft aktuellere Informationen finden als in Büchern.
Die Wikipedia-Artikel zur Humanevolution sind meist weitgehend von einem Fachmann verfasst. Sie enthalten in der Tendenz eine derzeit gängige Auffassung der Fachwissenschaft, gegen die jedoch in *dieser* Form dieses Buch gerichtet ist und die also nicht unbedingt der hier ausgeführten Position entspricht. Insbesondere die Begriffe *Homo* und *Hominiden* werden hier anders verwendet.

- Im Unterschied zu den **runden Klammerzeichen** (.) sind die **eckigen** Klammerzeichen [...] *in Zitaten* Ausdruck meiner Bearbeitung [= $C^{W}R$]. Dies schließt auch mitunter eine Bemerkung [*kursiv abgesetzt*] ein. Dies wird an den Stellen nicht jeweils vermerkt.

# Teil I

## Zu den Hintergründen der Entstehung der Humanevolution

Ist der Mensch „die Krone der Schöpfung“ oder vielmehr ein „Mängelwesen“, das ausgebreiteter Techniken bedarf, um sich im Überlebenskampf behaupten zu können? Ist der Mensch von besonderer Aggressivität oder aber von besonderer Intelligenz gekennzeichnet? Wie stellt sich überhaupt >die Realität< für den Menschen dar?

Diese und viele andere Fragen müssen heute nicht mehr unergiebig in historisch bedingten weltanschaulichen Behauptungen und ideologischen Streitereien aufgenommen werden. Die Gegebenheiten des Menschen können heute in den entscheidenden Sachverhalten ebenso wissenschaftlich erfasst und beschrieben werden wie eine Tier-Art, ohne deswegen die besonderen menschlichen Dimensionen >Persönlichkeit< und >Kultur< bestreiten zu müssen. Ganz im Gegenteil: eine sachlich qualifizierte Humanwissenschaft und Theorie der Humanevolution können diese Besonderheiten des Menschen erst wirklich herausarbeiten: warum und durch was sie entstanden sind und worum es hierbei eigentlich im Genaueren geht. Die hier inzwischen erreichten wissenschaftlichen Einsichten sind für die weitere gesellschaftliche Entwicklung von fundamentaler Konsequenz.

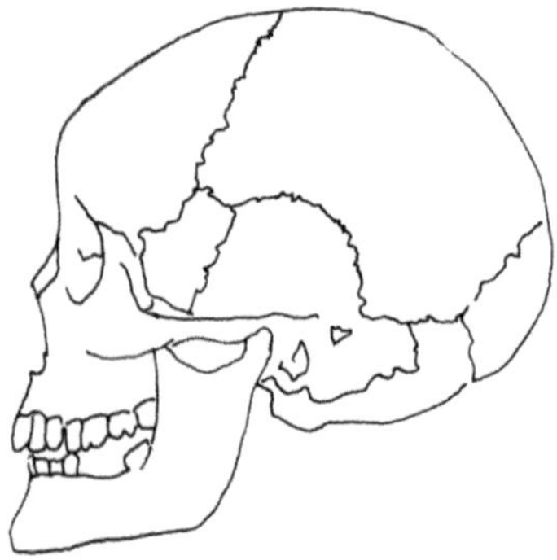

Auf der Embryonalstufe sieht der Schädel des Schimpansen dem menschlichen Schädel sehr ähnlich. Doch wächst bei dem Schimpansen im Weiteren vor allem der Bereich der Schnauze. Beim Menschen bleibt die embryonale Form ziemlich erhalten, der Schädel wächst samt dem Gehirn eher in der Größe. Vgl. die Schädelformen → S. 65

Angesichts der kulturell und historisch bedingten Sozial- und Sozialisations-Verhältnisse, die sogar körperliche Ausprägungen bestimmen, kommt einer humanevolutionär geklärten Anthropologie eine unverzichtbare Bedeutung für die Humanwissenschaften wie für die gesellschaftliche Debatte zu.

Mit dem inzwischen in guten Teilen möglich gewordenen Überblick über die Evolutionsgeschichte des Menschen, der Primaten, der Säugetiere, der Evolution des Gehirns usw. entsteht eine umfassende >Weltkarte<, von der sich die Gegebenheiten des Menschen recht gut einordnen, vergegenwärtigen und verstehen lassen. Ein Blick in die Tiefe dieser Evolutionsgeschichte ist die einzige sachlich qualifizierte Alternative gegenüber historisch entstandenen >Vorstellungen< und Irrtümern sowie manipulativen Ideologien. Aus diesen Gründen soll hier zuerst ein gewisser Überblick aufgenommen werden.

Es zeigt sich bzgl. der Humanevolution, dass ihre Problemstellungen und Lösungsstrategien mit dem in Verbindung stehen, was sich in Bezug auf die Primaten als einem Strang der Säugetiere schon von Anfang an darstellt und sich auch auf den weiteren evolutionären Stufen bis zur Humanevolution immer wiederholt.

Dieser Sachverhalt ist von Bedeutung. Denn damit können wir diesen Entwicklungsprozess in seinen Problemstellungen und Lösungsstrategien über eine Länge von insgesamt weit über 100 Mio. Jahren und im Vergleich zu den anderen evolutionären Verwandtschaftslinien studieren. Somit lassen sich die Themen der Ernährungsbesorgung, Aggression, den evolutionären Anforderungen und der evolutionären Fitness ganz anders einordnen und abklären, als dies früher möglich war.

# 1 Zur Evolution des Großhirns und der Primaten

*„Menschen sind dank ihres Gehirns unglaublich flexibel, bevölkern den gesamten Erdball und sind sogar erste Schritte auf dem Mond gegangen. Gewiss, Tiger haben schärfere Zähne, Elefanten sind stärker, Geparden schneller, Eisbären vertragen Kälte besser. Wale können besser schwimmen und Albatrosse besser fliegen. Im Gegensatz zu all diesen vom Aussterben bedrohten Tieren jedoch ist der Mensch dank seines Gehirns nicht auf eine Sache besonders spezialisiert, sondern kann sich auf die verschiedensten Umgebungen, Aufgaben und Probleme einstellen. Kurz: Er kann lernen, und zwar besser als alle anderen Lebewesen auf der Welt. Und das Organ, mit dem dies geschieht, sind nicht Zähne, Muskeln, Fell, Flossen oder Flügel, sondern das Gehirn."*

Der Neurowissenschaftler: Manfred Spitzer: Lernen, S. 14

Der zentrale Sachverhalt der humanevolutionären Entwicklung verknüpft sich wie bei der Evolution der Primaten mit einer besonderen Evolution des *Neokortex* oder *Großhirn* als einem speziellen Teil des Gehirns (grau markiert):

Frosch

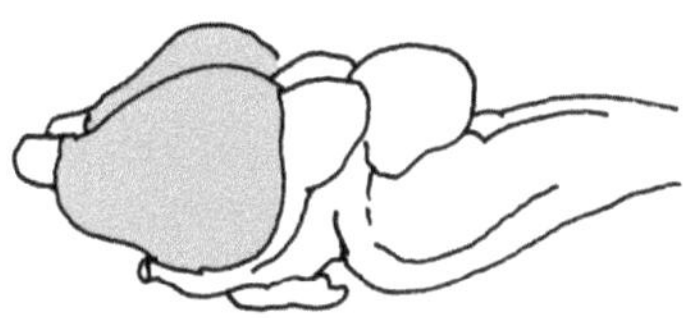

Hund

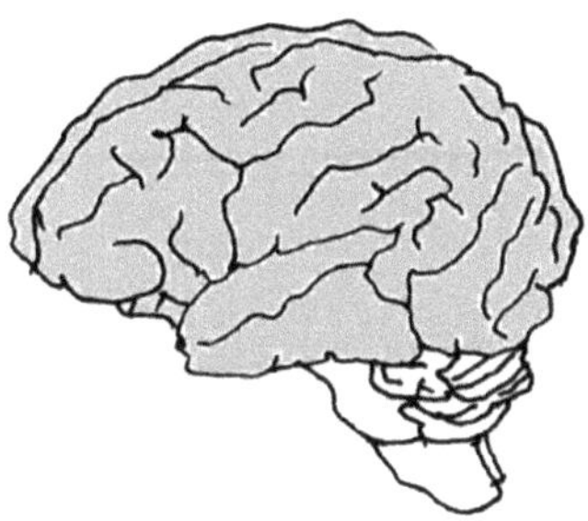

Schimpanse

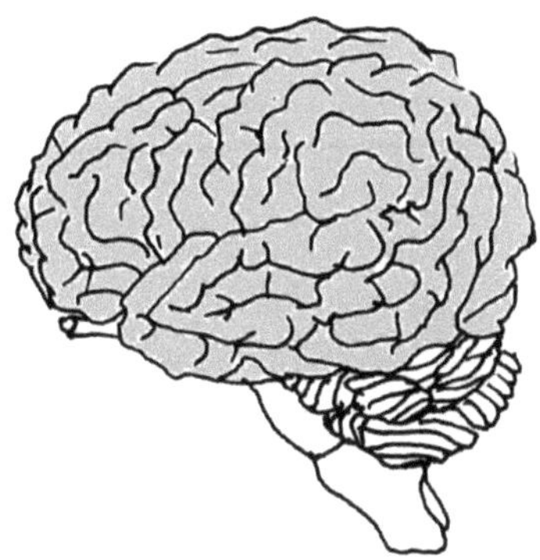

Homo sapiens

*Nachzeichnung nach:* Hoimar v. Ditfurth: *Der Geist fiel nicht vom Himmel, 7. Farbblatt nach S. 224*

*Dieses Buch bietet eine gut lesbare ausführliche Abhandlung über „Die Evolution unseres Bewusstseins“ (so der Untertitel), wenn es auch nicht mehr in allem aktuell ist.*

# 1.1 Zur evolutionären Linie der Primaten

Die Evolution der Primaten ist eine spezielle Entwicklungslinie innerhalb der >**Säugetiere**<, die ihrerseits schon mit der Evolution des **Großhirn**-Bereichs (**Neokortex**) verbunden ist.

| | |
|---|---|
| **Klasse** | **Säugetiere** (*Mammalia*) |
| Unterklasse | Höhere Säugetiere (*Eutheria*) |
| **Ordnung** | **Primaten** (*Primates*) |

S. dazu weiter: Wikipedia: *Säugetiere,* dort insbesondere den Abschnitt >Systematik und Entwicklungsgeschichte< sowie Wikipedia: *Evolution der Säugetiere*

Auf der Ebene der >Überordnung< sind die Primaten von den noch existierenden Tieren im Besonderen mit den >Glires< wie die Nagetiere und die Hasenartigen verwandt.

S. dazu mehr: Wikipedia: *Primaten,* Abschnitt Systematik und Stammesgeschichte< und nach Bedarf die weiteren Verweise. Auch der Abschnitt zur >Forschungsgeschichte< ist hier interessant.

Das genauere evolutionäre Aufkommen der Primaten kann m.E. noch nicht als geklärt gesehen werden. „Die ältesten zweifelsfrei den Primaten zuzuordnenden Fossilfunde stammen aus dem frühen Eozän (vor rund 55 Millionen Jahren).“ [2]

---

[2] Wikipedia: *Primaten,* >Stammesgeschichte<, 6.3.19, 4:24

Doch setzt man die Entstehung der Primaten (u.a. aus geologischen Gründen) deutlich früher an (auf evtl. 90 Mio. Jahre).

Diese Klärung ist hier nicht von Bedeutung. Das für uns entscheidende Datum liegt vor ca. **66 Mio. Jahren**, wo es zu einer gigantischen Naturkatastrophe kam, die einen Großteil des Lebens auf der Welt auslöschte, insbesondere die größeren Tiere.[3] Doch bedeutete dieses Ende des >**Erdmittelalters**< (*Mesozoikum*), das etwa 186 Mio. Jahre andauerte, die Eröffnung der >**Erdneuzeit**< (*Känozoikum*). Nun konnte sich nach dem Wegfall der übermächtigen Dinosaurier die Klasse der Säugetiere an die Spitze der Tierwelt setzen.

> „Der Beginn des Zeitalters der Säugetiere […] ist gekennzeichnet durch geologische Umwälzungen und klimatische Veränderungen […]. Die kleinen Säugetiere, die fast hundert Millionen Jahre lang ängstlich und furchtsam über den Waldboden schnüffelten und Samen und Insekten suchten, ständig von gefräßigen Reptilien bedroht, hatten nun eine evolutionäre Chance.“ [4]

S. dazu bei Bedarf weiter bei Wikipedia: *Känozoikum* (Erdneuzeit). Von dort aus lassen sich nach Bedarf die Verweise auf *obere* Gliederungen (z.B. *Erdzeitalter*) wie auf Untergliederungen aufnehmen. Bzgl. der direkten Katastrophe vor 66 Mio. Jahren s. Wikipedia: *Kreide-Paläogen-Grenze* [früher >Kreide-Tertiär-Grenze<) und *Chicxulub-Krater*

Dies betrifft auch die Evolution der Primaten. Zu dieser Entwicklungs-Linie hin zum Menschen folgende Graphiken:

---

[3] Die verbreitete Vorstellung, dass diese Katastrophe auf einen Asteoriden- oder Meteoriten-Einschlag zurückgeht, erscheint nach der neueren Fassung des Wikipedia-Artikels >Kreide-Paläogen-Grenze< (6.3.19, 4:45) als das „derzeit wahrscheinlichste Szenario“.

[4] R. E. Leakey & R. Lewin: Wie der Mensch zum Menschen wurde, S. 40

Die Linie der **Primaten** zum >**Menschen**< ist **fett** gezeichnet

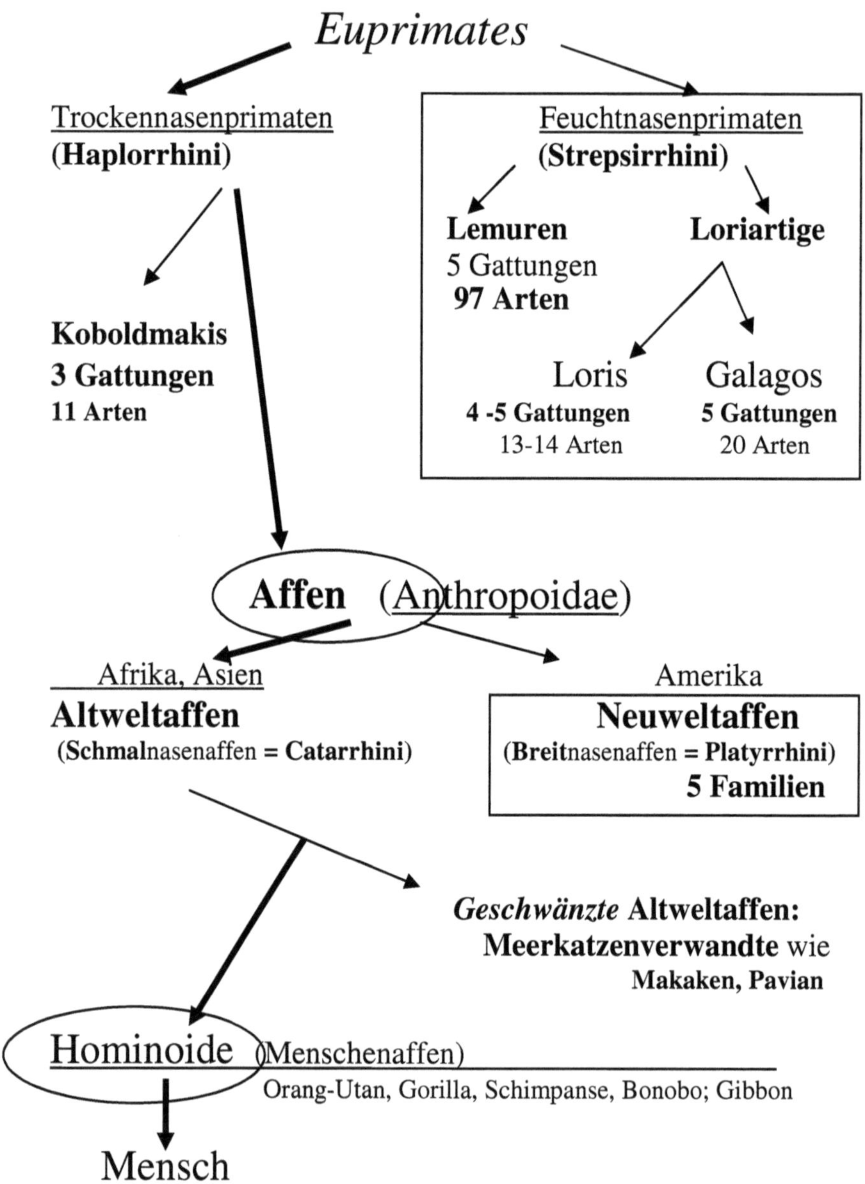

# Überblick Hominoide >> Menschen

nach der in diesem Buch vertretenen Auffassung

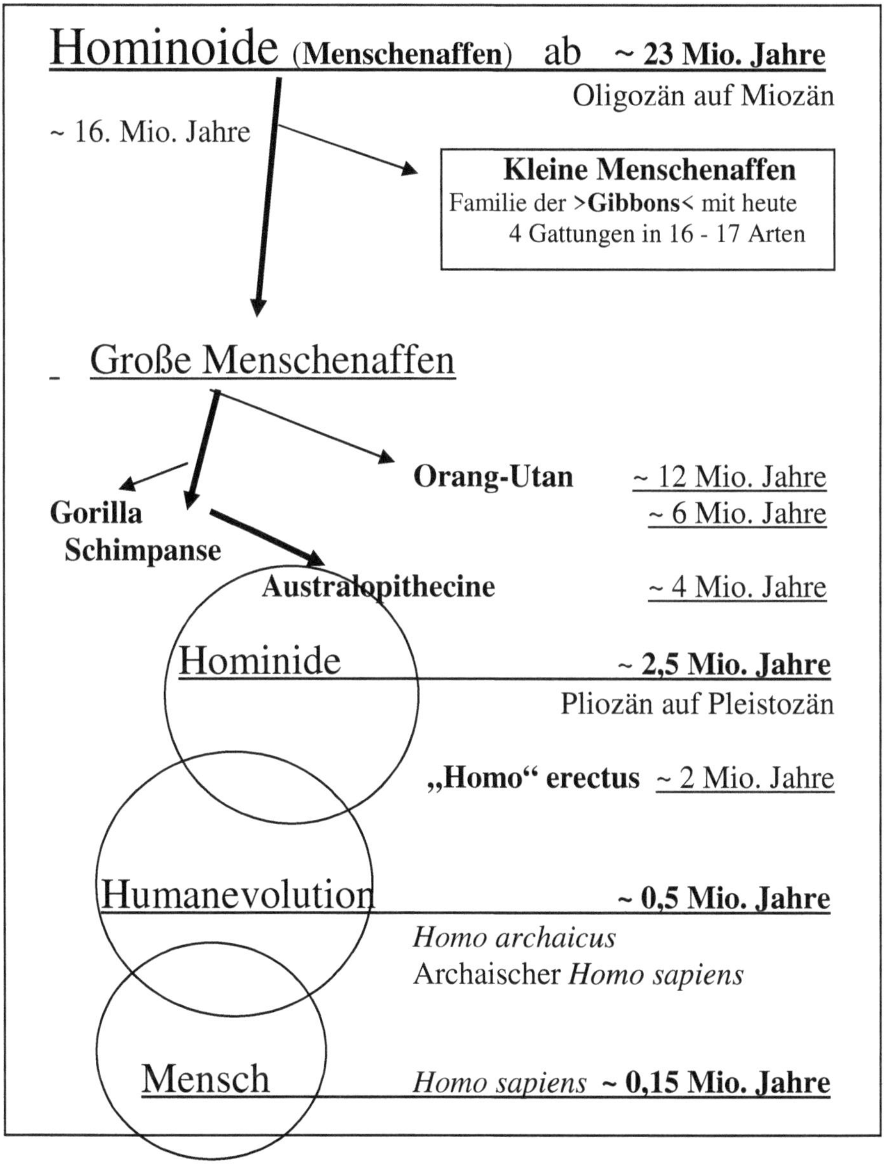

## 1.2 Zur Evolution des Großhirns

*„Das erste Lebewesen, dessen Großhirn alle älteren Hirnteile in der Entwicklung überflügelt hat, ist der Affe.“* [5]

Es ist die Evolution der Primaten, mit der sich die besondere Evolution des Neokortex = Großhirns verknüpft, aus der heraus letztlich dann auch die humanevolutionäre Entwicklung entstand. Diese ist auf jeden Fall eines der „Merkmale der Primaten“:

> „Die Gehirne sind verhältnismäßig größer [*im Verhältnis zur Körpergröße*] als bei den anderen Säugetieren und weisen einige einzigartige anatomische Merkmale auf.“ [6]

> „Oben auf dem Hirnstamm begann ein kleines Gebilde hervor zu sprießen, das bei den Fischen noch fast ausschließlich dem Geruchssinn diente. Während seiner weiteren Entwicklung wuchs es dann aber zu unerwarteter Größe heran. Erstmals bei den Halbaffen war es so groß geworden, dass es als >Großhirn< alle übrigen Teile des Organs einhüllte, deren Funktionen es gleichzeitig mehr und mehr übergeordnet wurde.“ [7]

Möglicherweise entstand der Strang der Primaten – *Euprimates* in den Abspaltungen von den Mäuseartigen aus dem Reaktionsmuster, auf besondere evolutionäre Krisen mit einer weiteren Großhirn-Entwicklung zu reagieren. Auf jeden Fall deutet es sich insgesamt an, dass die Schübe der Großhirn-Evolution von Anfang der Großhirn-Evolution an bis hin zu dem Kontext der Humanevolution mit **evolutionären Krisen** in insbeson-

---

[5] H. v. Ditfurth: Im Anfang war der Wasserstoff, S. 270, vgl. S. 269 und 323
[6] Wikipedia: *Primaten,* 6.3.19, 3:24 Uhr
[7] Hoimar v. Ditfurth: Im Anfang war der Wasserstoff, S. 323

dere **geologischen Umbrüchen** in Verbindung stehen. Dieser Sachverhalt erscheint für das Verständnis der Humanevolution als der entscheidende **Schlüssel**. Deswegen soll dieser Bereich entsprechend gebührend aufmerksam aufgenommen werden.

## 1.2.1 Zur Evolution des Gehirns im Gesamten

Schon an sich steht die Evolution von >Gehirn< aus ursprünglichen Nervenbündeln mit grundlegenden evolutionären Etappen des höheren Lebens in Verbindung. Hierbei lassen sich auch einige Einsichten für das Verständnis der humanevolutionären Hintergründe gewinnen.

Es handelt sich bei der evolutionären Entstehung des Gehirns um eine evolutionäre Weiterentwicklung der Nervenbahnen, die ihrerseits mit der evolutionären Entstehung unterschiedlicher Zellenfunktionen (später >Organe<) bei den Mehrzellern entstanden.

> „Die Entstehung von Nervenbahnen, die allein diese Aufgaben lösen können, ist auf dieser Entwicklungsstufe folglich eine elementare biologische Notwendigkeit gewesen. Der größte Vorteil des Prinzips der Vielzelligkeit, die Perfektionierung biologischer Leistungen durch die Entwicklung entsprechend spezialisierter Zellen, die schließlich zu bestimmten >Organen< zusammengefasst wurden, kann ohne die gleichzeitige Entwicklung eines Nervennetzes nicht genutzt werden. Der – eine unerhörte Neuheit – aus Zellen schließlich ganz unterschiedlicher Art zusammengesetzte Mehrzeller könnte keinen Augenblick überleben, wenn die sehr unterschiedlichen Funktionen seiner zahlreichen Bausteine nicht laufend aufeinander abgestimmt würden.

Welche Formen biologischer Existenz auf dem damit erreichten Organisationsniveau immerhin schon möglich sind, zeigte *Hydra,* der Süßwasserpolyp. Hydra ist ein besonders ursprünglicher, primitiver Vertreter der Mehrzeller des [*genannten*] Entwicklungsstadiums [...[. Sie ist kaum mehr als ein 1 – 2 cm langer Schlauch, dessen Wandung aus einer doppelten Zellschicht besteht, und der auf der einen Seite in einer >Fußplatte< endet, auf der anderen dagegen mit einem >Mund< versehen ist, den 6 – 10 Tentakel umgeben. [...]
Und doch steckt in Hydra schon der Keim für alles Kommende." [8]

Aus der evolutionären Entwicklung zu komplexeren Nervenstrukturen erwächst zunächst der >**untere Hirnstamm**< als Form der Koordination der Nervenstrukturen. Bis zu dieser Ebene kann das Lebewesen allein auf Reize reagieren, die *unmittelbar* den Organismus berühren.

„Die erste Stufe [*der Entwicklung der Nervensysteme*] ist ein einfaches >Nervennetz<. Die bloße Form seines Musters zeigt, dass es hier keine Hierarchie geben kann, sondern nur >Gleichschaltung<. Ein symmetrischer Schaltplan schließt die Möglichkeit von Aktionen aus, die einen unterschiedlichen Einsatz verschiedener Teile des Organismus erfordern. [...]
Schon bei den Würmern [*Abb. rechts*] sieht die Sache anders aus. Das typische >Strickleitersystem< ist in seiner bilateralen Symmetrie und der ständigen Wiederholung der gleichen Schaltelemente zwar auch nicht mehr als die Widerspiegelung des ebenso monotonen Baus seines Trägers, also etwa des Regenwurms. Aber hier gibt es am vorderen Ende doch schon eine kleine Ansammlung von Ganglienzellen: [...] die ersten, noch knospenartige Andeutung einer übergeordneten Zentrale und damit die erste Chance eines, wenn auch noch primitiven Programms." [9]

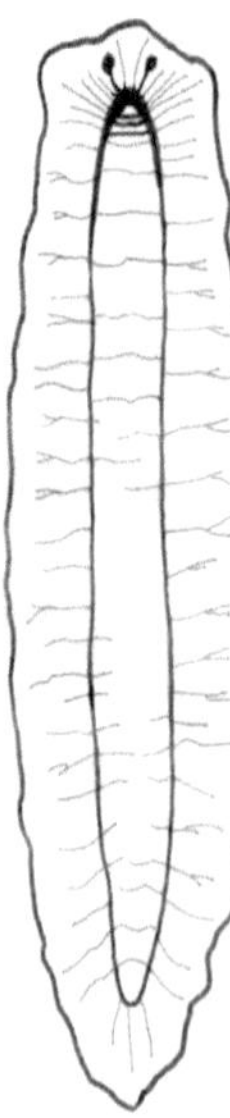

[Nachzeichnung ebd.]

[8] Hoimar v. Ditfurth: Der Geist fiel nicht vom Himmel, S. 66 - 69

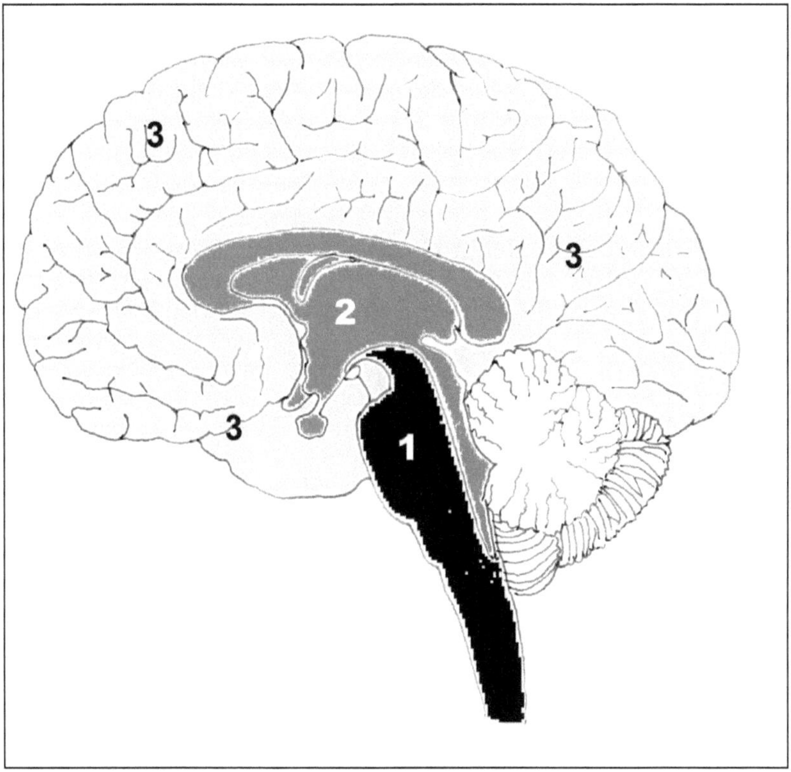


*Menschliches Gehirn mit den drei grundlegenden evolutionären Stufen:* **1** >unterer Hirnstamm< (schwarz), **2** >Zwischenhirn< (dunkel) *und* **3** >Großhirn< (hellgrau) [10]

In Verbindung mit der evolutionären Entwicklung der höheren Sinnes-Organe wie z.B. Augen und Ohren kommt es zu einer Weiterentwicklung des >unteren Hirnstamms<: nämlich zum >**Zwischenhirn**<. Mit diesem >Zwischenhirn<, populär auch

[9] Hoimar v. Ditfurth: Der Geist fiel nicht vom Himmel, S. 77 f.

[10] Nachzeichnung nach: Hoimar v. Ditfurth: Der Geist, S. 18 f., 84 f. , 226 f.

>**Reptiliengehirn**< genannt, können nun auch die Reize von Licht und Geräuschen als optische und akustische Signale (mit der Entwicklung von >Augen< und >Ohren<) für **Verhaltens**-Reaktionen erschlossen werden. Damit ist also eine entscheidend höhere Komplexität in der Entwicklung der Tier-Arten verbunden.

Zu der Ebene des >unteren Hirnstamms< gehören die Empfindungen im Mund und, dass wir nervlich negativ auf Rauchgase, Schläge, eine Berührung mit Feuer usw. reagieren. Demgegenüber ermöglicht das >Zwischenhirn<, akustische und optische Anhalte auch aus Entfernung zur Erkennung von Erwünschtem wie Nahrung, Geschlechtspartnern oder von Unerwünschtem und Gefahren wie Feinden zu nutzen und mit einem entsprechenden Verhalten darauf zu reagieren. Mit diesen Standards an Verhalten – die aber keine *Reflexe* sind - entstehen entsprechende über den >unteren Hirnstamm< hinausgehende Entwicklungen von Nervenbahnen, aus denen das >Zwischenhirn< erwächst.

In der weiteren evolutionären Entwicklung einer jeweiligen Art werden diese als >Zwischenhirn< angelegten Nervenstrukturen als Ausdruck der erfolgreichen Verhaltensformen ganz entsprechend anderer körperlichen Entwicklungen in der genetischen Anlage vererbt. Hiermit verknüpft sich der Schritt von den >Reflexen< zu den >Instinkten< als angeborenen Verhaltensmustern.

> „Der Vorteil dieser Situation besteht darin, dass allen Anforderungen und Aufgaben mit Verhaltensrezepten begegnet werden kann, die nicht bloß von einem einzelnen, sondern von den unzähligen Mitgliedern Hunderter und Tausender von Generationen der eigenen Art auf ihre Brauchbarkeit durchprobiert worden sind.“ (Ditfurth: Der Geist, S. 191)

Als diese **Verhaltensprogramme** lassen sich insgesamt „Futter- oder Beutesuche, Körperpflege und Verteidigungsreaktionen, den sexuellen Verhaltensbereich und die Brutpflege“ sowie die >Rekreation“ (Ruhen/Schlafen) ausmachen, „wobei bei einzelnen Arten noch spezielle Leistungen – Beispiel: Zugvogelorientierung – hinzukommen mögen.“ (Ditfurth: Der Geist, S. 143). Die Anzahl der >Verhaltensprogramme< ist also durchaus sehr begrenzt.

Diese Entwicklung war evolutionär zunächst der große Erfolg. Die genetisch mit den Nervenstrukturen vererbte >Erfahrung< ersparte dem Nachwuchs lange Sozialisations-Entwicklungen. Denn mit ihr war die große Gefahr verbunden, mangels hinreichender Erfahrung leicht zum Opfer zu werden. Eine frisch aus dem Ei geschlüpfte Wasserschildkröte >weiß< auf Anhieb ins Meer zu laufen und dort zu schwimmen. Ganz entsprechend war die Entwicklung des Zwischenhirns zunächst der große evolutionäre Erfolg, bis zum Ende der Dinosaurier vor ca. 66 Mio. Jahren auch gegenüber der Großhirn-Evolution.

Doch hat die Zwischenhirn-Stufe ein sehr fundamentales Problem:

> „[…] die tödliche Gefahr dieser gleichen Situation ergibt sich daraus, dass diese so überaus sorgfältig getesteten Rezepte [*der genetischen Verhaltenssteuerung im Zwischenhirn*] in dem gleichen Augenblick wertlos werden, in dem sich die Umweltbedingungen ändern, auf die sie mit solcher Sorgfalt – und dem entsprechenden Zeitaufwand – zugeschnitten worden sind. Für dieses doppelte Gesicht der vom Instinkt bewirkten Einordnung in die Umwelt gibt es eine ganze Reihe zum Teil dramatischer Beispiele. […].“ (Ditfurth: Der Geist, S. 191)

> „Ein Lebewesen, das über das Niveau des reinen Zwischenhirndaseins hinausgelangt und damit des individuellen Sammelns von Erfahrungen fähig geworden ist – wir nennen das gewöhnlich >lernen< -, kann unter Umständen innerhalb von Sekunden aus einer einzigen Erfahrung anpassende Konsequenzen für sein zukünftiges Verhalten ziehen. Die Art dagegen lernt innerhalb von Zeiträumen, die sich nach Jahrzehntausenden bemessen.“ (Ditfurth: Der Geist, S. 146)

Das besondere systematische Problem der Zwischenhirn-Anlage verknüpft sich mit **geologischen Umbrüchen**. In ihnen vollziehen sich Naturveränderungen, die in manchem überaus schnell und auf jeden Fall insgesamt überaus gravierend verlaufen. In diesen Zusammenhängen zeigt die Zwischenhirn-Anlage ihre große Schwäche.

In diesen Fällen konnte auch die weitere Entwicklung an Zwischenhirn keinen Erfolg bieten, die ja nur mehr Anpassung bedeutet hätte. Aufgrund der Grenzen der Zwischenhirn-Fähigkeiten kam es schon in hohen Zeiten zu einer neuen evolutionären Entwicklung der Nervenstrukturen: dem **Großhirn** oder **Neokortex**. Mit dieser Entwicklung verbindet sich die Sozialisations-Anlage der Lern-Entwicklung.

> „Die Tatsache, dass unser Gehirn bei der Geburt noch wenig entwickelt ist, erscheint damit aus informationstheoretischer Sicht in einem völlig neuen Licht. Die Gehirnentwicklung nach der Geburt ist kein Mangel, sondern eine *notwendige Bedingung* höherer geistiger Leistungen."
>
> Manfred Spitzer: Lernen, S. 235

S. für weitere Informationen etwa Wikipedia: *Gehirn*.

## 1.2.2 Zu den Rückwirkungen der Großhirn-Anlage

Wir sehen, dass die Großhirn-Evolution sowohl ihre Gründe als auch ihre höchst bedeutsamen Vorteile hat.

**Doch wäre es naiv zu meinen: je mehr Großhirn, desto schlauer und überlebensfähiger. Dies ist eine Auffassung, die effektiv aus vorwissenschaftlichen Vorstellungen stammt.**

Wir werden vielmehr sehen, dass die biologische Entwicklung der Großhirn-Anlage mit ganz erheblichen Konsequenzen und Anforderungen verbunden ist. Gerade auch in der evolutionären Entwicklungslinie hin zu >Homo< = >Mensch< zeigt sich, dass die höhere Großhirn-Entwicklung ***ausschließlich*** unter ***ganz bestimmten Voraussetzungen*** ein ***Erfolg*** war und ansonsten in Scheitern und Aussterben mündete.

Es ist von daher überfällig, von den vorwissenschaftlichen und kulturmythologischen Vorstellungen bzgl. der Gehirn-, Intelligenz- und Technologie-Entwicklung wegzukommen, wie sie ziemlich unbesehen den gängigen Konzeptionen von >Humanevolution< und der >Fortschritts-Geschichte< bislang noch immer zugrunde liegen. Denn die unzureichend reflektierten Prämissen führen hier nicht nur zu erkennbar falschen Modellen und gar zu regelrecht *tragisch* falschen Schlussfolgerungen in der sozialen Praxis. Sie verbauen auch die Auseinandersetzungen, von denen her eine gesamtwissenschaftliche Grundlage in Bezug auf Humanevolution und Geschichte überhaupt erst entwickelbar wird.

Zunächst ist festzuhalten, dass sich die Entwicklung der Großhirn-Evolution von den *biologischen* Grenzen und **Problemen** der **Zwischenhirn**-Anlage her erklärt. Verknüpft sich mit der Evolution des Zwischenhirns zunächst der große evolutionäre Fortschritt, so stellten sich mit der Zeit – und insbesondere in der evolutionären Krise vor ca. 66 Mio. Jahren - die Grenzen und Probleme dieser Anlage heraus: sie war zu stereotyp und also zu unspezifisch für die konkreten Gegebenheiten insbesondere bei **geologischen** Umbrüchen und seit der „Eiszeit“ = ab dem Pleistozän oft auch in den recht wechselhaften Klimaverhältnissen (s. die Graphik S. 67).

Die Anfänge der Großhirn-Evolution liegen bereits im >Erdmittelalter< (Mesozoikum). Doch der Erfolg der Großhirn-Evolution verknüpft sich im Erdmittelalter quasi ausschließlich mit dem Nutzen kleiner und komplexer Restbestände an Naturgegebenheiten, insbesondere im Kontext von wechselhaften und unteren Temperaturbereichen (etwa auch im Wechsel zwischen Tag und Nacht). Sie ist entsprechend auch häufig mit einer nächtlichen Lebensweise verbunden (so wohl auch zunächst in der Evolution der Primaten).

Der große evolutionäre Erfolg wächst im Erdmittelalter vielmehr dem „Reptiliengehirn“ = Zwischenhirn zu, nämlich insbesondere der Entwicklung des zunächst kleinen Zweigs der Dinosaurier. Es ist erst das komplette Aussterben der Dinosaurier (mit Ausnahme der von ihnen abstammenden Vögel) in der gigantischen geologischen Katastrophe vor 66 Mio. Jahren, die der Großhirn-Anlage die große evolutionäre Chance bietet. In diesem Ruin, wo die gesamten Großtiere aussterben, fällt nicht nur die entscheidende Konkurrenz weg. Unter diesen Gegebenheiten bedeutet auch die Großhirn-Anlage den entscheidenden Start-Vorteil bei der Regeneration des Lebens auf diesem Planeten. So entsteht das >Zeitalter der Säugetiere<, in dem sich zuletzt die Evolution zum >Menschen< an die Spitze setzen kann. Im Grunde genommen ergab sich auch gänzlich allein vom >Menschen< her das Recht der Begriffsbildung >Primat<, ist etwa der Bestand der Lemuren und nicht einmal der der Schimpansen weder auffällig noch >führend< noch überhaupt sonderlich erfolgreich, ganz zu schweigen von all den „den Schimpansen nachfolgenden" evolutionären Entwicklungen, die bis auf uns >Menschen< samt und sonders dem Aussterben verfielen.

### 1.2.2.1 Zu den evolutionären Zusammenhängen zwischen Großhirn, Fortpflanzung und Länge der Kindheit

Mit der Großhirn-Anlage verknüpfen sich je höher je mehr eine bedeutsame Verlängerung der Kindheit und damit entsprechend gravierend höhere Anforderungen in der Nachwuchs-Aufzucht.

Schon der darin erkennbare Gegensatz zu der Zwischenhirn-Entwicklung deutet darauf, dass diese Entwicklung in effektiven evolutionären Krisen entstand, wohl insbesondere in geologischen Umbrüchen. Ging der evolutionäre Trend der Zwischenhirn-Entwicklung dahin, möglichst viel an Erfahrung in der Zwischenhirn- und Nerven-Anlage genetisch zu verankern und also die recht prekäre Phase der kindlichen Entwicklung so kurz wie möglich zu halten, so stellt die Großhirn-Evolution aufgrund der Grenzen des Erfolgs dieser Zwischenhirn-Strategie eine effektive Gegen-Entwicklung dar, in der es umgekehrt zu der Ausdehnung der >Kindheiten< zum Zwecke der Lern-Entwicklung kommt.

Die frisch geschlüpfte Schildkröte >weiß< auf Anhieb zum Meer zu laufen und dann dort zu schwimmen und ihre Versorgung aufzunehmen. Hingegen sind die Geburten der höheren Großhirn-Anlage oft zunächst weitgehend hilflos. Es besteht ein direkter Zusammenhang zwischen dem Ausmaß an neurologischer Unreife des Nachwuchses und dem der Großhirn-Anlage, auch wenn dies im Einzelnen zu einer Angelegenheiten einer jeweiligen Art wird, die evolutionär ja auch die Zwischenhirn-Anlage umgreift. Doch grundsätzlich kann festgestellt werden: je höher die neurologische Unreife am Anfang liegt, desto mehr wird die Entwicklung der *eigenen individuellen* Sozialisations-Entwicklung unterstellt – dies ist die Logik der Großhirn-Entwicklung im definitiven Gegensatz zu der Zwischenhirn-Entwicklung.

Es bleibt von daher hier anzunehmen, dass die Evolution der Großhirn-Entwicklung an den Punkten entstand, wo bestimmte Mechanismen der Zwischenhirn-Entwicklung kein Ziel mehr fanden. Statt zur weiteren Qualifikation dieser Mechanismen zu gelangen, verblieben sie in der Irritation, was in dem Fall der evolutionären Entwicklung an Großhirn zur Bildung einer neuen Struktur in der Gehirn-Anlage führte.

Die Großhirn-Evolution bedeutet jedoch gerade nicht, mit mehr Intelligenz geboren zu werden. Das Gegenteil ist gegenüber der Zwischenhirn-Anlage vielmehr der Fall: die Nervenstrukturen des entsprechenden Gehirn-Bereichs sind zunächst noch unreif und reifen erst verzögert als >Sozialisations-Prägung<. Je höher der Anteil des Großhirns in der Gehirn-Anlage liegt, desto höher liegt der Anteil der konkreten Sozialisation in der Prägung der Gehirnbahnen, des >Wissens< und der Verhaltensmuster.

Diese Anlage hat ihre großen Vorteile, aber ebenso ihre großen Anforderungen, Nachteile und Gefahren. Es kommt sowohl in Hinsicht auf die Großhirn-Evolution als auch in Hinsicht auf die besondere Großhirn-Anlage des Menschen um alles darauf an, diesen Sachverhalt *adäquat* verstehen zu lernen. Denn diese Entwicklung erweist sich spätestens seit der Stufe der >Menschenaffen< (Hominoiden) evolutionär als **überaus ambivalent**: neben Erfolgen belegt sich ein hoher Quotient an evolutionärem Scheitern. Dieser Sachverhalt erscheint ebenso als Hintergrund für die humanevolutionäre Entwicklung als auch für das ebenfalls durchaus ambivalente Bild in der historischen Entwicklung.

Wir werden insgesamt noch im Weiteren sehen, dass die Großhirn-Evolution keineswegs per se mit der Entwicklung von Intelligenz gleichgesetzt werden kann, sondern sehr wohl auch das Gegenteil bedeuten kann. Doch zunächst ist vor allem die Großhirn-Evolution nicht mit der Entwicklung von >Bewusstheit< gleichzusetzen. Die Entwicklung von >Bewusstheit< wurde erst durch die Evolution von Sprache möglich – sie ist im Eigentlichen erst ein Sachverhalt der humanevolutionären Entwicklung, womit sich auch der kategoriale Unterschied zwischen >Mensch< und >Tier< verknüpft (s.u.).

Die Evolution von Großhirn verknüpft sich zunächst damit, die Mechanismen, die biologisch-*evolutionär* auf der Zwischenhirn-Stufe nicht mehr zureichend funktionierten, um neues Gehirn-Potential zu erweitern, damit sie in der Sozialisations-Entwicklung der Kindheit näher qualifiziert werden konnten. Doch worauf Hoimar v. Ditfurth absolut zu Recht verweist, ist, dass die Großhirn-Anlage zunächst lediglich eine Erweiterung des Zwischenhirns darstellt, nicht aber dessen Aufhebung:

> *„Zwischen die Welt und die Großhirnrinde haben die Götter das Zwischenhirn gesetzt. Ich behaupte, dass es unmöglich*

*ist, menschliches Verhalten zu verstehen, wenn man diesen entscheidenden Zusammenhang nicht durchschaut und seine Konsequenzen durchdacht hat.“*
Hoimar v. Ditfurth (Der Geist fiel nicht vom Himmel, S. 254)

Doch ist hier bei der Evolution des >Menschen< aufgrund der Evolution von *Sprache* ein besonderes Potential im Verhältnis zu der Zwischenhirn-Anlage entstanden. Dies ist auch der besondere Kern der eigentlichen Humanevolution, der an späterer Stelle noch entsprechend behandelt werden soll.

Zunächst aber bedeutet die Großhirn-Evolution nichts anderes, als dass hier Zwischenhirn-Funktionen von angeborenen >Instinkten< in Form von >Prägungen< auf Phasen in der Kindheit verlagert werden. So wurde mit entsprechenden Tier-Experimenten „eine Art der Verschränkung von Instinkt und Lernfähigkeit nachgewiesen, von der man bis dahin noch nichts gewusst hatte. Den Buchfinken war, anders ließ sich das Resultat nicht deuten, die Fähigkeit angeboren, *etwas ganz Bestimmtes lernen zu können.* [...] Diese sehr erstaunliche angeborene Fähigkeit zu selektivem Lernen ist inzwischen bei vielen verschiedenen Arten in Bezug auf ganz verschiedene Leistungen nachgewiesen und gesichert.“ (Ditfurth: Der Geist, S. 198)

Die Entwicklung von Großhirn bedeutet evolutionär noch lange nicht, dass die entsprechende Lern-Entwicklung in irgendeiner Weise mit Bewusstheit in Verbindung steht. Zunächst einmal führt sie vielmehr dazu, dass bestimmte Instinkt-Anlagen zugunsten von Prägungen in der Kindheit zurückgenommen werden. Dies hat – insbesondere in geologischen Umbrüchen - den Vorteil, dass die nur recht generellen genetischen Verhaltensanlagen in der Sozialisation auf die jeweiligen Verhältnisse hin ausgerichtet werden können und somit erheblich genauer angepasst werden - womit aber, wie wir noch sehen werden, durchaus auch völlig neuartige Gefahren entstehen, die sich biologisch in dieser Linie endgültig vor der humanevolutionären Entwicklung zuspitzten.

Die Großhirn-Evolution bedeutet vor der Humanevolution mit ihrem Ausmaß ausschließlich, dass eine *Art* neurologisch weniger fixiert ist und sich die *Individuen* nach dem Maß ihrer genetischen Anlage spezifischer auf ihre jeweiligen Sozialisations-Kontexte anpassen und *in diesem Rahmen* eigene Erfahrungen erwerben können. Entsprechend ist die Großhirn-Evolution in ihren Stufen auch mit einer höheren Unreife des Nachwuchses bei der Geburt sowie einem (neurologisch-hormonellen) Aufschub der Geschlechtsreife = Verlängerung der Kindheit verbunden, ist dies die äußere Form dessen, bei der Großhirn-Anlage stärker auf den Sozialisations-Kontext angelegt zu werden: die Ausbildung der Nervenbahnen steht länger unter dem Einfluss der konkreten eigenen Erlebnisse und Aktivitäten. Entsprechend kann gesagt werden: je höher die Großhirn-Relation im Gehirn, desto höher der Einfluss der Sozialisations-Prägung auf die Verhaltens-Anlage. Dies ist auch ein entscheidender Zugang für das Verständnis der Hintergründe in der humanevolutionären Entwicklung, wie noch deutlich werden wird.

Ganz in diesem Sinne verläuft die weitere Großhirn-Evolution. Sie verknüpft sich bzgl. der Art (nicht unbedingt der Individuen und ihrer Verbände) mit der Erweiterung bzgl. von Nahrungsquellen und (entsprechend) der motorischen Fähigkeiten. Der berühmte >Kobold< (s. Abbildung) als die verzerrte Abbildung unseres Körpers in der Großhirn-Anlage zeigt, wie sehr das Großhirn mit den *besonderen* Funktionen bzgl. von Nahrung (Mund – Nase) wie beim Menschen im Besonderen mit der Geschicklichkeit der Hände verbunden ist. Doch sind hier die Füße immer noch größer als der ganze weitere Rest des Körpers (d.h. ohne Kopf und Hände).

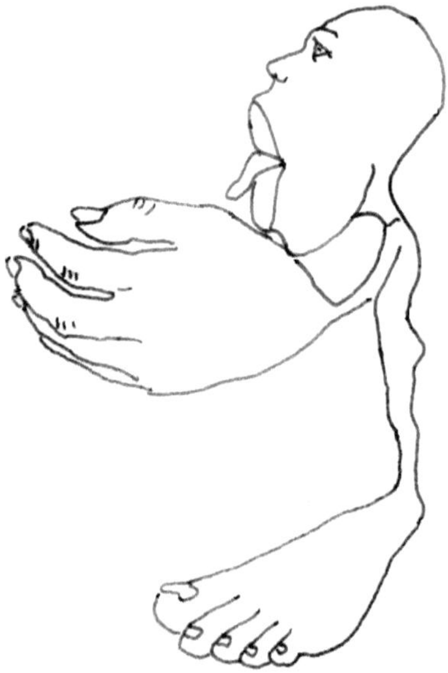

Nachzeichnung [11]

Dieser Sachverhalt ist sehr bezeichnend. Die Großhirn-Evolution steht hier auf der zweiten Stufe wesentlich mit einer Weiterentwicklung der *körperlichen* Geschicklichkeit in Verbindung. Gerade die besondere Hilflosigkeit zum Zeitpunkt der Geburt bedeutet – wohl auch schon bei den Mäusen – eine Steigerung der Steuerbarkeit der Muskelfunktionen, also dem Erwerb einer höheren Geschicklichkeit. Hierbei haben bereits das Strampeln und dann mehr noch das Balgen und >Turnen< eine Funktion, erst recht ein Nachspielen des Jagens usw.

[11] nach: Hoimar v. Ditfurth: Der Geist fiel nicht vom Himmel, S. 239

Doch mit der Entwicklung von Bewusstheit hat dies alles noch gar nichts zu tun. Dies ergibt sich schon darin, dass hier die eigentliche Lern-Entwicklung in der Phase der Kindheit angelegt ist. Das ermöglicht noch keine Bewusstheit (auch wenn die humanevolutionäre Entwicklung von Selbststeuerung und Bewusstheit auch eine Rückwirkung auf die menschliche Kindheit hatte). Die besondere Entwicklung zum >Menschen< mit seiner Ausbildung von Bewusstheit und der Fähigkeit zur Selbststeuerung entstand evolutionär erst daraus, als man die Sozialisations-Entwicklung über das Ende der Kindheit = über das Erreichen der *Geschlechtsreife* hinaus auszudehnen vermochte. Erst hiermit entstand der Zugriff auf die genetische Verhaltenssteuerung und die Entwicklung der Fähigkeit zur Selbststeuerung. Zu diesem Zweck entstanden evolutionär >Pubertät< und >Jugend< (→ Kapitel 6).

*„Der äußerste Schritt zur Vernunft besteht in der Einsicht, dass auch wir noch in einer subjektiven Wirklichkeit leben. […] Unser Gehirn ist, um es noch einmal zu sagen, ein Organ, das von der Evolution nicht etwa zum Erkennen der Welt, sondern zum Überleben entwickelt worden ist.“* [12]

[12] Hoimar von Ditfurth: Der Geist fiel nicht vom Himmel, S. 305

## 1.2.2.2 Die evolutionären Stufen in den Zusammenhängen zwischen Großhirn, Fortpflanzung und Länge der Kindheit bei den Primaten

Die Rückwirkungen der Großhirn-Evolution sind offenbar bislang noch wenig in den Blick geraten. Sie scheinen mir jedoch zumindest in der höheren Großhirn-Evolution - die hier für uns bedeutsam ist - sehr deutliche evolutionäre Stufen auszubilden. Da mir dazu bislang noch keine Literatur bekannt wurde, muss ich hier eigene Überlegungen vorstellen.

> Aufgrund der Einzelinformationen fällt dieser Punkt verhältnismäßig lang aus. Er kann im Überflug aufgenommen werden.

Was sich bei diesen Rückwirkungen andeutet, ist, dass die sich hier darstellenden Kategorien >(Eu-) Primaten<, >Affen< und >Hominoiden< nicht zufällig ergaben, sondern Ausfluss von *Stufen* der Großhirn-Evolution sind. Bevor ich im Weiteren auf die Rückwirkungen der Großhirn-Evolution zu sprechen komme, möchte ich die äußeren Zusammenhänge in einem solchen Stufen-Modell vorführen.

Bei diesem Modell ergibt sich, dass die Entwicklung **vor** der Stufe der >**Affen**< = >**Anthropoiden**< schon als eine spezifische Entwicklung innerhalb der Primaten vermutlich bereits **zwei** grundlegende Stufen mit verschiedenen Übergangsformen umfasst. Von dieser entwicklungsgeschichtlichen Betrachtung erscheint mir die frühere Begriffs-Bildung >Halb-Affen< dafür so verkehrt nicht. Der Begriff >Feuchtnasen*affen*< (= Strepsirrhini) ist demgegenüber schlechter, können die Strepsirrhini noch nicht mit >Affe< in Verbindung gebracht werden. Entsprechend wird inzwischen auch eher von >Feuchtnasenprimaten< gesprochen. Hingegen finden sich bei den Haplorrhini (>Trockennasen<) sowohl >Trockennasenprimaten< als dann auch vor allem die eigentliche Evolution der

Affen (>Trockennasenaffen<) bis hin zu der Evolution des Menschen. In dieser Unterscheidung sind die >Trockennasen-*primaten*< heute allein noch durch die >Koboldmakis< (Tarsiidae) repräsentiert.

Dabei wirft sich die Frage auf, ob das derzeit fachwissenschaftlich verbreitete Konzept richtig angelegt ist. Es deutet sich m.E. an, dass die >Feuchtnasen< die ursprüngliche Form dieser Entwicklungslinie darstellt, von der die Entwicklung der >Trockennasen< als Weiterentwicklung abging (verknüpft sich die höhere Großhirn-Entwicklung mit der neuen Ausrichtung vom Riechsinn auf das Primat der optischen Orientierung). In diesem Fall würden die Tarsiidae (wie die Koboldmakis) den evolutionären *Übergang* von den Feuchtnasen auf die Trockennasen-Affen repräsentieren. Vgl. dazu:

> „In vielerlei Hinsicht sind sie anatomisch eine Mittelform zwischen den Feuchtnasenaffen (Strepsirrhini) und den Eigentlichen Affen (Anthropoidea). Ihre Ähnlichkeiten mit den Feuchtnasenaffen sind allesamt primitiver Natur: eine nicht verschmolzene Unterkiefersymphyse, Backenzähne mit hohen Höckern, Putzkrallen an ihren zweiten (und dritten) Zehen, mehrere Brustwarzen und eine zweihörnige Gebärmutter (Uterus bicornis). Ihre Ähnlichkeiten mit höheren Primaten scheinen dagegen abgeleitete Spezialisierungen zu sein, ein Indiz für eine phyletische Beziehung beider Gruppen.“ [13]

> „Fossilien von Mitgliedern der Familie **Tarsiidae** (Koboldmakis) und anderen Tarsiiformes fanden sich in Asien, Europa und Nordamerika, aus Afrika gibt es ebenfalls einige (strittige) Überreste. Diesem ehemals großen Verbreitungsgebiet steht die heutige Verbreitung der **Koboldmakis** (Tarsius) entgegen, die nur noch auf einigen Inseln Südostasien (Sulawesi, Borneo, Sumatra und den Philippinen) anzutreffen sind.
> Bis vor kurzem waren die Fossilfunde von Tarsiiformes praktisch auf **Omomyiden** beschränkt. Mitte der 1980er Jahre je-

[13] nach www.primata.de: *Die Koboldmakis,* unter: >Die Trockennasenaffen< (10.01.18, 10:15)

> doch tauchten Überreste mehrerer Arten in Form von Gebissen auf, die eindeutig zu den Tarsiiformes gehörten. Zwei stammen aus dem mittleren Eozän Chinas. Einzelne Zähne aus dem südlichen China wurden als eine neue Art der heute lebenden Gattung Tarsius (Koboldmakis) beschrieben, was zeigt, dass diese Primaten in kaum veränderter Form bereits in der Mitte der Eozäns existierten.“ (ebd., *Evolution*)

Sollten die Tarsiidae tatsächlich eine solche Übergangsform darstellen, könnten sie in dem geologischen Umbruch auf das Eozän entstanden sein. Auf jeden Fall lässt sich feststellen:

> „Die Strepsirrhini [= *Feuchtnasenprimaten*] ähneln den frühen Primaten.“ (ebd.)

Allein Formen der Feuchtnasenprimaten treten hier auf der ersten Stufe in Erscheinung, und die Formen dieser Stufe zeigen in sich noch nichts Außergewöhnliches. Sie erscheinen lediglich eine spezifische Adaptionsform aufgrund spezifischer Naturgegebenheiten und stehen hier als Vertreter der >Euprimates< der Superfamilie Plesiadapoiden gegenüber, die „heutigen Eichhörnchen oder modernen Spitzhörnchen (*Tupaia*) in Größe und Aussehen nicht unähnlich“ (ebd.) waren. Das Fortpflanzungsverhalten und die Länge der Kindheiten lassen sich auf dieser Stufe tatsächlich etwa mit den Eichhörnchen usw. vergleichen. Es ist erst die nachfolgende evolutionäre Weiterentwicklung, in der das >Herausragende< der Primaten-Evolution aufkommt.

Diese Weiterentwicklungen finden noch bei den Feuchtnasenprimaten statt, jedoch allenfalls bis zur Stufe 2 in dem unten dargestellten Modell. Demgegenüber treten die Trockennasenprimaten erstmalig bei den Weiterentwicklungen auf, so mit den Tarsiiden (Koboldmakis). Ob die auf Stufe 2 schon in Erscheinung tretenden Formen der >Affen< = *Anthropoiden* noch als Repräsentanten des evolutionären Übergangs zu der eigentlichen Stufe der Anthropoiden gelten können oder eher als Regressionen der Stufe 3 (aufgrund eines besonderen evolutionären Drucks) gelten müssen, muss ich ebenfalls dahin gestellt lassen.

Vor der Präsentation dieser >Stufen< möchte ich hier zum Vergleich die Situation der Nagetiere und im Speziellen die der Hausmaus vorstellen, wird in diesem Vergleich das Besondere in der Evolution der Primaten erst richtig augenfällig. Es ist hier zu beachten, dass die Nagetiere und die Mäuseverwandten innerhalb der Säugetiere besonders nahe Verwandte der Primaten sind.

## Hausmaus/Nagetiere

> „Viele Arten [der Nagetiere], etwa die Mäuseverwandten, sind durch eine ausgesprochen hohe Fertilität gekennzeichnet (r-Strategie). Das Weibchen kann mehrmals im Jahr Nachwuchs zur Welt bringen, die Trächtigkeitsdauer ist kurz und die Wurfgröße hoch. Die Neugeborenen sind Nesthocker, oft unbehaart und hilflos, wachsen aber sehr schnell und erreichen binnen Wochen oder Monaten die Geschlechtsreife. So haben manche Hamsterarten mit nur 16 Tagen die kürzeste Tragzeit aller Plazentatiere und sind bereits mit sieben bis acht Wochen geschlechtsreif. Vielzitzenmäuse haben bis zu 24 Zitzen und Nacktmulle können bis zu 27 Neugeborene pro Wurf austragen."
>
> (Wikipedia: *Nagetiere. Fortpflanzung*. 6.3.19, 4.07)

Die >Hausmaus< „wirft bis zu acht Mal jährlich mit durchschnittlich 3 – 8 Jungen." „Die Tragezeit beträgt etwa drei Wochen." Etwa ebenso lange werden die Jungen gesäugt, im Alter von sechs Wochen sind sie geschlechtsreif. „Als zuchtreif gelten sie ab der achten Woche."

(Wikipedia: *Hausmaus. Fortpflanzung*. 6.3.19, 4:18)

Viele Verluste durch Fressfeinde, Lebenserwartung durchschnittlich 2 – 3 Jahre

# Die Primaten (allgemeine Charakteristik)

Merkmale der (Eu-) Primaten (mit über 400 Arten):

- „Die Weibchen haben geringe Wurfgrößen. Schwangerschaft und Abstillen dauern länger als bei anderen Säugetieren vergleichbarer Größe.“

- „Die Gehirne sind verhältnismäßig größer als bei anderen Säugetieren und weisen einige einzigartige anatomische Merkmale auf.“

> „Generell zeichnen sich Primaten durch eine lange Trächtigkeitsdauer, eine lange Entwicklungszeit der Jungen und eine eher hohe Lebenserwartung aus. Die Strategie dieser Tiere liegt darin, viel Zeit in die Aufzucht der Jungtiere zu investieren, dafür ist die Fortpflanzungsrate gering. Die kürzeste Tragzeit haben Katzenmakis mit rund 60 Tagen, bei den meisten Arten liegt sie zwischen 4 und 7 Monaten. Die längste Trächtigkeitsdauer haben der Mensch und die Gorillas mit rund 9 Monaten.
> Bei den meisten Arten überwiegen Einzelgeburten, und auch bei den Arten, die üblicherweise Mehrfachgeburten aufweisen (darunter Katzenmakis, Galagos und Krallenaffen), liegt die Wurfgröße selten über zwei oder drei Neugeborenen.“

(alles nach: Wikipedia: *Primaten.* 6.3.19, 3:24 Uhr)

Es ist bei diesen Tendenzen zu vermuten, dass die Evolution der Mäuseartigen mit günstigeren Ernährungsverhältnissen, aber deswegen auch mit einer hohen Fressfeindschaft verbunden war. Demgegenüber erscheint die Evolution der Primaten mit **kompliziert - komplexen** Naturverhältnissen verbunden. Auch wenn diese Verhältnisse mit zahlreichen Fressfeinden verbunden waren, lag hier ihre Bedrohung angesichts der

Komplexität der Verhältnisse *im einzelnen* nicht so *massiv*. So kam bei den höheren Primaten der Entwicklung von Geschicklichkeit, Intelligenz und Erfahrung das entscheidende Moment an Fitness im Überleben zu. Entsprechend ging der evolutionäre Trend zu längeren Kindheiten wie zu Einzelgeburten mit umso sorgfältigerer Betreuung und Erfahrungsvermittlung.

## Stufe Prä-Anthropoide >Halbaffen< (1. + 2. Primaten-Stufe)

Die frühere Konzeption der >Halbaffen< setzte sich aus den Feuchtnasenprimaten und den Koboldmakis zusammen, die hier in der Tat in ihrem Eigentlichen einen kategorialen Unterschied zu den tatsächlichen >Affen< beschreibt, auch wenn sich hier Übergangsformen belegen, was freilich auch bei dem Verständnis von Evolution zu erwarten ist.

Die >Affen< = Anthropoiden sind im Eigentlichen der Stufe 3 zuzuordnen.

Die Feuchtnasenprimaten umfassen **heute** die Galagos (mittleres und südliches Afrika), die Lemuren (ausschließlich Madagaskar) und die Loriartigen (Süd- und Ostasien).

## Stufe 1:

Die Stufe 1 ist von der Tendenz geprägt, die jährlichen Nachwuchs zeigt, in der mehr als ein Junges üblich ist und in der der Nachwuchs nach einem Jahr selbst schon Nachwuchs hervorbringt. Dies ist mitunter direkt mit einer jahreszyklischen Lebensform verbunden, wie sie sich auch bei unseren einheimischen Vögeln findet, was mit stärkeren jahreszeitlichen Wechseln in Verbindung steht.

Beispiel: die Familie der **Lemuren:**

„Berechnungen mit Hilfe der molekularen Uhr zufolge sind die Vorfahren der Lemuren vor 47 bis 54 Millionen Jahren auf Madagaskar angekommen, also im Eozän."
„Die Fortpflanzung der meisten Lemuren-Arten ist stark saisonal bestimmt und an die klimatischen Verhältnisse Madagaskars gekoppelt. Die meisten Geburten fallen in das Ende der Trockenzeit, in den Zeitraum September bis Dezember, sodass die Jungtiere ihre kritischen ersten Lebensmonate in der Zeit des größten Nahrungsangebotes verbringen können. Je nach Länge der Regenzeit kann es bei manchen Arten etwa im Februar zu einem zweiten Geburtenhöhepunkt kommen. Die Saisonalität der Fortpflanzung ist so stark, dass bei manchen Arten, etwa einigen Mausmakis, die Weibchen nur für wenige Stunden innerhalb eines Jahres empfängnisbereit sind. Die Länge der Tragzeit variiert zwischen 90 und 170 Tagen, die Wurfgröße zwischen eins und drei. Im Gegensatz zu vielen Trockennasenaffen gibt es zahlreiche Arten, bei denen Zwillingsgeburten überwiegen. [...] Nach einigen Monaten werden die Jungtiere entwöhnt."
(Wikipedia: *Lemuren.* 6.3.19, 3:33)

Eine recht archaische Form der Lemuren belegt sich bei der Familie der **Katzenmakis**:

„Die Weibchen haben meist drei Paar Zitzen. Die Fortpflanzung ist wie bei den meisten Lemuren stark saisonal, die Paarungszeit liegt am Beginn der Regenzeit (etwa November), oft sind die Weibchen nur für einen sehr kurzen Zeitraum empfängnisbereit. Nach rund 60-tägiger Tragzeit bringen sie ein bis vier (meist zwei oder drei) Junge zur Welt. [...] Nach rund ein bis zwei Monaten werden die Jungtiere entwöhnt und sind gegen Ende des ersten oder im Verlauf des zweiten Lebensjahres geschlechtsreif. In menschlicher Obhut ist für manche Arten ein Alter von über 20 Jahren belegt [...]."
(Wikipedia: *Katzenmakis. Fortpflanzung.* 6.3.19, 3:39)

## Die Übergangsstufe 1b:

Diese Übergangsstufe ist von der Tendenz gekennzeichnet, von der jährlichen Form abzugehen und nur noch jeweils ein Junges zu gebären. Interessant ist, dass sich diese Entwicklung sowohl bei den **Lemuren** (Beispiel Fingertier) als auch bei der evolutionären neuen Stufe der **Trockennasen*affen*** sowohl in Afrika als auch in *Amerika* findet.

**Fingertier** (gehört zu den **Lemuren**):

> „Im Gegensatz zu vielen anderen Lemuren haben Fingertiere keine feste Paarungssaison. Der Östrus des Weibchens setzt nur einmal im Jahr für 3 bis 9 Tage ein, dann beginnt es, schnell sein Revier zu durchqueren und die Männchen mit speziellen Rufen anzulocken. Bis zu sechs Männchen versammeln sich daraufhin und kämpfen miteinander um das Paarungsvorrecht. Die Kopulation dauert rund eine Stunde, im Anschluss begibt sich das Weibchen zu einer anderen Stelle und beginnt erneut ihr Werbungsrufen. Das Paarungsverhalten der Fingertiere ist also polyandrisch, das heißt, ein Weibchen pflanzt sich mit mehreren Männern fort.
>
> Nach rund 160 – 170-tägiger Tragzeit bringt das Weibchen ein einzelnes Jungtier zur Welt. […] Mit drei Monaten nehmen die Jungtiere erstmals feste Nahrung zu sich, und im gleichen Alter fangen sie auch mit spielerischen Bewegungen an. Mit rund sechs bis sieben Monaten werden sie endgültig entwöhnt. Mit rund eineinhalb bis zwei Jahren dürften sie ihre Mutter verlassen. Die Geschlechtsreife tritt mit 2,5 bis 3,5 Jahren ein. Die Fortpflanzungsrate der Fingertiere ist niedrig; nur alle zwei bis drei Jahre bringt das Weibchen ein Jungtier zur Welt.“
>
> (Wikipedia: *Fingertier. Fortpflanzung.* 6.3.19, 3:42)

## Die >Trockennasen<:

### 1. Die >Trockennasen*primaten*<:

**Die Familie der >Koboldmakis< (Tarsiidae) in der südost-asiatischen Inselwelt**

**Koboldmaki:** 3 Gattungen mit insgesamt 11 Arten auf Sumatra, Borneo, Philippinen und der Insel Sulawesi; kleine nachtaktive und Bäume bewohnende Tiere, bei den verschiedenen Arten Größe ohne Schwanz zwischen 9 bis 16 cm und Gewicht von 50 Gramm bis bei den schwersten Art 150 Gramm.

> „Es gibt Berichte über bestimmte Fortpflanzungszeiten, was für Bewohner von Regenwäldern ungewöhnlich ist. So fällt die Paarungszeit beim Sunda-Koboldmaki von Oktober bis Dezember [...].
> Nach einer rund 180- bis 190-tägigen Tragzeit bringt das Weibchen meist ein einzelnes Jungtier zur Welt. Die Trächtigkeitsdauer ist für Tiere dieser Größe sehr lang, dafür ist das Junge bei der Geburt sehr weit entwickelt und groß [...]. Mit 10 bis 15 Tagen bewegt sich das Jungtier erstmals von der Mutter fort, bereits mit vier bis fünf Wochen unternimmt es die ersten Versuche, selbständig Beute zu jagen. Mit rund 80 Tagen wird es endgültig entwöhnt. [...] Die Geschlechtsreife tritt mit ein bis zwei Jahren ein. Das Höchstalter eines Tieres in menschlicher Obhut betrug über 16 Jahre [...].“ (Wikipedia: *Koboldmakis. Fortpflanzung.* 6.3.19, 3:48)

### 2. Die >Trockennasen*affen*<

Dass auf dieser Stufe bereits >echte Affen< in Erscheinung treten, dürfte mit einem höheren Verfolgungsdruck in Verbindung stehen. Inwieweit sich hier eine evolutionäre Ausgangs-

Lage erhalten hat oder ob diese Formen als Regression der Stufe 3 einzuschätzen sind, kann hier nicht entschieden werden. In irgendeiner Form könnte Beides gleichzeitig der Fall sein.

## 2.1 Altweltaffen (Catharrhini), hier Afrika:

**Südliche Zwergmeerkatze:**
Tragzeit 158 – 166 Tage; Junges bei Geburt bereits 20% des Gewichts der Mutter; Jungen beginnen schon nach 2 Wochen, sich von der Mutter zu entfernen; nach 6 Wochen feste Nahrung, mit 3 Monaten selbstständig (weist auf hohen Verfolgungsdruck)

## 2.2 Neuweltaffen (Platyrrhini) - Amerika:

**Nachtaffen:**

> „Nach einer rund 130- bis 140-tägigen Tragzeit bringt das Weibchen meist ein einzelnes Jungtier zur Welt. Zwillingsgeburten kommen vor, sind aber selten. Das Geburtsintervall liegt bei rund 12 Monaten, das heißt, das Weibchen kann jedes Jahr ein Kind austragen. [...] Endgültig entwöhnt werden sie aber erst mit rund sieben Monaten. [...] Die Geschlechtsreife tritt im Alter von ein bis zwei Jahren ein, körperlich gänzlich ausgewachsen sind Nachtaffen allerdings erst mit vier bis fünf Jahren. Mit rund zwei bis drei Jahren verlassen sowohl männliche als auch weibliche Jungtiere ihre Geburtsgruppe.“
>
> (Wikipedia: *Nachtaffen. Fortpflanzung.* 6.3.19, 3:51)

**Krallenaffen** (Familie umfasst 4 Gattungen mit insgesamt über 40 Arten):

> „Zweimal im Jahr bringt das Weibchen nach einer rund 130- bis 150-tägigen Tragzeit ein bis drei Junge zur Welt. Zu

> 80 Prozent besteht der Nachwuchs jedoch aus zweieiigen Zwillingen. […] Die Fortpflanzungsrate ist relativ hoch, schon nach fünf bis acht Monaten nach der Geburt kann das Weibchen erneut werfen. […] Nach einem Monat beginnen die Jungen, feste Nahrung zu sich zu nehmen, nach einigen Monaten werden sie vollständig entwöhnt. Nach zwölf bis achtzehn Monaten sind sie geschlechtsreif.“
>
> (Wikipedia: *Krallenaffen.* 6.3.19, 3:30)

## Stufe 2

Auf der Stufe 2 liegt die Tendenz der Übergangstufe nun effektiv ausgeprägt. Die Tragzeit ist gegenüber der Stufe 1 gut verdoppelt und die Geburtenfolge mindestens halbiert. Hier wird gemeinhin nur noch jeweils ein Junges hervorgebracht, und die Kindheit ist in etwa ebenso verdoppelt (Tendenz 2 Jahre), d.h. der Zeitraum, bis eigener Nachwuchs gezeugt wird. Diese Entwicklung erweist sich ihrerseits als Zwischenform zu Stufe 3.

Beispiel:

**Plumploris** (die *Gattung* Plumploris gehört zur *Familie* der Loris):

> „Nach rund 190-tägiger Tragzeit bringt das Weibchen ein einzelnes Jungtier (selten Zwillinge) zur Welt. […] Nach etwa fünf bis sieben Monaten ist es entwöhnt und wird mit eineinhalb bis zwei Jahren geschlechtsreif. In menschlicher Obhut können diese Tiere über 25 Jahre alt werden.“
>
> (Wikipedia: *Plumploris. Fortpflanzung,* 6.3.19, 3:54)

## Stufe 3: die Anthropoiden

Die eigentliche Stufe der Anthropoiden (Affen) setzt die Entwicklungs-Merkmale der Stufe 2 weiter fort. Jedoch ist vor allem die Zeit der Kindheit **noch einmal verdoppelt**. Es ließe sich formulieren, dass mit der >**genitalen Phase**<, die hier beim Menschen in *psychischer* Form aufkommt, bei den Anthropoiden im **Alter von 3 – 4 Jahren** tatsächlich die Geschlechtsreife erreicht wird und der Nachwuchs nun selbst Nachwuchs hervorbringt.

Auffällig ist jedoch, dass dieser Sachverhalt hier gemeinhin nur für die Weibchen gilt. Bei dem männlichen Nachwuchs zeigt sich zumeist eine noch deutlich spätere Geschlechtsreife. Dies verweist darauf, dass **ab dieser Stufe der Großhirn-Evolution die Intelligenz-Entwicklung nun mit effektiven Rückwirkungen in Bezug auf das Sozialverhalten verbunden** ist, hier also unter der gegebenen Voraussetzung der genetischen Verhaltenssteuerung auch **mit einer Steigerung der männlichen Konkurrenz um den Zugang zur Paarung**. So kommt es hier über die Verdopplung der Kindheit hinaus bei dem männlichen Nachwuchs noch zu einer weiteren Verlängerung der Kindheit.

Sowohl von der Größe der Tiere her als auch von dem Sozialverhalten stellt sich hier bei den **Neuweltaffen** die ursprünglichere Form gegenüber den Altweltaffen dar.

> „Neuweltaffen sind im Schnitt etwas kleiner als Altweltaffen, ihr Gewicht reicht von 100 Gramm (Zwergseidenäffchen) bis zu 15 Kilogramm (Spinnenaffen). […]
> Das Sozialverhalten ist sehr variabel. Es gibt Neuweltaffen, die in monogamen Familiengruppen leben (Nachtaffen, Springaffen), Arten in komplexen Gruppen mit vielen Männchen und Weibchen, Arten mit Weibchendominanz (Totenkopfaffen) und schließlich die polyandrischen Krallenaffen."
>
> (Wikipedia: *Neuweltaffen.* 6.3.19, 3:55)

Beispiel:
**Kapuzineraffe** (Cebus, 4 Arten):
Geschlechtsreife der Männchen mit 7 J.; Weibchen ab 4 J. erstmalig Nachwuchs

Bei den **Altweltaffen** setzt sich diese Entwicklung noch stärker fort. Sie werden insgesamt größer, wie sich in der Tendenz auch die männliche Konkurrenz um den Zugang zur Paarung verschärft darstellt.

Bei den >Meerkatzenverwandten<, die gegenüber der Linie der >Menschenaffen< (Hominoiden) einzige überlebende Familie der anderen und älteren Linie der Altweltaffen (mit Schwanz) mit Verbreitung in Afrika und Asien (mit Pavianen und Makaken usw.), zeigt sich:

> „Bei den meisten Arten gibt es einen deutlichen Geschlechtsdimorphismus beim Gewicht – die Männchen werden manchmal doppelt so schwer wie die Weibchen. […]
>
> Meerkatzenverwandte leben meist in Gruppen und zeigen auch ein komplexes Sozialverhalten. Es gibt zwei Gruppenformen: zum einen die Einmännchen- oder Haremsgruppe, bei der ein einzelnes Männchen mehrere Weibchen um sich schart und keine Nebenbuhler duldet; zum anderen die Männchengruppen, bei denen mehrere Männchen mit vielen Weibchen zusammenleben, wobei die Weibchen aber meist deutlich in der Überzahl sind. […]
> Da die Weibchen in der Regel im Gegensatz zu den Männchen ihre Geburtsgruppe nicht verlassen, sondern zeitlebens dort bleiben, bildet meist ein Kreis nahe verwandter Weibchen den Kern einer Gruppe. Innerhalb der Weibchen etabliert sich eine Rangordnung, die unter anderem auf Abstammung fußt. Wenn mehrere Männchen in einer Gruppe leben, bilden auch sie eine Hierarchie. Diese Rangordnungen kommen unter anderem beim Zugang zu Nahrungsressourcen und

bei der Fortpflanzung zum Tragen. Die einzige monogame Art dieser Familie dürfte der Mentawai-Langur sein.“
(Wikipedia: *Meerkatzenverwandte*. 6.3.19, 3:57)

**Meerkatzen** (Cercopithecus): Tragzeit ca. 5 Mon.
Weibchen gebären erstmalig mit 3 – 7 Jahren

**Husarenaffe** (eine Art der Meerkatzenverwandten)
Tragzeit ca. 170 Tage; 1 Junges pro Jahr; Junges mit 12 Mon. entwöhnt.
Geschlechtsreife bei Weibchen mit 3 Jahren, bei den Männchen zwischen 4 und 4,5 Jahren

Dieser Trend von Dimorphismus setzt sich auf der weiteren evolutionären Stufe vor allem bei den Gorillas fort. Dort wird das >Siegermännchen< noch weiter zum größten Tier (>Silbernacken<), dem mit dem Sieg über die anderen Männchen die Weibchen >zufallen< und bis zu einer Niederlage >zugehören<.

## Stufe 4: die Hominoiden (Menschenaffen)

Bei den Hominoiden liegt diese Entwicklung in der Verlängerung der Kindheiten noch einmal **potenziert**. Biologisch-psychoanalytisch könnte davon gesprochen werden, dass hier schon die >genitale Phase< wie beim Menschen nicht mehr schon in der Geschlechtsreife mündet, sondern evolutionär ein **Moratorium** zugunsten des >Werksinns< wie tatsächlich jedoch *vor allem* zwecks **sozialem** Lernen eingeschoben wird. Bereits auf dieser Stufe kommt es zu Anfängen von Werkzeugsgebrauch, doch liegt diese Entwicklung noch so anfänglich, dass sie wohl kaum zur Erklärung dieses evolutionären Sprungs herangezogen werden kann. Diese Ausprägung kommt erst eigentlich auf der nächsten evolutionären Stufe der Hominiden auf.

Man beachte, dass ab dieser Stufe der Nachwuchs so lange gesäugt wird, wo auf der vorausgehenden Stufe (= Anthropoiden) der weibliche Nachwuchs schon zu Müttern wird.

**Gorillas:** „Weibchen erreichen die Geschlechtsreife mit 6 bis 8 und Männchen mit 10 Jahren. Aufgrund der Sozialstruktur erfolgt die erste Paarung jedoch meist erst einige Jahre später: bei Weibchen mit 9 – 10 und bei Männchen mit 15 Jahren."
(Wikipedia: *Gorillas. Fortpflanzung.* 6.3.19, 4:00)

**Schimpansen:** „Die Geschlechtsreife tritt mit 7 bis 9 Jahren ein, die erste Fortpflanzung erfolgt aufgrund des Gruppenverhaltens jedoch deutlich später, beim Gemeinen Schimpansen etwa mit rund 13 bis 16 Jahren."
(Wikipedia: *Schimpansen. Fortpflanzung.* 6.3.19, 4:03)

Die Lebenserwartung der Schimpansen beträgt im Freiland 30 – 40 Jahre (ebd.)

Der Zweig der >**Kleinen Menschenaffen**< = die Familie der **Gibbons** (= **Hylobatiden** mit heute 16 – 17 Arten), die nach gängigen Schätzungen vor ca. 16 Mio. Jahren aus der Stammlinie der Hominoiden ausschied, war offenbar in eine besondere Problematik geraten:

> „Der Gibbon scheint sich beispielsweise selbst in eine eng umrissene ökologische Nische verrannt zu haben. [...] Man kann daher vermuten, dass der Gibbon >gezwungen< war, sein Revier zu verteidigen (was sonst unter höheren Primaten nicht üblich ist) und seine Futterzone gegenüber allen Eindringlingen zu bewachen. Die Größe der Gruppe ist auf die kleinstmögliche Einheit reduziert: Männchen, Weibchen und deren Junge.“ [14]

Die Gibbons werden etwas früher, nämlich etwa mit 6 Jahren geschlechtsreif.

Schon aus dieser kleinen Aufstellung ergibt sich, dass die humanevolutionäre Entwicklung nicht als eine einfache weitere Potenzierung begriffen werden kann, obwohl dies in einzelnen Momenten durchaus der Fall ist. Diese Thematik wird im Weiteren noch eine Rolle spielen. Das Aufkommen von Sprache schafft hier eine fundamentale qualitative Veränderung in der Sozialisations-Entwicklung.

---

[14] Richard E. Leakey & Roger Lewin: Wie der Mensch zum Menschen wurde, S. 62 f.

### 1.2.3 Zur Evolution der Kindheit

*„Eins hatte ich durch die Beobachtung von Schimpansen und ihren Jungen gelernt: dass ein Kind ein Vergnügen sein sollte.“* [15]

***Jane Goodall***

Die Evolution der besonderen Großhirn-Entwicklung verknüpft sich mit der Evolution der Kindheit: einerseits mit Geburten bei einem immer unreiferen Zustandes des Gehirns und andererseits als Verlängerung der Kindheiten. Dieses evolutionäre Muster ist später auch die Grundlage der humanevolutionären Entwicklung. Es wurde auch zur Grundlage der Evolution der Sprache und von Kultur (s.u.).

Schon auf der **Ebene der Hominoiden** ist der Aufwand für das Großziehen des Nachwuchses *erheblich.* Bis zu vier Jahre lang wird der Nachwuchs bei den Schimpansen und Gorillas gestillt und mindestens noch einmal so lange von den Müttern als >Kind< betreut.

Aus diesem Sachverhalt entsteht ein enges soziales Band.

> „Auch in den anderen Menschenaffen-Gesellschaften, wo Koalitionen zerbrechen, Allianzen wechseln, Verbände sich auflösen, Geschwister einander aus den Augen verlieren, Hierarchien wanken, Paarungen nur so lange halten wie die Glut der Brunst, ist die Mutter-Kind-Beziehung die stabile Einheit,

[15] Jane Goodall: Grund zur Hoffnung – Autobiographie, S. 125

der Kitt, der hält, wenn es im Leben durch dick und dünn geht." [16]

*„Erst seit kurzem registrieren Feldforscher die lange unterschätzte oder gar nicht wahrgenommene Rolle der Mütter in den Primatengesellschaften als entscheidend. Es sieht so aus, als reichten Mütter nicht nur die Benimm-Regeln ihrer Gruppe, das Einmaleins der Familienhierarchie und einen Leitfaden durchs soziale Netz an den Nachwuchs weiter, sondern auch Fähigkeiten und Erfindungen, Trends und Traditionen. Mittlerweile zeichnet sich ab, dass sie als Hüterinnen der Primatenkultur gelten müssen.*

*Anthropologen verfolgen diese neue Einschätzung der Mütter bei unseren nächsten lebenden Verwandten mit wachsender Spannung. Einige leiten bereits heute davon ab, wie wichtig der Anteil der Frauen an der Entwicklung der frühen Menschengesellschaften gewesen sein muss. […]*

*In der Wildnis des Tai-Waldes an der Elfenbeinküste wurde zum Beispiel beobachtet, wie Schimpansinnen ihrem Nachwuchs ein einträgliches Handwerk beibringen: das Nüsseknacken. Sobald die Kinder mit etwa vier Jahren stark und geschickt genug sind, einen Stock oder Stein als Hammer zu schwingen, zeigen die Mütter ihrem Nachwuchs, welche Steine zum Amboss taugen und wie man die Nuss zurechtlegen muss, damit sie nicht weg-, sondern aufspringt. Die Lehrzeit dauert lange. Die Kleinen müssen immer wieder mit Demonstrationen trainiert und mit süßen Kernen bei Laune gehalten werden. Erst nach vier Jahren meistern sie jede Nuss."* [17]

[16] Uta Henschel, in: GEO Wissen „Die Evolution des Menschen", S. 58 f.
[17] Uta Henschel, in: GEO Wissen „Die Evolution des Menschen", S. 65 f.

Doch entsteht hier mangels Sprache, die eine geistige Selbständigkeit eröffnen konnte, bei dieser Länge der Kindheit in dieser hier so einseitigen Mutterbeziehung eine enorme psychische Abhängigkeit.

> „Behütete Primatenbabys dagegen, denen ihre liebevolle Mutter plötzlich abhanden kommt, verlieren ihr Lebenserhaltungssystem. Jane Goodall beschreibt, wie der achteinhalbjährige Schimpanse Flint, fast schon ein erwachsener Mann, zu essen aufhört, als seine Mutter Flo stirbt. Depressiv sitzt er herum und liegt drei Wochen später ebenfalls tot da. Flint ist kein Einzelfall. Von sechs weiteren Jugendlichen in Goodalls Forschungsgebiet Gombe weiß man, dass vier an ihrer Trauer zugrunde gingen, als sie plötzlich Waisen wurden – obgleich sie zu diesem Zeitpunkt bereits entwöhnt waren und sich selber versorgten. Zwei überlebten zwar das Trauma, aber körperlich zurückgeblieben und zu normalem Verhalten unfähig.“ [18]

Doch mehr noch erweisen sich bei dieser Länge an Sozialisation und dem entsprechenden Ausmaß an Verhaltensprägung die jeweiligen Sozialverhältnisse als zu unterentwickelt, als dass hier die Großhirn-Anlage mit ihrer Sozialisationsprägung eine wirklich produktive Konsequenz zu entwickeln vermochte. Denn nur intelligente Sozialverhältnisse können bei einer langen Sozialisations-Prägung auch Intelligenz ergeben. Das verlängerte Lernen an sich ergibt noch lange nicht auch schon mehr Intelligenz: es kann auch Banalismus, Dummheit, Langweilen, Gewalt usw. gelernt werden; es können sich auch übermäßige Einseitigkeiten, Spezialisierungen ausprägen usw. **Der Effekt der Sozialisations-Prägung ist und bleibt von seinen Gegebenheiten an Sozialverhältnissen abhängig.**

Von daher ergibt sich ein doppelter Begriff des >Sozialen<. Mit der evolutionär zunehmenden Länge der Sozialisationsphase entsteht wohl eine entsprechend zunehmende Sozialität, doch bedeutet die immer höhere Sozialität deswegen noch

---

[18] Uta Henschel, in: GEO Wissen „Die Evolution des Menschen“, S. 63

lange kein besseres Soziales im Sinne eines besseren Sozialverhaltens. Zunächst einmal bedeutet dieser Sachverhalt schlichtweg, dass der *eigene* Sozialkontext infolge der Sozialisation zu einem immer größeren Faktor in der Bewusstseins- und Verhaltensanlage wird. Von hier aus kann u.a. etwa auch an die Ergebnisse des Milgram-Experiments angeknüpft werden: es ist die unter primitiven und autoritären Verhältnissen sozialisierte besonders ausgeprägte Sozialität, die bei bestimmten Dynamiken zu beliebigen Verbrechen, Umweltzerstörung, Kriegen und hemmungsloser Gewalt führt: sprich zu einer insofern tief greifenden Asozialität.

Genau an diesem Punkt geriet schon die evolutionäre Entwicklung im Vorfeld vor der Humanevolution endgültig in ein Problem, und lediglich eine einzige Entwicklung erreichte hier den Durchbruch und die Lösung: nämlich die eigentliche humanevolutionäre Entwicklung in der Ausbildung von Kultur und Persönlichkeit. Alle anderen evolutionären Entwicklungen „jenseits der Schimpansen“ verfielen dem Scheitern und Aussterben.

Bei aller Intelligenz, die bereits die einfachen Affen aufweisen, bleiben jedoch die Sozialverhältnisse bis zur humanevolutionären Entwicklung zu primitiv, und dies setzte der Intelligenz-Entwicklung enge Grenzen oder schlug gar in >Affentheater< zu >Dummheit< um. Schon die Entwicklung der >Menschenaffen< (Hominoiden) war insgesamt kein wirklicher Erfolg.

Es ist höchst bezeichnend, dass es ausgerechnet die Notstandsprobleme in den geologischen Umbrüchen waren, wo das längst bestehende Intelligenz-Potential wieder eine sozial produktive Funktion erhielt. Von hierher erklärt sich die neue evolutionäre Entwicklung inmitten des geologischen Umbruchs vom Pliozän auf das Pleistozän vor ca. 2.5 Mio. Jahren.

# 2 Das nicht fehlende >missing link<: Die Evolution der Hominiden

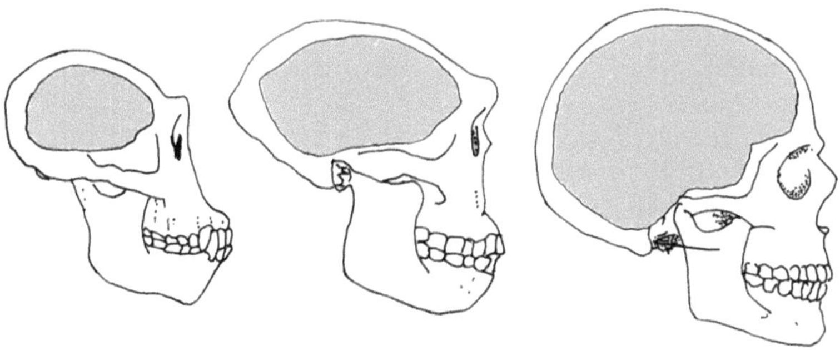

Schimpanse „Homo erectus“ Homo sapiens

*Nachzeichnung nach: Martin Kuckenburg: Wer sprach das erste Wort, S. 54*

Es handelt sich hier jedoch um eine frühe Stufe des „Homo erectus“. Die spätere Stufe liegt uns Homo sapiens schon deutlich näher.

## 2.1 Die Krise als neue Chance

Es ist das Bemerkenswerte, dass der neue evolutionäre Schritt: die Entwicklung von den **Hominoiden** zu den **Hominiden** mit existenzial bedrohlichen Umwelt-Veränderungen in der Entstehung der >Eiszeit< einher ging, bedeutete doch die evolutionäre Entwicklung, einen noch komplizierteren Nachwuchs durchbringen zu müssen und also noch mehr Aufwand.

> „Von der Hirnvergrößerung leitet sich aus fossilem Material auch ein Einfluss auf die Sozialstruktur ab, besonders auf die Kinderaufzucht. Als sich die Hominiden vom strukturellen Grundmuster des Primatentums entfernt hatten, brachten sie weit hilflosere Kinder zur Welt, deren Gehirn noch mit der Geschwindigkeit des Fötus wuchs. Diese Nachkommen aufzuziehen, bedeutete einen hohen zeitlichen und materiellen Aufwand.“ [19]

Es erweist sich, dass hier längst genug Großhirn-Intelligenz-Potential vorhanden war, das nur von den bislang bestehenden sozialen Verhaltensmustern her nicht genügend produktiv genutzt werden konnte. Doch angesichts dieser existenzial bedrohlichen Krise konnte >man< sich nicht mehr das gängige Ausmaß an Konkurrenzkampf um Ränge um Geschlechtspartner erlauben, und insofern kommt es hier **gerade wegen** dieser Krise zu besseren Sozialverhältnissen und also einem neuen evolutionären Entwicklungs-Schub, so wahrscheinlich auch zu den Anfängen der Evolution von Sprache (s.u.).

Der damalige Klima-Umbruch begründete sich nach den derzeitigen Einsichten damit, dass vor gut 5 Mio. Jahren die beiden Kontinentalplatten Nord- und Südamerika zusammentrafen und eine Landbrücke zwischen beiden entstand. Dadurch wurde der zuvor zwischen den beiden Kontinenten durchflie-

---

[19] Roger Lewin: Spuren der Menschwerdung, S. 144

ßende Golfstrom im Atlantik nach Norden umgeleitet, wodurch die mit dem Golfstrom verbundene Luftfeuchtigkeit im Norden kondensierte und hierdurch die Eisdecke am Nordpol entstand. Dies führte auch weltweit zu einer Abkühlung: zu der *bis heute andauernden* >Eiszeit<. Doch ist diese nicht bloß von einer geringeren Durchschnitts-Temperatur geprägt, sondern auch von häufigeren Wechseln von Warm- und Kaltphasen.

*Zur klimatischen Entwicklung auf der Erde*

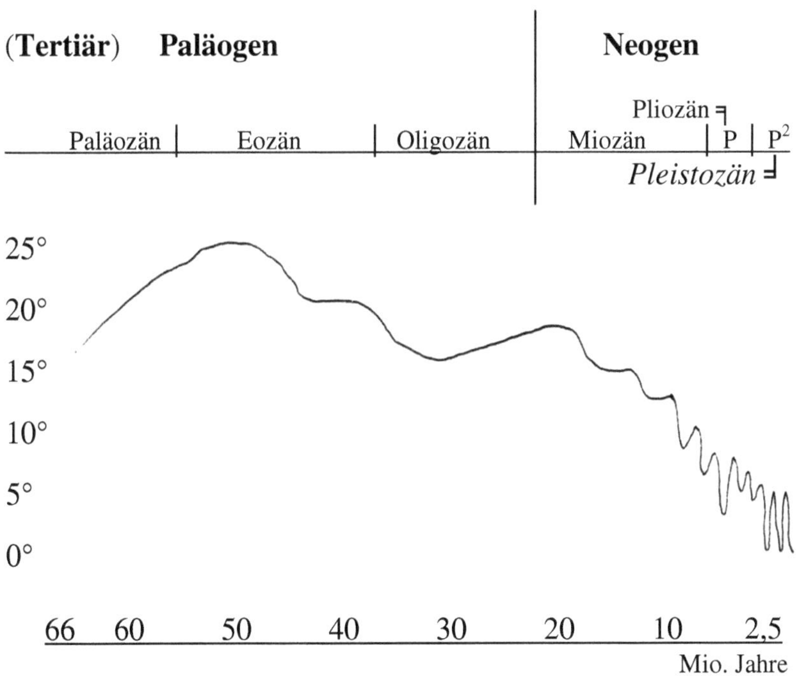


Durchschnittstemperatur Grad Celsius in mittleren Breiten

Nach: Roger Lewin: Spuren der Menschwerdung, S. 34

Die „Schlüsselereignisse in der menschlichen Stammesgeschichte scheinen“ nun „mit großen Kälteperioden vor fünf, 2,5 und 0,9 Millionen Jahren verbunden gewesen zu sein.“ [20]

Die allererste Entwicklung (in der Scheidung der Linie etwa zu den Schimpansen) verknüpft sich nach den bislang gängigen Einsichten etwa mit den **Australopithecinen**. Dazu:

*Australopithecus afarensis* [21]

„Vor fünf Millionen Jahren waren die Menschenaffen aus den sich immer weiter ausbreitenden Savannenlandschaften Afrikas verschwunden. An ihre Stelle traten in Süd- und Ostafrika allmählich die Australopithecinen, die >Vormen-

[20] Roger Lewin: Spuren der Menschwerdung, S. 35
[21] Nachzeichnung nach: GEO Wissen: Die Evolution des Menschen, S. 24 ff.

schen<, deren älteste Funde auf über vier Millionen Jahren zu datieren sind.“ [22]

Unter den verschiedenen Entwicklungsformen der Australopithecinen finden sich Anhalte für die letztlich zum Menschen führende Linie. So rückt die Struktur von Becken und Oberschenkelansatz bei dem Typus *Australopithecus afarensis* (s. Abb. oben) in die Nähe zu dem menschlichen Knochenbau, [23] wohl als Beginn der Entwicklung der Bipedie = des aufrechten Gangs. Man bringt dies gemeinhin mit dem vermehrten Gehen auf dem Boden aufgrund des Rückgangs des Regenwaldes in Verbindung.

Doch allein darin liegt der bislang effektiv ersichtliche Unterschied etwa zu den Schimpansen. [24] Die Australopithecinen werden wohl völlig zu Recht nicht als *Homo* bezeichnet. Wohl ist es möglich, dass die *allerersten* Anfänge der Evolution von Sprache und Technologie bereits bei den Australopithecinen aufgekommen sind. Dann hätte in diesem Anfang die Basis für die jedoch erst nachfolgende neue evolutionäre Entwicklung der Hominiden gelegen. Auf jeden Fall ist es das Feld der Australopithecinen, wo nach den bisherigen Erkenntnissen der evolutionäre Übergang von den Hominoiden zu den Hominiden anzusetzen ist.

Zu weiteren Infos zu den Australopithecinen s. z.B. Wikipedia: *Australopithecus*

---

[22] Dietrich Mania, in: Die ZEIT Welt- und Kulturgeschichte I, S. 47

[23] s. dazu auch die Zeichnungen: Roger Lewin: Spuren der Menschwerdung, S. 79 , demgegenüber S. 90

[24] „Die Schädelkapazität von *Australopithecus afarensis* umfasst 380 bis 450 Kubikzentimeter und übertrifft das von Schimpansen, das zwischen 300 und 400 Kubikzentimeter liegt, nur unwesentlich.“ Roger Lewin: Spuren der Menschwerdung, S. 88. Die etwas späteren *Australopithecinen* erreichten „etwa 500 Kubikzentimeter“ (ebd., S. 95)

Es ist also anscheinend erst der stärkere und schärfere klimatische Kälteeinbruch ab vor ca. 2,5 Mio. Jahren, [25] mit dem erst die Entwicklung der >Eiszeit< vollends durchschlägt und somit die neue geologische Serie **Pleistozän** beginnt. Hier kommt es nun zur Entstehung der Hominiden, so etwa zu *oder via* „Homo habilis" und „Homo Rudolfensis" wie zum erstmaligen Befund von Steinwerkzeugen. Dazu weiterhin:

> „Die globale Abkühlung vor 2,5 Millionen Jahren hatte ebenfalls Bedeutung für die Entwicklung des Homo habilis. Sie führte zu einer Ausdehnung der Grasländer in den Baumsavannen und schuf damit die Voraussetzung für eine starke Zunahme der Pflanzenfresserherden. Die Nutzung dieses unermesslichen Nahrungsreservoirs führte beim Menschen [*den Hominiden*!!!] aber auch zu größeren Anstrengungen. Zur notwendigen Abkühlung bildete sich deshalb das Schweißdrüsensystem heraus. Durch den Verlust des Haarkleides wurde die Transpiration über die Haut und über die gesamte Körperoberfläche möglich. Durch den höheren Flüssigkeitsbedarf entstand eine größere Abhängigkeit von Wasserstellen.
>
> Homo habilis nutzte Aufenthaltsorte, die aufgrund von Grabungsbefunden als dauerhafte >Wohnplätze< gedeutet werden können. Hier bleiben in großer Zahl Steingeräte und Nahrungsreste in Form zerschlagener Tierknochen zurück. An einigen Plätzen wurden offenbar Großsäuger zerteilt (>Fleischverwertungsplätze<), wie das zum Beispiel eine 1,6 Millionen Jahre alte Fundstelle von Koobi Fora zeigt. Hier wurde mithilfe von Abschlägen aus Stein, die auch retuschierte, scharfe Kanten aufweisen, ein möglicherweise durch Trockenheit verendetes Flusspferd aufbereitet." [26]

---

[25] „Die [*klimatischen*] Ereignisse vor 2,4 Millionen Jahren waren besonders markant. Auch in Fossilfunden von Säugetieren aus Asien und Europa spiegelt sich die offensichtlich extreme klimatische Situation jener Zeit wider."
Roger Lewin: Spuren der Menschwerdung, S. 34

[26] Dietrich Mania, in: Die ZEIT Welt- und Kulturgeschichte I, S. 52 f.

## 2.2 Der neue evolutionäre Schub in der Großhirn-Anlage

„Homo habilis“

„Homo erectus“

Nachzeichnungen nach Modellierungen in GEO >Die Evolution des Menschen<, S. 24 ff.

Die Aufstellung der Bezeichnung >Homo habilis< hatte darin ihren Grund, dass diese Entwicklung aufgrund der zeitlichen Zusammenhänge mit dem evolutionär neuartigen Aufkommen der Herstellung von Werkzeug in Verbindung gebracht wurde, die sich nun von dieser Zeit ab belegt. Mit ihr entstand die große Fortschrittsentwicklung namens >Steinzeit<. Die Phase ab vor 2,5 Mio. Jahren bis zu dem so genannten >Ende der Eiszeit< (Endphase vor ca. 15.000 Jahren) fungiert unter der (längst problematisch gewordenen) Bezeichnung >Altsteinzeit< = **Paläolithikum**.

Gleichzeitig kommt es zu einem bedeutsamen Großhirn-Wachstum. Sie führte bereits unter „Homo habilis“ zu einer vollen Verdopplung des Gehirns gegenüber den Schimpansen und gegenüber den Australopithecinen - eine Entwicklung, die sich noch weiter fortsetzen sollte (s. Abb.).

↓ Durchschnittliche Hirngröße

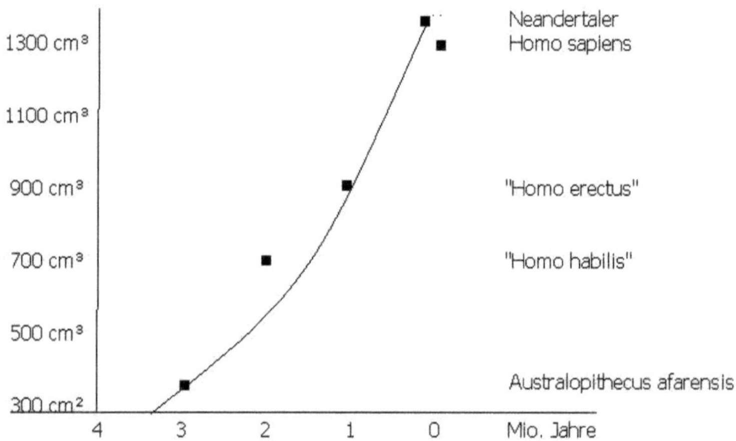


Vereinfachte Nachzeichnung einer offenbar einstmals verbreiteteren Graphik. [27] Merkwürdigerweise finden sich insgesamt höchst divergente Angaben bzgl. der Gehirngröße des Homo sapiens.

[27] sie findet sich z.B. in Roger Lewin: Spuren der Menschwerdung, S. 143, und GEO Wissen „Die Evolution des Menschen“, S. 80. Ich sah diese Graphik auch in einem neueren Internet-Artikel

## 2.3 Ora et Labora: Die Evolution von Sprache und Technologie

*„Eine Sprache verstehen, heißt, eine Technik beherrschen.“* [28]
***Ludwig Wittgenstein***

Es hat den Anschein, als assoziiere man den Sachverhalt >Sprache< selbst noch im Bereich der Wissenschaft im Primären und Eigentlichen mit >Kommunikation< und dächte entsprechend die Evolution von Sprache im Eigentlichen in dem Schritt vom Laut-Gebrauch zu Wörtern. Doch werden in dieser Auffassung die **neurologischen** Sachverhalte dieses Bereichs nicht zureichend erfasst.

Schon bei den Affen findet sich:

> „Sie verfügen über ein hoch entwickeltes Lautsystem zur Verständigung. Die in der afrikanischen Savanne lebenden Grünen Meerkatzen beispielsweise verwenden je nach Gefahrenquelle verschiedene Alarmrufe: Erspäht ein Affe einen Leoparden, so stößt er einen bellenden Laut, der die ganze Horde veranlasst, in den Schutz der Bäume zu fliehen; vor Schlangen warnt ein schnalzender Laut, bei dessen Ertönen alle Affen beginnen, auf Zehenspitzen stehend, das hohe Gras in ihrer Umgebung zu durchmustern. Daneben gibt es noch ein raues Kreischen, das vor Gefahr aus der Luft warnt, etwa vor einem Adler. Bei diesem Klang flüchten die Affen von den ungeschützten oberen Ästen eines Baumes weiter nach unten. Jede Bedrohung ruft einen ganz besonderen Warn-

[28] Wittgenstein: Philosophische Untersuchungen, § 199, zitiert nach: A.C. Grayling: *Wittgenstein,* S. 99

schrei hervor, der wiederum die jeweils angemessene Reaktion auslöst.“ [29]

„Schimpansen produzieren Vokale, die denen unserer e-, a(ou-), u-Laute ähnlich sind (kein i jedoch); sie bilden Nasale wie m, ng; Konsonanten wie g(h), k(h), K(h)x und das ejektive kx'(k'). Ihre Verteilung (also ihre Häufigkeit, nicht ihre Verknüpfungs- oder Folgeformen) auf Situationen der Freude beim Finden von Nahrung, der Warnung bei Gefahr, bei der Begrüßung der Geschwister, des Kontakthaltens, des Schmerzes und anderes ist untersucht worden (Hockett 1973). Die Zuordnung von Situationen aus der Lautbildung heraus ist in der großen Mehrzahl ziemlich eindeutig möglich.“ [30]

Die Ebene der Laut-Äußerungen sind mit bestimmten emotionalen (oder) Verhaltens-Situationen gekoppelt, auch noch beim Menschen etwa mit *au* (Schmerz), *oh* (Erstaunen, Überraschung), *iiih* (Ekel) usw. (>Expression<). Doch konnte es von diesen neurologischen Verknüpfungen mit den Verhaltens-Programmen her anscheinend wohl kaum zu der Entwicklung des Laut-Gebrauchs zur Sprache kommen. [31]

Die Evolution von Sprache erklärt sich primär nicht eigentlich als Entwicklung von Kommunikation, sondern vielmehr als eine neurologische Steuerungsfunktion. Offenbar vollzog sich der Schritt zur Evolution der Sprache vielmehr in der **Umkehrung** des Laut-Gebrauchs: **vom Signal an andere zum Dialog im Selbst-Verhältnis (>Denken<)**. Daraus entstand die Evolution einer völlig neuen Art der Funktion des Gehirns mit neuen Nervenstrukturen. Erst auf dieser neuen Grundlage ent-

---

[29] John McCrone: Als der Affe sprechen lernte, S. 154 f.

[30] Friedhart Klix: Erwachendes Denken, S. 134

[31] Vgl. dazu: „Gehirnuntersuchungen an Rhesusaffen schienen diese Sichtweise ebenfalls zu stützen: Sie ergaben, dass die Lautäußerungen dieser Tiere nicht vom Neocortex gesteuert werden – also von der Großhirnrinde, die die meisten intellektuellen Prozesse lenkt -, sondern vom sog. Limbischen System, das mehr für den Gefühls- und Instinktbereich zuständig ist.“ Martin Kuckenburg: Wer sprach das erste Wort? S. 31

stand ***dann*** auch eine *qualitativ* neuartige Form der Kommunikation und also auch an Sozialleben.

Diese Entwicklung deutet auf eine substanzielle Krise. Offenbar waren die bisherigen Aktivitätsmuster nicht mehr hinreichend befähigt, seine Verhältnisse zu bewältigen, auch nicht in der üblichen Reaktionsform mit erhöhtem Aktivismus. So kam es in dieser evolutionären Krise wieder einmal zu einem neuen Großhirn-Schub.

Es ist **dieser Schritt**, der in verschiedener Form auch die neurologische **Voraussetzung** zum systematischen Werkzeuggebrauch und einer neuartigen Geschicklichkeit, hier insbesondere in der Handfertigkeit darstellt.

Wohl setzt der Schritt zum Gebrauch von Mitteln nicht per se höheres Denken voraus, und er findet sich auch bereits früher in der Tier-Welt. Dieser Einsatz von Mitteln kann in >instinktiver< Erkenntnis erfolgen oder in Nachahmung tradiert werden, sogar bis dahin, dass bestimmte Verhaltensformen auf die Dauer zur genetischen Ausstattung werden.

Auch ist eine bestimmte Geschicklichkeit nicht an sich vom höheren Denken abhängig. Es gibt Fertigkeiten, die genetisch angelegt sind oder in der Nähe der genetischen Möglichkeiten liegen, dass sie bei etwas Probieren dann „plötzlich“ funktionieren. Das gilt etwa für das Radfahren (im Gleichgewichts-Balancieren).

Doch demgegenüber ist das Erlernen eines Musikinstrumentes oder des Tippens etwas entscheidend Anderes. Dieses Erlernen ist aufgrund seiner Präzision zunächst von einer genauen >geistigen< Kontrolle abhängig, bis die Bewegungen durch ständiges Wiederholen >in Fleisch und Blut übergehen<, sprich durch den Aufbau neurologischer Bahnen mit den tieferen neurologischen Bereichen ausreichend stark verbunden sind. Diese vorausgehende Kontrolle der Bewegungsmuster wird in dieser Form erst durch Sprache möglich. Durch Sprache entsteht eine neuartige geistige Ebene, die die Voraussetzung für die neue

Präzision in der Handfertigkeit, aber auch für die neue Komplexität in Durchführungen von Aktivitäten darstellt, wie sie unter den Hominiden evolutionär aufkommen.

Das Ausmaß der Bedeutung des Sprachlichen zur Steuerung von Bewegungen, zur Organisation von >Verhalten< und sogar für das >Sehen< zeigt sich umgekehrt in dem ganzen Feld der neurologischen Störungen. Z.B.:

> „Die Macht von Musik, Erzählungen und Schauspielen ist von größter theoretischer und praktischer Bedeutung. Dies lässt sich selbst bei geistig Schwerbehinderten mit einem IQ von unter zwanzig beobachten, die motorisch extrem beeinträchtigt und verwirrt sind. Mit Musik oder Tanz verschwinden ihre ungeschlachteten Bewegungen von einem Augenblick auf den anderen – plötzlich wissen sie, wie man sich bewegt.
> Man kann sehen, wie Retardierte, die nicht in der Lage sind, recht einfache Arbeiten auszuführen, sobald diese vier, fünf Bewegungen oder Abläufe erfordern, mit Musik ohne Schwierigkeiten arbeiten können – die Bewegungsabläufe, die sie sich schematisch nicht merken können, sind eingängig, wenn sie in Musik eingebettet sind. Dasselbe lässt sich bei Patienten feststellen, die an schweren Stirnlappenschäden und Apraxie leiden, die also unfähig sind zu handeln, die einfachsten motorischen Abläufe und Programme zu behalten, ja sogar zu gehen, obwohl ihre Intelligenz in jeder anderer Hinsicht vollständig erhalten ist. Dieser Verfahrensdefekt, diese, wie man sagen könnte, motorische Debilität, die sich allen normalen Ansätzen zur Rehabilitation widersetzt, verschwindet sofort, wenn Musik eingesetzt wird.“ [32]

(Durch Musik werden andere neurologische Verbindungen erschlossen, doch dürften die Funktionen nicht ohne [Animation und] Vorführen auskommen – sie sind wohl ohne Sprache nicht aus dem eigenen *Willen* initiierbar).

- Die Bücher von Oliver Sacks finde ich sehr empfehlenswert.

---

[32] O. Sacks: Der Mann, der seine Frau mit einem Hut verwechselte, S. 244 f.

Auch wenn es bislang keine Möglichkeit gibt, den Beginn der Evolution von Sprache direkt zu erschließen, so stellt sich doch die Evolution von Sprache als die **Voraussetzung** für ein effektives Planungs-Denken wie etwa eine gezielte Werkzeug-Produktion, für ein bestimmtes Maß an Bewegungs-Präzision in der Handfertigkeit wie in Verbindung mit dem evolutionären Schub der Großhirn-Entwicklung dar. Von daher lässt sich sagen:

> „Die Mehrzahl der Fachleute bringt trotz dieser Unsicherheiten das enorme Wachstum insbesondere des Großhirns im Verlauf unserer Entwicklungsgeschichte mit einem wahrscheinlich schon frühen Auftreten des Evolutionsfaktors Sprache in Zusammenhang. >Wenn die Hominiden nicht die Sprache nutzten und verfeinerten, würde ich gerne wissen, was sie mit ihren selbst beschleunigt wachsenden Gehirnen taten<, bemerkte etwa die amerikanische Anthropologin Dean Falk 1989 in einem Diskussionsbeitrag ironisch, und auch ihr Kollege Terrence Deacon vermutete: >Die Sprache war die Hauptursache, nicht eine Folge des menschlichen Gehirnwachstums.<“ [33]

> „Dies ist umso wahrscheinlicher, als Werkzeugproduktion und Sprache nach Meinung vieler Fachleute auf miteinander korrespondierenden geistigen Fähigkeiten beruhen und ihre neurologischen Grundlagen sich daher im Verlauf unserer Evolutionsgeschichte Hand in Hand entwickelt haben dürften. >Die Handlungsabläufe bei der Geräteherstellung haben strukturelle Ähnlichkeit mit denen bei der Konstruktion eines Satzes<, urteilt etwa der bereits zitierte Prähistoriker Gowlett, und die Neurologin Kathleen R. Gibson schrieb 1988: >Gerätegebrauch und Sprache teilen eine gemeinsame neurologische Basis und dürften sich deshalb zusammen herausgebildet haben.“ [34]

---

[33] Martin Kuckenburg: Wer sprach das erste Wort? S. 58

[34] Martin Kuckenburg: Wer sprach das erste Wort? S. 77 f.

Tatsächlich ist der Bestand und Erwerb von Sprache sogar für unsere Art zu >sehen< die Voraussetzung. Dass wir all die Sachverhalte unseres Sehens zu >erkennen< vermögen, ergibt sich ausschließlich darüber, dass wir ein *Wissen* darüber aufgebaut haben. Dies beginnt mit dem zeigenden >da< des Säuglings, der aufgrund der sprachlich angelegten Gehirnstrukturen nun all die Objekte *wahrnehmen* und nach und nach verstehen *lernt* und in diesem Prozess *gleichermaßen* ein Vokabularium wie sein Bewusstsein aufbaut. Das entwickelt sich zunächst als Zusammenhang, bis sich diese Prozesse differenzieren. Dieser Zusammenhang zwischen >Sehen< und Sprache zeigt sich umgekehrt bei bestimmten neurologischen Störungen, wie z.B. bei dem Mann der Titelgeschichte in Oliver Sacks Buch >Der Mann, der seine Frau mit einem Hut verwechselte<. Man kann sich zunächst eine solche Verwechslung nicht vorstellen oder auch nicht, dass dieser Mann die Rose nicht zu erkennen vermochte, obwohl er keine Probleme im Optischen hatte. Tatsächlich vermochte er diese Rose wohl zu sehen, nur nicht mehr auf *diese* Weise zu *erkennen.* In Verbindung mit Riechen *erkannte* er sie wohl.

Ein Beispiel, woran wir uns den neurologischen Vorgang des >Sehens< verständlich machen können, sind Schrift, Text und Lesen (analog zu Sprache). Wäre der Text mit chinesischen Schriftzeichen geschrieben, hätten wir wohl kein optisches Problem, aber sehr wohl eins im Verstehen (>Identifizieren<). Doch auch unbekannte Inhalte bereiten uns im Verstehen zunächst – logischerweise – Schwierigkeiten. Das bloße Sehen (Optik) oder Hören (Akustik) ergibt nicht per se auch schon Verstehen. Dass das >Verstehen< aufgebaut werden muss, wird an einer fremden Schrift, einer fremden Sprache und an Sachverhalten von Fachwissen deutlich.

Für die evolutionär neuartige neurologische Entwicklung war zunächst kein großes Maß an Sprache notwendig. Bei dem Säugling beginnt das Erlernen von Sehen, Sprache und Kommunikation etwa mit einer ursprünglich bloßen Lautform >da< in Verbindung mit dem Zeigen, genau wie man sich auch den Anfang der Evolution von Sprache vorstellen kann. In *diesem*

Kontext, der die neue neurologische Grundlage des Sprachlichen bereits zur Voraussetzung hat, ist das soziale Interesse der entscheidende Sachverhalt in der Sprach-Entwicklung des Säuglings (beim *Menschen*!):

> „Die Bedeutung dieser kritischen kognitiven Komponente für die normale Entwicklung ist bereits in einem sehr frühen Alter zu erkennen. So beginnen Kinder normalerweise gegen Ende des ersten Lebensjahres ein Verhalten zu zeigen, das als gemeinsames Interesse bezeichnet wird. Beispielsweise können sie einzig deshalb auf etwas deuten, weil sie ihr Interesse daran mit jemand anderem teilen wollen. Wenn autistische Kinder auf einen Gegenstand zeigen, dann nur, weil sie ihn haben möchten.“ [35]

Diesen Effekt als solchen würde ich mit der Sprach-Logik der Hominiden in Verbindung bringen. Bei den Hominiden scheint der Sprach-Gebrauch noch überaus funktionell und situativ gelegen zu haben, bedeutet hier die humanevolutionäre Entwicklung einen entscheidenden Unterschied → Kapitel 5).

Das Entscheidende ist zunächst nicht das große Vokabular und noch weniger eine Grammatik, sondern die Ausprägung einer neuartigen neurologischen Funktion, wie es beim menschlichen Säugling mit dem zeigenden Universalwort deutsch >da< beginnt. Entsprechend entstand evolutionär quantitativ wie vor allem auch qualitativ eine neuartige neurologische Großhirn-Entwicklung, die sich in dem neuen Schub an Großhirn-Entwicklung wie in den neuartigen Aktivitäten wie in unserer evolutionär neuartigen Arbeitsweise des Gehirns belegt.

Ein höchst bedeutsamer und neurologisch alles andere als selbstverständlicher Sachverhalt ist, dass sich mit Hilfe von Wörtern das >Bewusstsein< aktiv aufnehmen lässt. Mangels Wörtern ist es etwa den Schimpansen neurologisch nicht möglich, jenseits der Situation, wo er einen >Stock< braucht, sich

[35] Uta Frith, Autismus, in: Berthold Riese: Schrift und Sprache, S. 36

einen Stock zu organisieren, weil er diese Absicht nicht im >Bewusstsein< halten kann. Selbst wenn er mit diesem Vorhaben loszieht, so wird ihn das geringste neurologisch wirksame Moment dies vergessen lassen. In dieser Hinsicht gilt in engster Form >Aus den Augen – aus dem Sinn<.

> „Auf dieser Pyramide der Reizverarbeitung liegen die Sprache und die künstlichen Aspekte des menschlichen Geistes wie eine dünne Kruste. Diese dünne Kruste übt jedoch einen gewaltigen Einfluss auf den Menschen aus, da sie in der Lage ist, die Richtung des Verarbeitungsprozesses umzukehren. Tiere leben ausschließlich in der Gegenwart: alle ihre Sinneswahrnehmungen steigen wellenartig bis zur Spitze auf und verwischen dabei die Spuren früherer Wellen. Durch die Sprache ist es jedoch möglich, die Richtung umzulenken und Gedanken zurückzulenken. [...] Die dünne Kruste bewirkte also, dass das Gehirn nicht mehr nur einseitig von der Außenwelt angetrieben wurde, sondern dass es auch auf die sprachlich motivierten Gedankenketten in seinem Innern reagierte.“ [36]

> Zu dem Thema >Sprache< und ihrer evolutionären Entwicklung bietet das Buch von John McCrone „Als der Affe sprechen lernte“ eine gute lesbare Einführung, wenn dieses Werk auch nicht in jeder Hinsicht befriedigend ist, vor allem nicht, wo es sich dem historischen Bereich annähert.

Ein anderer wichtiger Sachverhalt kommt in dem folgenden Zitat zum Ausdruck:

> „Selbst sehr kleine menschliche Babies benutzen diese Relations-Mengen ganz natürlich, nicht-menschliche aber allem Anschein nicht. Sogar so genannte >sprachtrainierte< Schimpansen fallen durch die Tests, die ein menschlicher Säugling besteht.

---

[36] John McCrone: Als der Affe sprechen lernte, S. 202

Ein Beispiel: Ein Baby hat gelernt, dass ein bestimmtes erfundenes Tier einen Namen hat, und dass dieses Tier einen Laut von sich gibt. Wir können dem Baby eine Zeichnung von diesem erfundenen Lebewesen zeigen und sagen: >Das ist ein Gub-Gub. […]

Alle höheren Lebewesen – einschließlich menschlicher Babies und Schimpansen-Babies – können das lernen. Doch nun kommt ein Unterschied zwischen Mensch und Tier ins Spiel. Im Alter von vierzehn bis sechzehn Monaten (vielleicht sogar früher; Wissenschaftler versuchen noch herauszufinden, wann genau diese Fähigkeit aktiviert wird) kehren die Menschen die Richtung dessen, was sie gelernt haben, um. Wenn sie mit einer Ansammlung von bildlich dargestellten Wesen konfrontiert und gefragt werden: >Welches ist das Gub-Gub?<, zeigen sie auf das Bild, für das man ihnen Gub-Gub zu sagen gelehrt hat, nicht auf ein anderes, das sie auch schon zu benennen gelernt haben. Menschliche Kinder machen das ohne Training. Ihnen ist nicht nur klar, dass sich das Bild auf das Wort >Gub-Gub< bezieht, sondern auch, dass sich das Wort >Gub-Gub< auf das Bild bezieht. Das scheint so offensichtlich, dass es unbedeutend erscheint. Doch die Forschung weist in die Richtung, dass dieser Prozess […] zentral für das menschliche Denken ist […].“ [37]

Das Entscheidende von Sprache verknüpft sich zunächst also nicht mit einem umfassenden Bestand an Vokabularium und erst recht nicht an Grammatik, sondern mit einer neuartigen neurologischen Entwicklung eines *Gesamtzusammenhangs* von Handfertigkeit, der Herstellung von >Werkzeugen< (zunächst z.B. Steine mit Schnittkanten) und planerischem und Lösungs-Denken in Verbindung mit einer neuartigen Sozialorganisation.

Diese Entwicklung kann bestens entsprechend des kindlichen Spracherwerbs gedacht werden, und die ersten Stufen des heutigen kindlichen Spracherwerbs dürften effektiv der phyloge-

[37] Steven C. Hayes & Spencer Smith: In Abstand zur inneren Wortmaschine, S. 42

netischen Entwicklung von Sprache entsprechen. Es beginnt also zunächst mit einigen Wörtern im Ein-Wort-Gebrauch. Bei dem Kleinkind kommt es bei einem Bestand von ca. 50 solcher Wortformen zu einem Entwicklungssprung – das könnte entsprechend in der Hominiden-Evolution gedacht werden (so etwa Stufe I wie „Homo habilis“ zu Stufe II wie „Homo erectus“, s.u.). Diese Entwicklung hat zuerst eher nur mit einigen neuen neurologischen Bahnen zu tun als schon mit der spezifischen Entwicklung des Wernicke- und des Broca-Zentrums und Veränderungen des Gaumens aufgrund des Sprechens. Solcherlei physiologische Ausprägungen dürften bereits ein relevantes Quantum an Sprachgebrauch anzeigen. Dazu findet sich:

> „Die hohe Wölbung des Gaumendachs, eine Vorbedingung für die Stimmbildung [*unserer Sprech-Weise*!!!], ist das einzige Indiz für Sprache, das sich an fossilen Skeletten nachweisen lässt. Diese Wölbung trat erstmals vor ungefähr 1,5 Millionen Jahren mit dem Erscheinen des Homo erectus auf, allerdings noch in sehr schwach ausgeprägter Form.“ [38]

Ich sehe auf jeden Fall überhaupt keine Möglichkeit, die Entstehung der Sprache erst vor 100.000 oder gar erst vor 50.000 Jahren anzusetzen.[39] Die Evolution von Sprache kann (ebenso wenig wie das Entstehen flugfähiger Flügel) nicht als eine einfache Gen-Mutation gedacht werden und vor allem nicht als ein Prozess **innerhalb** unserer Art *Homo sapiens*. Dazu ist Sprache zu konstitutiv für unsere neurologische Anlage. Sollte es tatsächliche Gründe geben, die Entstehung der Sprache erst auf eine solch späte Zeit anzusetzen (die ich bislang nicht sehe), dann muss auch die Konsequenz gezogen werden, erst von dieser Zeit an von *Homo sapiens* zu sprechen und ein neues Modell der Humanevolution aufzustellen.

---

[38] John McCrone: Als der Affen sprechen lernte, S. 172

[39] s. dazu z.B. in: Martin Kuckenburg: Wer sprach das erste Wort, S. 72

M.E. sprechen die Gesamtzusammenhänge dafür, dass die Evolution von Sprache

- mit dem **geologischen Umbruch vor ca. 2,5 Mio. Jahren** (Pliozän auf Pleistozän) =
- mit dem Beginn der >**Steinzeit**< (Herstellung und Gebrauch von Stein-Werkzeugen) =
- mit dem Beginn der **Hominiden**-Evolution

in Verbindung steht.

Dies heißt, dass die Evolution von Sprache - wenn nicht in den *allerersten* Ansätzen schon unter Australopithecinen, dann – auf jeden Fall mit der Hominiden-Stufe I (wie z.B. „Homo habilis“) in Verbindung zu bringen ist. Der erste Schritt verknüpft sich mit der Umkehrung des Lautgebrauchs als Appell an sich selbst, woraus eine Mutation von Lauten zu Wörtern entsteht (die einen anderen neurologischen Kontext und Charakter als der vorausgehende Laut-Gebrauch haben). So kommt es, ganz entsprechend zur kindlichen Entwicklung, zur Ausbildung eines ersten Vokabulariums (von bis zu 50 Wörtern) im Ein-Wort-Gebrauch. Im Laufe dieser Entwicklung folgt sowohl eine Ausweitung des Vokabulariums als auch die Ausbildung von Zwei- und Drei-Wort-Sätzen. Damit wäre diese evolutionäre Entwicklung der Stufe „Homo habilis“ (Hominiden-Stufe I) an ihre Grenze gekommen.

Mit der Weiterentwicklung entsteht eine neuartige Komplexität, die mit einer weiteren evolutionären Stufe an Großhirn-Entwicklung in Verbindung zu bringen sein dürfte. Dies dürfte mit der Entstehung der Hominiden-Stufe II („Homo ergaster“/„Homo erectus“) zu identifizieren sein.

Die Grundlagen des menschlichen Spracherwerbs sind angeboren und in spezifischen Strukturen im Gehirn angelegt (Broca-Zentrum, Wernicke-Zentrums usw.). Es spricht m.E. alles dafür, diese Entwicklungen der Kleinkind-Stufe als >Ontogenese der phylogenetischen Entwicklung< zu begreifen, d.h.: die **unteren Stufen** der kindlichen Sprach-Entwicklung als **Stufen** der Evolution der **Hominiden** als der Basis der späteren Humanevolution:

Hypothetisches

# Modell:

| Evolution von Sprache | Evolutionäre Stufe |
|---|---|
| Von **Lauten** zu **Wörtern** | **Hominiden I** (z.B. „Homo habilis“) |
| Von **Wörtern** zu 2 + **3 Wort-Sätzen** | **Spätphase Hominiden I**<br>►►► |
| **Sätze** und **Satzfolgen** im Kontext von **Erledigungen** (von einfachen Anfängen bis später **beliebig komplex**) | **Hominiden-Stufe II** (z.B. „Homo erectus“) |

# 2.4 Zur Unterscheidung zwischen >Hominiden< und >Mensch< (Homo)

Es besteht in dem Begriffsgebrauch >Hominide< und in den anzusetzenden evolutionären Unterschieden bislang allgemein keine zureichende Klarheit. Dies ist kein Zufall. Das Problem begründet sich in einem diffusen vorwissenschaftlichen Begriff >Mensch<, der im Verlauf der evolutionären Forschung dann auf die verschiedenen Funde Anwendung fand. Aus diesen historischen Irrtümern wurde jedoch schon längst ein gesamtes Modell entwickelt, sodass die Irrtümer in verschiedener Weise zurückwirken. Doch für ein wissenschaftliches Modell von Humanevolution und einer adäquaten Basis für eine humanwissenschaftliche Gesamtkonzeption kommt es darauf an, zu einem wissenschaftlich und auch humanevolutionär korrekt bestimmten Begriff >Mensch< zu kommen und hierbei insbesondere die Unterschiede zu den Hominiden zu erfassen.

Wenn ich „Homo erectus“ ab der mittleren Zeit eine Sprache mit großem Vokabularium und mit Grammatik >zubillige<, dann bedeutet dies noch lange nicht die Meinung, damit schon beim >Menschen< zu sein. Mit einer Sprache, die lediglich aus Vokabeln und Grammatik besteht, ist die Tier-Stufe der genetischen Verhaltenssteuerung noch nicht transzendiert. Diese Sprachstufe entstand unter der Voraussetzung der genetischen Verhaltenssteuerung auf der Großhirn-Ebene, und eine solche Sprachform ermöglicht neurologisch entsprechend (modern gesprochen) auch allein >Dienstleistung und Produktion<, aber noch lange nicht Kultur als Selbststeuerung seines Verhaltens. Dafür braucht es Zugänge zu dem Zwischenhirn-Bereich, was allein auf der Basis von Vokabeln und Grammatik nicht zu erreichen ist. Für den Erwerb der Selbststeuerung als Übernahme der genetischen Verhaltenssteuerung brauchte es noch einer entscheidend anderen Gehirn-, Sprach- und Bewusstseins-Entwicklung, wie sie wohl erst im Vorfeld vor unserer Art *Homo sapiens* angesetzt werden kann.

Es ist dieser Schritt des Erwerbs der Selbststeuerung in der Übernahme der genetischen Verhaltenssteuerung, der erst den **kategorialen Unterschied zwischen >Mensch< und >Tier<** ergibt und der entsprechend als der zentrale Sachverhalt der humanevolutionären Entwicklung zu begreifen ist. Dies kann nicht schon mit dem Aufkommen, dem Bestand und Gebrauch von Technologie und von Sprache an sich identifiziert werden.

Wohl schuf die Evolution von Sprache die neurologische *Voraussetzung* dafür, sich überhaupt die genetische Verhaltenssteuerung aneignen zu können. Daraus ergibt sich zunächst einmal definitiv die Schlussfolgerung, dass Sprache bereits vor der eigentlichen Humanevolution bestanden haben *muss*.

In der Tat erscheint Sprache als der zentrale Sachverhalt, von dem die erst eigentliche Humanevolution ihren *Ausgang* nahm. Diese Erkenntnis bedeutet den **Schlüssel** für ein neues und ein wissenschaftliches Verständnis der humanevolutionären Entwicklung. Doch gilt es dabei zu sehen, dass die Übernahme der genetischen Verhaltenssteuerung zur Selbststeuerung erst durch eine *ganze Reihe an Entwicklungen*: an Kultur sowie in der Sprach- und der Gehirn-Anlage möglich wurde. Der eigentliche Sachverhalt >Kultur< verknüpft sich mit der humanevolutionären Entwicklung der Selbststeuerung: >Kultur< im tatsächlichen Sinn IST im evolutionären Ergebnis beim >Menschen< (kulturologische Definition) die notwendig und hinreichend *qualifizierte* menschliche Selbststeuerung in Person und Gesellschaft. Diese Entwicklung kann erst im Vorfeld vor unserer Art *Homo sapiens* verortet werden. *Homo sapiens* ist das Produkt der Evolution von Kultur, bei dem aufgrund der Überlegenheit dieser Entwicklung die kulturale Anlage nun bereits zur genetischen Ausstattung geworden war.

Die humanevolutionäre Entwicklung verknüpft sich sowohl mit substanziell anderen Problemstellungen als auch mit völlig substanziellen Voraussetzungen als die evolutionären Entwicklungen vor ca. 2,5 Mio. Jahren.

Die Humanevolution konnte bereits von den ganzen technologischen und vor allem von dem längst entstandenen Ausmaß an Sprache ausgehen. Ohne dies wäre sie keine Möglichkeit geworden. Doch verknüpft sich die Humanevolution nicht mehr mit Technologie und Sprache, sondern unter Nutzung dieser Voraussetzungen mit der Entwicklung von Kultur. Das ist, wie noch gezeigt wird, weniger als – gar noch gesteigerte – Verlängerung von Technologie und Sprache zu begreifen, sondern vielmehr eher im Gegenteil als eine entscheidende Vereinfachung zugunsten eines neuartigen *qualitativen* Schubs, nämlich bzgl. von Beziehungen und Sozialleben.

Selbst in der erst eigentlichen Humanevolution war es erst der Sachverhalt der *gesamten* Entwicklung, dass Sprache Schritt für Schritt zu einem Instrument der Steuerung des >Verhaltens< = der Zwischenhirn-Programme werden konnte (s.u.). Dies ging auch hier noch mit Veränderungen ***in*** der Gehirn-Anlage einher, nicht aber eigentlich mehr mit einer Vergrößerung des Gehirns, die bald im Grunde eher problematisch als förderlich geworden war.

Bedeutete die erneute Vergrößerung des Gehirns zunächst neue Möglichkeiten, so erklärt sich die weitergehende Vergrößerung eher durch die auf die Dauer zu primitive Anlage ihres Aufbaus, etwa auch im Bereich Sprache. Hier scheint ein wichtiger Grund des Aussterbens dieser Arten zu liegen. An der entstandenen Größe des Gehirns konnte die humanevolutionäre Entwicklung direkt nichts ändern, auch wenn sich damit eher Probleme verbanden und dafür keine Notwendigkeit bestand. Doch gelang es ihr, mit einer neuen Sprach- und Bewusstseins-Anlage die zu primitive Anlage durch Vereinfachung erheblich zu optimieren und den ganzen Überfluss an Energie und Gehirn ohne problematische Rückwirkungen einzusetzen: nämlich in kulturellen Aktivitäten (incl. Wandern, Reisen usw.)

Wenn unsere Art infolgedessen im Durchschnitt nicht über die Gehirngröße der Neandertaler verfügt, so zeigt sich eine andere und evolutionär wichtiger werdende Organisation des Gehirns: eine stärkere Faltung des Neokortex und eine andere Proportionierung des Gehirns zugunsten des Frontallappen-Bereichs, womit eine steilere Stirn entstand. Dies lässt sich mit einer besseren Sprach-Anlage wie im Frontallappen mit der Entwicklung der Verhaltens-Steuerung erklären. [40] Wenn auch im Einzelfall die Schädel-Form nicht überbewertet werden darf, so kann ihre Veränderung doch insgesamt mit den genannten evolutionären Entwicklungen in Verbindung gebracht und damit zumindest im Groben als Anhalt für den jeweiligen Stand hierbei genommen werden, solange keine besseren Anhalte bestehen.

Diese humanevolutionäre Entwicklung ging mit einer entsprechenden *neuartigen* Sprach-Entwicklung einher, die überhaupt erst eine solche Steuerung der >Zwischenhirn-Programme< ermöglichte. Denn dies war auf der Basis der hominiden Sprache mit lediglich Vokabeln und Grammatik neurologisch noch gar keine Möglichkeit. Es brauchte einer neuen Sprach-Entwicklung, um überhaupt mehr und mehr von der genetischen Verhaltenssteuerung übernehmen zu können. Dieser Sachverhalt wird *insofern* effektiv zutreffend mit dem Spruch erfasst: >am *Anfang* war das Wort<, d.h. der *Logos* (s.u.), nämlich am Anfang der eigentlichen humanevolutionären Entwicklung.

Bei dem Beginn der humanevolutionären Weiter-Entwicklung ist bereits eine ganze Etappe in der Evolution von Sprache und einer von ihr geprägten neurologischen Entwicklung zurückgelegt. Zuerst bedeutete die Evolution von Sprache mit ihrem Schritt von den Laut-Expressionen zu Wörtern, die damit benannten Sachverhalte ganz anders in das >Bewusstsein< rücken und damit ganz anders aufnehmen zu können, sei es als Handlung für Besorgungen oder in Bezug auf Handfertigkei-

---

[40] „Neurobiologische Grundlage der Fähigkeit des Menschen zur Selbststeuerung sind im Stirnhirn, im Präfrontalen Cortex lokalisierte neuronale Netzwerke." Joachim Bauer: Selbststeuerung, S. 165

ten. Doch mit all dem verknüpft sich noch keine Transzendierung der genetischen Verhaltensformen. Bei aller Entwicklung von Präzision, Handfertigkeit und Komplexität der Handlungen handelt es sich um nichts als qualitative Weiterentwicklungen *innerhalb der Grundlage* der genetischen Verhaltensformen der Tierstufe - es wäre auf jeden Fall sehr ernsthaft zu begründen, wie dort eine Entwicklung der Fähigkeit zur Selbststeuerung zustande gekommen sein könnte und woran sich dies belegte, wenn man den Begriff >Mensch/Homo<, der von der kategorialen Unterscheidung zur Tier-Stufe ausschließlich in der Fähigkeit zur Selbststeuerung zu definieren ist, schon auf solch frühe Phasen anwenden möchte.

Diese Unterschiede zu erfassen, ist umso bedeutsamer, als dass sämtliche vor der Humanevolution aufgekommene Arten „nach den Schimpansen" dem Aussterben verfallen sind und diese Problematik den Schlüssel der erst eigentlichen Humanevolution bedeutet. Dahinter steht sehr wohl eine effektive evolutionäre Problematik, deswegen aber nicht in den Bereichen der Versorgung oder der Raubtiere. Dieser Sachverhalt bestätigt sich darin, dass die Homo sapiens-Populationen den genetischen Befunden nach nicht als regionale Weiterentwicklungen der früheren Arten wie etwa „Homo erectus" gesehen werden können, sondern auf eine neue Ausbreitung einer zunächst überaus kleinen Population in Afrika zurückgehen.

> „Würden die Fakten der Evolution ergeben, dass die Menschheit ganz allmählich entstanden ist, und zwar nicht nur in einem kleinen Gebiet in Ostafrika, das kaum mehr als ein Fleckchen auf der Erde bildet, sondern im ganzen riesigen Raum zwischen Westafrika und Ostasien bis hinunter nach Australien, wäre die Menschwerdung weit weniger rätselhaft. Noch bis in die jüngste Zeit war dies die herkömmliche Sicht der Evolution des Menschen. Träfe sie zu, hätten nicht alle Menschen einen gemeinsamen Ursprung. Die Befunde, welche die moderne Forschung aus den verschiedensten Quellen schöpft, sprechen dagegen. Nicht an mehreren oder vielen Stellen hat sich die Menschwerdung vollzogen, sondern nur an einer einzigen. Mit dem Auszug aus Afrika waren [*jedoch*] die grundlegenden Schritte der Evolution des modernen Men-

> schen, den die Wissenschaft *Homo sapiens* [….] nennt, längst vollzogen.“ [41]

Hier geht es zunächst darum, dass allem Anschein nach die erst eigentliche humanevolutionäre Entwicklung und entsprechend auch der legitime Gebrauch von >Mensch/Homo< im vollen Sinn erst in dem Vorfeld vor unserer Art *Homo sapiens* angesetzt werden kann.

Die vorausgehenden Entwicklungen können bei aller Gehirn-Größe, Technik und Sprache damit noch nicht gefasst werden. Gehirn-Größe, Technik und Sprache sind keine zureichenden Kriterien in Bezug auf >Mensch/Homo<. Es handelt sich dabei vielmehr um die der Humanevolution (**Hominine**) vorausgehende eigene evolutionäre Stufe der **Hominiden** nach den **Hominoiden** (Menschenaffen), und zwar eine, die komplett dem Aussterben verfiel, und dies nach allen Anhalten nicht, weil sie zu wenig Gehirn, Sprache und Technik entwickelte, sondern *in ihrer Form* zu *viel.* Die humanevolutionäre Entwicklung kann daher **unmöglich** als eine gar noch gesteigerte Fortsetzung dessen begriffen werden, wie dies bislang gemeinhin getan wird. Tatsächlich entging sie dem Aussterben allein deswegen, weil sie aus dem *Teufelskreis* der ständigen Steigerung heraus und zu einer völlig andersartigen Neuentwicklung kam.

Damit soll hier zuerst eine begriffliche Klärung geschaffen werden. Der Begriff >Mensch/Homo< kann erst im Vorfeld vor unserer Art *Homo sapiens* angewendet werden. Sämtliche Bezeichnungen von „Homo habilis“ bis „Homo erectus“ und insgesamt >Hominine< - lat. Fachwort *Hominini* - sind – bei dem gegeben Diskurs-Stand - **unbegründet** und **inadäquat**, d.h. als sachlich **falsch** einzuschätzen.

Bei der vor ca. 2,5 Mio. Jahren neu einsetzenden evolutionären Entwicklung handelt es sich noch nicht um die >Humanevolution<, sondern um eine **vorausgehende eigene** evolutionäre Stufe, die das **erste** Übergangsfeld zwischen >Tier< und

---

[41] Josef H. Reichholf: Das Rätsel der Menschwerdung, S. 8

>Mensch< stellt (das **zweite** verknüpft sich mit der eigentlichen humanevolutionären Entwicklung). Die Australopithecinen dürften dabei insgesamt noch zu den Hominoiden zu stellen und in einer Linie als Übergangsform zu den Hominiden zu sehen sein.

Angesichts der Notwendigkeit der Neubenennungen der ganzen als „Homo“ falsch bezeichneten >Typen< wäre ein ganzer Wust von Debatten, der sich von der früheren Forschungsgeschichte angelagert hat, erledigt. Da „Homo habilis“ aufgrund der *hier* vorgetragenen Gründen ohnehin nicht als >Homo< begriffen werden kann, erübrigt sich die Frage, ob er eigentlich zu den Australopithecinen zugerechnet werden müsste (auch wenn sich *natürlich* die evolutionären Übergänge zeigen). Wir sind hier noch gar nicht bei >Homo<, sondern rund 2 Mio. Jahre zuvor, auf der Entwicklungsstufe der Hominiden, und von daher kann die ganze Bandbreite an verschiedenen Entwicklungen gar nicht verwundern.

Was sich zunächst vielmehr darstellt, ist eine evolutionäre Linie der Hominiden mit gewissen Hauptstufen wie Übergangsformen. Hier lassen sich einerseits Zeiten und andererseits gewisse Gehirn-Größen als Ausgang eines Konzepts nehmen, in das sich einerseits die konkreten Einzelfunde und andererseits die sich darstellenden evolutionären Vermittlungslinien eintragen lassen. Dazu nur als Beispiel:

- Hominidus habilis, Hominidus Rudolfensis
- Hominidus ergaster
- Hominidus erectus
- Hominidus Heidelbergensis

Die Systematisierung dieser Zuordnungen ist in der Fachwissenschaft umstritten und kann hier nicht entschieden werden. Diese Einzelheiten sind für unsere Thematik auch nicht erheblich.

Ausführliche Informationen finden sich bei Wikipedia unter den Artikeln:

- >Stammesgeschichte des Menschen<,
- >Hominisation<

sowie im Einzelnen zu den Arten >Homo habilis<, >Homo erectus< usw., also (m. E. fälschlicherweise) jeweils **Homo**. Allerdings tritt auch dort wie üblich der entscheidende Sachverhalt erst gar nicht in das Blickfeld, dass insofern eine insgesamt andere Auffassung und Tendenz beschrieben wird.

# 3 Die evolutionäre Problematik hinter der Humanevolution

*„Der Weg zum Menschen kann nicht auf einer Verkettung von Zufällen beruhen. Die Evolution schafft nie Neues ohne Grund, ohne Zwang, ohne >evolutionären Druck<."* [42]

Mit der Evolution von Sprache und Technologie an sich sind wir noch lange nicht schon beim >Menschen<, und die Evolution von Sprache und Technologie bedeutete noch lange nicht schon die Lösung der mit den Hominiden entstandenen Überlebens-Problematik.

Vielmehr erweist sich in Wirklichkeit eher das Gegenteil. Ganz im Gegensatz zu den Hominoiden wie etwa den Schimpansen geriet die evolutionäre Entwicklung der Hominiden gerade mit all ihrer Sprache und Technologie schon nach einem Zehntel der Bestandszeit der Hominoiden in das evolutionäre Aus, und offenbar haben allenfalls mehrere Tausend die immerhin schon weite Verbreitung der höheren Hominiden wie „Homo erectus" überlebt, denn es war nach Ausweis des genetischen Bestandes eine so geringe Zahl, die in Afrika unsere Art *Homo sapiens* begründete (s. dazu → 3.3.1).

[42] Der (Evolutions-) Biologe Josef H. Reichholf: Das Rätsel der Menschwerdung, S. 10

Insgesamt ergibt sich aus dem Befund, dass die Lösung der humanevolutionären Entwicklung ausschließlich dadurch gelang, dass sie entscheidend über das bloß Technische hinauskam, nämlich zu Kultur. Dies verweist schon darauf, dass die tatsächliche evolutionäre Problematik **vollständig anders** liegt, als sie bislang gemeinhin gesehen wird (mit allen Folgen in der Begriffs-Anlage wie etwa >Homo<, >Hominide< usw.).

Es ist von daher gleichermaßen eine Frage der Wissenschaftlichkeit wie des weiteren Bestands der Menschheit wie überhaupt eines Erreichens von Lebens-Qualität, über die mittelalterlichen Realitäts- und Problem-Vorstellungen hinaus zu kommen und die mit der höheren Großhirn-Anlage verbundenen tatsächlichen evolutionären Problemstellungen in den Blick zu bekommen.

# 3.1 Die mit der Großhirn-Entwicklung erzielte Souveränität im Umweltverhältnis

*„Seltener macht man sich klar, wie viel Unglück der Mensch mit der Landwirtschaft über sich selber gebracht hat: die Fron, die Armut, die großen Kriege - und sogar den Hunger.“*

*Wolf Schneider*: **Wir *Neandertaler***, *S. 180 f.*

Wir sind sehr wohl gerade auch im Kontext der Humanevolution überaus dringlich auf die evolutionäre Überlebens-Problematik verwiesen, entging sie nur überaus knapp dem Aussterben. Denn nicht mehr als bestenfalls mehrere Tausend Individuen stellten unsere Vorfahren (→ 3.3.1).

Doch gibt es *mit Ausnahme der Probleme der* **geologischen Umbrüche** in Wirklichkeit nicht den **geringsten** Anhalt, diese evolutionäre Problematik bei der höheren Großhirn-Entwicklung ab der Stufe der einfachen Affen noch in irgendeiner relevanten Weise mit Problemen in der Ernährungs-Sicherung oder – im deutlichen Unterschied etwa zu den Mäusen – mit Raubtieren (Fressfeinden) zu verknüpfen. Die Gleichsetzung von evolutionären Überlebens-Problemen mit Nahrungsversorgung und Fressfeinden ist eine Vorstellung des 19. Jahrhunderts.

Es kann inzwischen *eigentlich* als wissenschaftlich geklärt gelten, dass die Probleme in der Ernährungs-Versorgung und Ökonomie menschlich rein selbst verschuldet sind und erst nach dem so genannten >Ende der Eiszeit< vor 13.000 Jahren aufkamen. Wohl waren es *zuerst* die geologischen Umbrüche (vom Pleistozän auf das Holozän), die an einzelnen Stellen in verschiedener Form Ernährungsprobleme bis zu kriegerischen Konflikten um Ressourcen aufwarfen. Doch wo man noch einigermaßen zu Kultur in der Lage war, fand man, wie in Australien, selbst unter recht prekär gewordenen Verhältnissen noch einigermaßen einvernehmliche Lösungen. Die eigentlichen Ernährungsprobleme entstanden dort, wo man aufgrund des Verlusts an Kultur dazu nicht mehr zureichend in der Lage war. Dabei ist freilich festzustellen, dass die Problemstellungen im Nahen Osten als dem überaus fragilen Zentrum zwischen drei Kontinenten unter den Naturumbrüchen auch besonders hoch und kompliziert lagen. Auch die Geschichte des Nahen Ostens ist lange sehr stark davon geprägt, zu einvernehmlichen Lösungen zu finden und Konflikte um Gebiete und Ressourcen zu vermeiden. Die Sesshaftwerdung und die Aufnahme von Nahrungsproduktion haben *diesen* und keinen anderen Hintergrund. Doch genau diese vorübergehenden Lösungen sollten dort aufgrund der immer noch weitergehenden Naturumbrüche zu der eigentlichen historischen Gewalteskalation und Militarismus-Entwicklung führen, die sich im Gefolge der >neolithischen Revolution< dann auch expansiv verbreitete. S. hierzu weiter → 9.1.

Jenseits dieser spezifischen *historischen* Problematik ist jedoch vielmehr festzustellen:

> „Die verbreitete Vorstellung, dass Wildbeuter stets am Rande des Existenzminimums darben und die Übernahme der Landwirtschaft für sie ein Gewinn wäre, ist falsch. Im Gegenteil – in völkerkundlichen Studien aus den 70er Jahren werden Wildbeutergruppen als >Überflussgesellschaften< charakterisiert: Sie haben in der Regel alles, was sie brauchen, und benötigen für ihre Existenzsicherung nur einen Bruchteil der Zeit, die Bauern dafür aufwenden."[43]

> „Selbst in der eisigsten Zeit – das wissen wir jetzt – aßen nomadisch lebende Menschen verblüffend gut und gesund. Im Gegensatz dazu wurden sesshafte Menschen von einem viel

[43] Brigitte Röder, in: Bärbel Auffermann, Gerd-Christian Weniger: Frauen - Zeiten - Spuren, S. 242

kleineren Angebot an Nahrungsmitteln abhängig, das Ernährungsmängel zwangsläufig mit einschloss." [44]

„[…] Hungertod und Unterernährung [*sind*] unter den nomadischen Jägern und Sammlern nahezu unbekannt, obwohl sie [***inzwischen!***] häufig Gebiete mit unzureichendem Nahrungsangebot bewohnen. Wenn Jäger und Sammler jedoch sesshaft werden, verändert sich das Gleichgewicht. Die Errichtung von Häusern, Ackerbau und Viehzucht lassen sich leichter von einer größeren Gruppe bewältigen. Auch wenn es um Auseinandersetzungen mit konkurrierenden oder gar feindlichen Gruppen geht, ist eine größere Gruppe von Vorteil. Also ist die Sesshaftigkeit mit einer starken Zunahme des Bevölkerungswachstum eng verbunden." [45]

**„Warum nur einige Bauern wurden**

Der Übergang vom Jäger und Sammler zum Bauern war eines der gravierendsten Ereignisse der Menschheitsgeschichte. Die meisten Experten sind sich heute darüber einig, dass der Anstoß zu diesem Übergang weniger vom Verlangen der Menschen als von der Notwendigkeit diktiert wurde.
Eine so grundlegende Umstellung der Lebensweise zog auch größere Veränderungen der sozialen Strukturen nach sich, und es entwickelten sich neue religiöse Systeme – die Götter der Bauern waren ganz anders als die der Jäger und Sammler.

Die zunehmende Sesshaftigkeit schuf vollkommen neue Siedlungsformen, und zugleich nahm das Bevölkerungswachstum zu. Wandernde Jäger und Sammler müssen die Größe ihrer Gruppe einschränken, sowohl aus praktischen Erwägungen (man kann auf langen Reisen nicht mehr als ein Kind zur gleichen Zeit tragen) als auch, um in schlechten Zeiten überleben zu können. Dagegen können in einer Bauerngesellschaft, solange unverbrauchtes Land zur Verfügung steht, umso mehr Getreide und Rinder aufgezogen werden, je mehr Arbeitskräfte zur Verfügung stehen. Damit begann der

[44] Bill Bryson: Eine kurze Geschichte der alltäglichen Dinge, S. 57
[45] Göran Burenhult: Illustrierte Geschichte der Menschheit II, S. 81 f.

[…] Kreislauf des Bevölkerungswachstums, das nach immer mehr Nahrung verlangte.“ [46]

„Andererseits wissen wir, dass es sich [*bei dem Schritt zur Nahrungsproduktion*] um eine vom Klima ausgehende, von vielen Zufällen gelenkte, ungewollte Entwicklung handelt, in die der damalige Mensch wohl unwissend >hineinrutschte<. Pflanzenbau bedeutet keineswegs eine Erleichterung des Lebens, denn der Jäger und die Sammlerinnen kannten wesentlich sicherere und vielfältigere Strategien der Nahrungsbeschaffung.“ [47]

„Auch das Verhalten von heutigen bzw. von bis vor kurzem noch traditionell lebenden Wildbeutern scheint eher die erstgenannten Erklärungsmodelle zu stützen: Obwohl sie die landwirtschaftlichen Techniken durchaus beherrschen, gehen sie nur dann zur bäuerlichen Lebensform über, wenn sie ihre Ernährung nicht mehr durch Sammeln, Jagen und Fischen sichern können. Ein häufiger Grund dafür sind benachbarte bäuerliche Gemeinschaften, die ihr Siedlungsgebiet auf Kosten des Schweifgebietes der Wildbeuter ausweiten. Mit dem Land entziehen sie letzteren zugleich auch die Ressourcen; die Wildbeuter werden so gezwungen, ihre aneignende Wirtschaftsweise aufzugeben und ebenfalls Bauern zu werden. Interessant ist nun, dass Ackerbau treibende ehemalige Wildbeuter ihre neue Lebensform nach eigenen Angaben nicht für erstrebenswert halten: Sobald sich eine Möglichkeit bietet, geben sie die Landwirtschaft wieder auf und kehren zu ihrer traditionellen Wirtschafts- und Lebensform zurück.“ [48]

„Ein charakteristisches Beispiel: Die Desana Kolumbiens behaupten von sich, Jäger zu sein, obschon 75 % ihrer Nahrung

---

[46] Noel D. Broadbent u.a., in: Göran Burenhult: Illustrierte Geschichte der Menschheit II, S. 187

[47] C. Strahm, in: Die ZEIT Welt- und Kulturgeschichte, Band 1, S. 124 f.

[48] Brigitte Röder, in: Bärbel Auffermann, Gerd-Christian Weniger: Frauen - Zeiten - Spuren, S. 242 f.

aus Fischerei und Gartenbau herrührt; aber in ihren Augen ist nur das Leben eines Jägers lebenswert." [49]

„Die Bororro [*Afrika*] fühlen sich den sesshaften Bauern, an denen sie mit ihren Herden vorüberziehen [...], haushoch überlegen und halten diese für kaum mehr als Sklaven." [50]

Bei den Mongolen galt dies gar in Bezug auf die Viehzüchter:

„Formulierungen wie >die glücklichen Waldvölker< (Geheime Geschichte, § 239) deuten wohl darauf hin, dass den höher entwickelten Steppennomaden die Waldleute ob ihrer ungebundenen Lebensweise und geringeren sozialen Differenzen in einer Art >Goldenem Zeitalter zu leben schienen; andererseits erachteten auch die Waldleute selbst ihre relative Freiheit als wertvoller als das etwas stärkeren Bindungen unterworfene Leben der Viehzüchter." [51]

„Drittens müssen die Jäger und Sammler für das Überleben nicht hart arbeiten -, und darin liegt offenbar wenigstens teilweise der Grund, warum sie dieses Leben führen. Schätzungsweise arbeitet ein Erwachsener im Durchschnitt 15 Stunden pro Woche [...]. Diesem einfachen, aber sicheren [!] und relativ mühelosen Leben dürfte ihr Selbstbewusstsein, ihre Neigung zu Verschwendung und ihre scheinbare Sorglosigkeit zuzusprechen sein – Eigenschaften, die bei den weniger sicher lebenden, sesshaften Bauern und Stadtbewohnern der Mittelklasse für Neid und Verärgerung sorgen." [52]

---

[49] Mircea Eliade: Geschichte der religiösen Ideen, Band 1, S. 44 (Anm. 17)
[50] Wilhem Östberg, in: Göran Burenhult: Illustrierte Geschichte der Menschheit V, S. 133
[51] Erika & Manfred Taube: Schamanen und Rhapsoden, S. 19 f.
[52] Wilhem Östberg, in: Göran Burenhult: Illustrierte Geschichte der Menschheit V, S. 142

Dass es zu Ernährungsproblemen kommen *muss*, wo man seine Energie in Macht, Protz und Rüstung steckt oder sich in Krieg gar gegenseitig seine Ressourcen ruiniert (was sich auch für das Europa der Neuzeit sagen lässt), kann nicht im Geringsten verwundern. Doch mit einer >Armut der Natur<, wie dies auch die sozialistische Theorie-Bildung entsprechend der *Vorstellungen* im 19. Jahrhundert meinte,[53] hat dies nichts zu tun, sondern allein mit einer Armut an Kultur und Bildung im tatsächlichen Sinn und einem Luxus an Gewalt. Auch heute besteht an sich nicht der geringste Mangel an Nahrung, Produkten, Produktionsmöglichkeiten und Dienstleistungs-Angeboten. Bereits in den 1830ern wurde erkannt, dass in Wirklichkeit das Gegenteil *das Problem* ist: das *Überangebot*, woraus nämlich ökonomische Schwierigkeiten entstehen. Dies wird jedoch durch ökonomisierte Mehrarbeit nicht gelindert oder gar gelöst.

Für das Ursprüngliche ist jedoch vielmehr zu sagen:

> „Überhaupt ist es typisch für Sammlerinnen- und Jägergesellschaften, die unter Bedingungen wie die der afrikanischen leben, dass sie ein ausgesprochen unbekümmertes, heiteres Naturel besitzen, sich gerne amüsieren und viel lachen.
> Die Voraussetzungen dazu sind ihnen auch wahrlich gegeben. Man hat errechnet, dass Buschmänner oder Hadza zum Beispiel einen Arbeitsaufwand von weniger als zwei Stunden pro Tag aufbringen müssen, um ihren Lebensunterhalt sicherzustellen. Es bleibt ihnen also reichlich Muße, die ihre Phantasie beflügelt und die sie denn auch mit viel Spiel, Tanz, Gesang, Unterhaltung und Geschichtenerzählen ausfüllen. Man darf annehmen, dass dies früher […] nicht viel anders war.“[54]

---

[53] Von daher schrieb etwa Friedrich Engels [mit entsprechend fatalen Folgen]: „In diesem Sinne sind wir berechtigt zu sagen: Ohne antike Sklaverei kein moderner Sozialismus. [...] Es ist nun einmal eine Tatsache, dass die Menschheit vom Tiere angefangen und daher barbarische, fast tierische Mittel nötig gehabt hat, um sich aus der Barbarei herauszuarbeiten.“
Friedrich Engels: Herrn Eugen Dührings Umwälzung der Wissenschaft (>Anti-Dühring<), S. 168

[54] H. Christoph, K. E. Müller & Ute Ritz-Müller: Soul of Africa, S. 91

„Das Leben der vorausgegangen Jäger und Sammler, wie auch das der höheren nicht-humanen Primaten, war ein leichtes.“ [55]

In Bezug auf die humanevolutionäre Entwicklung ist festzustellen, dass sie überhaupt nur möglich war, weil die erreichte Umwelt-Souveränität so hoch lag, dass ein hinreichendes Maß an Zeit und Energie für die Entwicklung von Kultur bestand.

**Der entscheidende humanevolutionäre Umschlag ist auf das Moment anzusetzen, wo der Einsatz für Kultur den Einsatz für seine Überlebens- und Existenz-Besorgung überstieg**.

Denn erst damit wurde eine effektiv neue Bewusstseins-Entwicklung möglich, wie sie der genetischen Anlage unserer Art *Homo sapiens* als *kulturalem Wesen* zugrunde liegt.

Der Hintergrund dieser evolutionären Entwicklung verknüpft sich bereits mit den Sachverhalten spätestens auf der Stufe der Hominoiden.

> „Labortests zeigten deutlich, dass niedere Affen und Menschaffen außergewöhnlich intelligent sind. Feldstudien ergaben allerdings, dass zumindest beim Gewinnen des täglichen Lebensunterhaltes diese Intelligenz kaum beansprucht wird. [...] Mit anderen Worten, für einen nichtmenschlichen Primaten in freier Wildbahn ist der Lernprozess über das Vorkommen und vielleicht auch die Reifezeit von Nahrungsressourcen ein intellektuelles Kinderspiel verglichen mit der Vorhersage - und Beeinflussung - von Verhaltensweisen anderer Individuen der Gruppe.“ [56]

Dies deutet schon an, dass die Fähigkeit im Sozialumgang mit einer weit höheren Anforderung als – auch technische – Lösungen und Arbeiten in sachlicher Hinsicht verbunden sind.

---

[55] Doris F. Jonas, in: Richard Fester u.a.: Weib und Macht, S. 190

[56] Roger Lewin: Spuren der Menschwerdung, S. 145 f.

Zunächst aber lässt sich annehmen, dass bereits die evolutionäre Entstehung der Hominoiden (Menschenaffen) mit ihren enorm langen Kindheiten überhaupt keine Möglichkeit gewesen wäre, wenn das Problem mit der Ernährung oder auch das mit Raubtieren wirklich nennenswert gewesen wäre. Wozu aber wurde dann überhaupt dieses Ausmaß an Großhirn-Entwicklung wie etwa bei den Schimpansen gebraucht, wenn es mit dieser ungeheueren Verlängerung der Kindheit solche Probleme mit sich bringt?

Die Gesamtlage der bisherigen Anhalte deutet darauf, dass der Großhirn-Schub von den Anthropoiden (Affen) zu den Hominoiden (Menschenaffen) mit dem **geologischen Umbruch** vom Oligozän auf das Miozän in Verbindung steht. Dieser geologische Umbruch war besonders einschneidend, wenn auch nicht so fundamental wie die Katastrophe vor 66 Mio. Jahren. Doch verknüpft die heutige geologische Gliederung mit Paläogen und Neogen (in Ersetzung des älteren Konzepts von Tertiär) diesen fundamentalen Wechsel mit dem Umbruch vom Oligozän auf das Miozän. Mit der Vereisung der Antarktis waren die Verhältnisse auf der Erde nicht mehr so tropisch wie bis dahin. So verschwanden etwa die Tropenwälder aus Europa – und mit ihnen viele Primaten-Arten, und dies weltweit.

Wieder einmal bedeutete der bereits bestehende Großhirn-Bestand den großen evolutionären Vorteil bei einem geologischen Umbruch. Sicher wurde der neue Großhirn-Schub (von den Anthropoiden zu den Hominoiden) durch eine echte existenziale evolutionäre Krise ausgelöst. Doch bestand, wo die Tropenwälder nicht gänzlich verloren gingen, mit dem bereits vorhandenen Großhirn die hinreichende Intelligenz, um mitten in dieser Krise gar noch zu einer evolutionären Weiterentwicklung mit noch mehr Intelligenz zu kommen. Man war hier mitten in dieser evolutionären Krise auch noch befähigt, einen noch unreiferen Nachwuchs mit noch längeren Kindheiten durchzubringen. Dazu brauchte es mehr Intelligenz, doch erbrachte auch diese Entwicklung noch weit mehr Intelligenz.

Es gelang hier nicht bloß, diese geologische und evolutionäre Krise zu meistern, sondern offenbar war diese Entwicklung von der Entstehung neuer Arten her auch sehr erfolgreich.

Nur eben nicht *dauerhaft* erfolgreich. Ganz im Gegensatz zu der Vorstellung: >je mehr Großhirn – desto schlauer und umso besser< erwies sich die Entwicklung der Hominoiden = >Menschenaffen< im Unterschied zu den >einfachen Affen< *auf die Dauer* eher als Fehlschlag.

> „Heute übertreffen die niederen Affen die Menschenaffen um das Zehnfache an Arten. Als besonders auffälliges Merkmal lässt sich bei diesem Evolutionsverlauf erkennen, dass vor 20 Mio. Jahren genau umgekehrte Verhältnisse vorlagen.“ [57]

Tatsächlich geriet die Entwicklung der Hominoiden in eine dichte Nähe zum Aussterben. Mag dieser Sachverhalt *heute* bei den noch überlebenden Arten von den Menschen verschuldet sein, so kommt dies in Bezug auf die meisten der ausgestorbenen Arten der Hominoiden nicht als Erklärung in Betracht. Doch was dann?

## 3.2 Die tatsächliche evolutionäre Problemstellung der höheren Großhirn-Anlage

Die Evolution der Großhirn-Entwicklung bedeutet keineswegs einfach und selbstredend einen Gewinn an Intelligenz und Überlebens-Fähigkeit. In Teilen lässt sich eher das Gegenteil feststellen.

---

[57] Roger Lewin: Spuren der Menschwerdung, S. 47

Es ist eine höchst kurzschlüssige Vorstellung, der Erfolg des >Menschen< basiere auf seiner Gehirngröße. In Wirklichkeit bräuchte es gar nicht dieser Gehirngröße. Ein drastisches Beispiel erwähnt der Neurowissenschaftler Manfred Spitzer:

> **„Ein halbes Gehirn**
> Am 9. Februar 2002 wurde in der internationalen medizinischen Fachzeitschrift *Lancet* der Fall eines 7jährigen Mädchens publiziert, bei dem im Alter von drei Jahren die linke Gehirnhälfte operativ entfernt wurde, um eine ansonsten tödlich verlaufende chronische Gehirnentzündung mit unbeherrschbaren epileptischen Anfällen zu behandeln.
> Dem Kind fehlte also eine Großhirnhälfte, noch dazu die linke sprachdominante Hemisphäre, und man würde eine schwerste halbseitige Körperbehinderung sowie das Fehlen sprachlicher Kommunikation erwarten. Das Besondere an dem Fall: Das Kind war mit sieben Jahren praktisch völlig normal und konnte nicht nur eine, sondern zwei Sprachen fließend sprechen.“ [58]

In Wirklichkeit nutzen wir gemeinhin nur einen Bruchteil unseres Gehirns und Intelligenz-Potentials. Es gibt durchaus Homo sapiens-Individuen, deren Gehirngröße unterhalb der der späteren „Homo erectus“ liegen und die doch sehr intelligent sind. [59] Intelligenz ist keine Frage von Gehirn-Kubikzentimetern (wovon der Neandertaler im Durchschnitt mehr hatte als wir), sondern eine Frage der *Qualität* der Lern-Entwicklung und der Vernetzung im Gehirn. In dieser Hinsicht wurde die Evolution von Kultur *effektiv* bedeutsam.

---

[58] Manfred Spitzer: Lernen, S. 15

[59] In dieser Hinsicht findet man etwa die Nennung des Literatur-Nobelpreisträgers Anatole France mit lediglich 1000 cm³ (z.B. www.evolution-mensch.de/thema/gehirn [>Das menschliche Gehirn<] 6.3.19, 6:25), der nach Wikipedia, *Anatol France* (6.3.19, 6:28), über eine >profunde humanistische Bildung< verfügt haben soll.

In gewisser Weise bedeutete die Vergrößerung des Gehirns eher eine Verkomplizierung und ein Handicap, und es deutet sich von dem evolutionären Befund an, dass sich der Schub der Großhirn-Entwicklung unter den Hominiden in der evolutionären Krise aus einer für diese Weiterentwicklung nicht sonderlich geeigneten Gehirn-Organisation und Sprach-Anlage („Hieroglyphen-Sprache") erklärt, dass es der weiteren Gehirn-Entwicklung brauchte, um diese Weiterentwicklung überhaupt nutzen zu können.

Der entscheidende Punkt kommt hier jedoch der Qualität der Sozialverhältnisse zu. Ein Gewinn an Intelligenz bedeutete die Evolution der Großhirn-Entwicklung *ausschließlich* unter produktiven Sozialverhältnissen. Tatsächlich ist sie sowohl, wie schon gezeigt, mit erheblichen Rückwirkungen in Bezug auf die Kindheit als auch mit erheblichen Anforderungen an die Entwicklung von sozialen Fähigkeiten verbunden. Sonst wird etwa Konkurrieren, Hörigkeit, Unkultur, Dummheit und ggf. gar Militarismus und Faschismus sozialisiert, und die Großhirn-Intelligenz schlägt in ein sozial ruinöses Konkurrieren und in Kämpfe um.

Wie es sich in Bezug auf die Entwicklung der *verschiedenen* Stufen an Großhirn-Relation darstellt (→ 1.2.2.2), verlagert sich bei dem Schritt von den Anthropoiden (Stufe 3) zu den Hominoiden (Stufe 4) das Primat von der Sicherung im Umwelt-Verhältnis zum Sozialen. Vor allem in dem Unterschied zu der Ausgangstufe (Stufe 1) wird die zunehmende Bedeutung des Sozialen in der Evolution des Großhirns ersichtlich.

> „Je weiter man die Evolution in ihrem Fortschreiten [*bei den Primaten*] verfolgt, desto länger wird der Zeitraum, in dem das Junge von einem ausgewachsenen Tier abhängig ist. […] Es kann als gesichert gelten, dass Primaten keine sozialen Lebewesen geworden wären, wenn das Sozialverhalten keine evolutionären Vorteile mit sich gebracht hätte. Diese Vorteile liegen […] darin, dass sowohl die soziale Interaktion wie auch die Nahrungssuche erlernt werden. Man könnte sogar die Hypothese aufstellen, dass die wirksamere Ausnutzung

aller Umweltgegebenheiten aufgrund besseren und größeren Wissens der ausschlaggebende Impuls für den evolutionären Vorteil war, und dass die Aneignung sozialer Verhaltensmuster einfach die Folge davon war und die beste Möglichkeit bot, die erste Fähigkeit so gut wie möglich auszubilden und zu vervollkommnen. Mit anderen Worten: Ein Lebewesen kann nur innerhalb einer Gruppe ausreichende Kenntnisse über seine Umwelt erlangen; und die Gruppe wiederum kann nicht über längeren Zeitraum intakt bleiben, wenn ihre Mitglieder nicht die Möglichkeiten haben, Sozialverhalten zu üben und auch untereinander zu erproben.“ [60]

„Höhere Primaten tendieren zum Gruppenleben, weil dies einen langen Lernprozess während der Kindheit ermöglicht; und Lernen ist ein Zeitvertreib, dem Primaten weit mehr frönen als jedes andere Lebewesen. Lernen ist Zeitvertreib mit Zielsetzung. Sein Zweck ist, dass die Mitglieder einer Gruppe ihre Umgebung, in der sie überleben müssen, gründlich kennen lernen.“ [61]

„Der Schlüssel zum Verständnis der Intelligenz von Menschenaffen wie von Menschen liegt in dem Verhältnis zwischen der langen Lernzeit und dem Leben in einer stabilen sozialen Gruppe. Das Lernen an sich bedarf keines großen Intellekts, sondern der Fähigkeit, mit den vielfältigen sozialen Interaktionen umgehen zu können.“ [62]

Die in der Primaten-Evolution entstehende soziale Intelligenz ist jedoch nicht das, was wir von der humanevolutionären Entwicklung her damit assoziieren. Der Biologe bzw. Philosoph **Mark Rowlands** äußert in seinem Buch >Der Philosoph und der Wolf< dazu sehr treffende Bemerkungen (die jedoch auf das sehr andere Sozialverhalten des Wolfs ausgerichtet sind und keine effektive Analyse der Primaten-Evolution enthalten):

---

[60] R. Leakey & R. Lewin: Wie der Mensch zum Menschen wurde, S. 64 f.

[61] R. Leakey & R. Lewin: Wie der Mensch zum Menschen wurde, S. 58

[62] R. Leakey & R. Lewin: Wie der Mensch zum Menschen wurde, S. 184

„Das Leben in Gruppen bringt sowohl neue Möglichkeiten als auch neue Erfordernisse mit sich – Möglichkeiten, die sich einzelnen Lebewesen nie bieten, und Erfordernisse, die ihnen nie abverlangt werden würden. [...]
In der Evolutionsgeschichte der Affen geht die Fähigkeit zu lügen mit dem wachsenden Vermögen einher, Lügen zu erkennen. Das Leben in Gruppen bietet außerdem die Möglichkeit, mit Seinesgleichen Bündnisse zu schließen. In Affengesellschaften befähigen Bündnisse die Mitglieder der Gruppe, sich gegen andere zusammenzutun. Dazu benötigen sie die Fähigkeit, Ränke zu schmieden. [...] Intrigen und Betrug bilden den Kern der sozialen Intelligenz von Menschenaffen und Affen. [...]
Warum haben wir einen evolutionären Pfad beschritten, den der Wolf verschmähte? Passagen wie diese – und es gibt viele davon – liefern uns eine eindeutige Antwort: Sex und *Gewalt*. [...] Selbst ein vom Glück begünstigter Wolf – ein Alpharüde oder ein Alphaweibchen – hat nur ein- oder zweimal Sex im Jahr. Viele Wölfe müssen ganz darauf verzichten, ohne allerdings Anzeichen erkennen zu lassen, dass sie ihn vermissen oder unter ihrer erzwungenen Abstinenz leiden. [...]
Für den Wolf ist es [*Sex*] eine Folge des Fortpflanzungstriebs, während der Affe diese Beziehung umgekehrt hat. Für ihn ist die Fortpflanzung eine gelegentliche – manchmal unbequeme – Folge des Vergnügungstriebs [*besser: der Schaffung sozialer Bindungen ...*]. Immerhin hat sie eine eindeutige Konsequenz: Die Motivation, zu intrigieren und zu betrügen, ist bei Affen weit ausgeprägter als bei Wölfen."

(S. 78 f., 92 – 94)

Wahrscheinlich wird man sagen können und müssen, dass die Lebensform als Einzelwesen, wie sie in der Tendenz noch auf der Stufe 1 in Erscheinung tritt, nicht dazu befähigt war, längere Kindheiten durchbringen zu können. Hingegen ist die Stufe 3 durchweg von Gruppenleben geprägt. Offenbar entstand diese Entwicklung dadurch, dass der weibliche Nachwuchs noch in Verbindung mit der Mutter selbst schon Nachwuchs bekam, also als Gruppenbildung der Weibchen *im Kontext der Nachwuchs-Versorgung*. Dies belegt sich noch bei den

>Meerkatzenverwandten< (die als >geschwänzte Altweltaffen< als die evolutionäre Ausgangsform der Hominoiden zu betrachten sind):

> „Da die Weibchen in der Regel im Gegensatz zu den Männchen ihre Geburtsgruppe nicht verlassen, sondern zeitlebens dort bleiben, bildet meist ein Kreis nahe verwandter Weibchen den Kern einer Gruppe. Innerhalb der Weibchen etabliert sich eine Rangordnung, die unter anderem auf Abstammung fußt. Wenn mehrere Männchen in einer Gruppe leben, bilden auch sie eine Hierarchie. Diese Rangordnungen kommen unter anderem beim Zugang zu Nahrungsressourcen und bei der Fortpflanzung zum Tragen. Die einzige monogame Art dieser Familie dürfte der Mentawai-Langur sein."
> (Wikipedia: *Meerkatzenverwandte*. 6.3.19, 3:57)

> „Die Periode der Kindheit und somit die Periode des Lernens beinhaltet die Abhängigkeit von Erwachsenen. Daraus ergibt sich, dass die Basis allen Sozialverhaltens innerhalb von Primatengruppen ausnahmslos die Mutter-Kind-Beziehung ist. Dieses enge Band umschließt die soziale Einheit, aus der alle höheren sozialen Ordnungen sich konstituiert haben." [63]

Es ist jedoch eine falsche Vorstellung – die eine inadäquate Rückprojektion der erst humanevolutionären Entwicklung darstellt -, dass die erhöhte Großhirn-Intelligenz und das mit den Kindheiten beträchtlich verlängerte soziale Lernen bei der Großhirn-Evolution Schritt für Schritt eine Entwicklung an sozialem Fortschritt ergeben hätten. Diese Entwicklung war neurologisch erst aufgrund des Bestands an Sprache in dem humanevolutionären Kontext möglich, nicht aber schon vorher. Angesichts der bei den Tieren angeborenen Verhaltensprogramme stieß die Großhirn-Evolution auf eine definitive Grenze, an der – bis zur humanevolutionären Entwicklung – alle Entwicklung von Intelligenz und sozialem Lernen nichts zu ändern vermochte.

---

[63] R. E. Leakey & R. Lewin: Wie der Mensch zum Menschen wurde, S. 58

Es zeigt sich dabei, dass die angeborenen Verhaltensprogramme der Entfaltung der Großhirn-Intelligenz in sozialer Hinsicht effektiv im Wege stehen. Schon der Schritt auf Stufe 3 belegt das an sich vorhandene soziale Großhirn-Potential. Doch konnte es sich in seinem eigentlichen Maß nur unter evolutionären Notstands-Problemen entfalten. Als die Umwelt-Umbrüche eine neue Normalität annehmen und dann die Notstands-Probleme behoben sind, kommt es nicht etwa erst recht zu einem produktiven Sozialleben – wofür die Energien und die Intelligenz vorhanden gewesen wären -, sondern ganz im Gegenteil zu einem Verlust an sozialer Qualität: nämlich infolge des Durchschlagens des Konkurrenz-Verhaltens.

Dieser Sachverhalt erklärt sich dadurch, dass nach dem Wegfall der Notstands-Verhältnisse wieder die normalen Verhaltens-*Programme* zum Zuge kommen. Dabei zeigt sich hier in der Unterschiedlichkeit der entstehenden Sozialformen recht eindeutig, dass die Entwicklung des Konkurrenz-Verhaltens unter den Weibchen wie mehr noch unter den Männchen spezifisch mit den Verhaltens-*Programmen* unter dem Komplex >Fortpflanzung< verbunden sind, also in Hinsicht auf Paarung („erotische Attraktivität“) wie auf den *persönlich eigenen* Nachwuchs.

Es erklärt sich von diesen Grenzen des Soziallebens aufgrund der angeborenen Verhaltens-Programme her, warum es gerade in den evolutionären Krisen geologischer Umbrüche zu den entscheidenden evolutionären **Weiter**entwicklungen kam. Großhirn-Intelligenz war schon bei dem Schritt zu den >einfachen Affen< hinreichend vorhanden, nur von den *Verhaltens-Programmen* sozial blockiert oder gar ins Kontraproduktive verkehrt. Diese Mechanismen in dem Konkurrenz-Verhalten in dem Komplex >Eros – Nachwuchs< treten unter effektiven Notstands-Problemen ein gutes Stück zurück, und schon entsteht ein erheblich optimierteres Sozialleben, das mitten in den Anforderungen der Bewältigung der geologischen Umbrüche einen noch unreiferen Nachwuchs und noch längere Kindheiten durchzubringen versteht – denn genau damit verknüpft sich die Evolution des Großhirns. So kommt es wohl in dem so besonders scharfen geologischen Umbruch vom Oligozän auf das

Miozän zu dem evolutionären Schritt zu den Hominoiden, in dem geologischen Umbruch vom Pliozän auf das Pleistozän zu der Evolution der Hominiden mit der Entwicklung von Sprache und Technologie, wie im Übrigen auch in dem geologischen Umbruch vom Pleistozän („Ende der Eiszeit") auf das Holozän zu der neuen kulturgeschichtlichen Entwicklung des Menschen (→ Kapitel 9).

Es ergibt sich also, dass bereits auf der Stufe 3 = der >einfachen Affen< im Grunde genommen mehr als genug Großhirn bestand, dessen Intelligenz-Potential jedoch aufgrund der Verhaltensformen der Zwischenhirn-Anlage insbesondere im Kontext der Paarung und des eigenen Nachwuchses in seiner wirklichen Entfaltung blockiert war („Affentheater"). Hier kann ganz allgemein die Formel aufgestellt werden, dass die Intelligenz bei den Individuen niemals dauerhafter das Intelligenz-Niveau des Soziallebens übersteigen kann. Wo die Sozialverhältnisse die Intelligenz-Entwicklung blockieren, bleibt diese in der Sozialisations-Entwicklung stecken oder kehrt sich sogar ins Negative um. Denn es können durchaus auch Konkurrenz-Verhalten, Aggressivität, Dummheit, Asozialität und bei Homo sapiens weitere Formen an kultureller Verwahrlosung sozialisiert und auch *gelernt* werden, und dies schlägt umso mehr zu Buche, je länger die Kindheiten sind und unter solcherlei Sozialverhältnissen stehen. Die Potenzierung des Großhirns und die entsprechend verlängerte Lern-Sozialisation der Kindheit bedeuten wohl auch positiv ein höheres Potential - das die Menschen der humanevolutionären Entwicklung zu nutzen verstanden -, doch mitnichten per se eine Verbesserung der Sozialanlage und des Sozialverhaltens. Genau darin liegt der entscheidende Unterschied zwischen dem >Zwischenhirn< mit seinen aus der Art-Geschichte vererbten Sozialformen und dem >Großhirn<, wo sich die Intelligenz und das Sozialverhalten in der *Sozialisations*-Entwicklung ausbilden.

Tatsächlich erweist sich die Sozial-Entwicklung bei den *höheren* Primaten quasi von Anfang an ambivalent. Dies erklärt sich *dort* wohl daraus, dass die Entwicklung zu einem Leben im Sozialverband – mit dem Schritt zu den >einfachen Affen<

(Stufe 3) - eine Reaktion unter Notstands-Problemen darstellte, um die verlängerten Kindheiten durchbringen zu können. Wenn sich durch die Verlängerung der Kindheiten das Soziale immer stärker ausprägt, so entwickelt sich die soziale Intelligenz wohl in Hinsicht auf Versorgungs- und Notprobleme – doch unter der genetischen Verhaltensanlage ebenso in Bezug auf seine innersozialen Konkurrenzkämpfe.

So zeigt bereits die Stufe der >einfachen Affen< (Stufe 3) allgemein eine *signifikante* Ausbildung einer Konkurrenz-Entwicklung, insbesondere unter den Männchen, wo es zu einer weiteren deutlichen Verlängerung der Kindheit und einem entsprechend deutlichen Dimorphismus kommt. Bei der Entwicklung der Harems-Gruppen kann sich ein Männchen bei der aufgekommenen Weibchen-Gruppe etablieren, und es kämpft gegen jegliche erwachsene männliche Konkurrenz und vertreibt den männlichen Nachwuchs, sobald dieser geschlechtsreif wird. Für die anderen Männchen bedeutet dies das soziale und evolutionäre Aus. Wo mit der Stufe 3 die Entwicklung zu gemischten Verbänden geht, ist dies entsprechend mit der Entwicklung von Rängen und entsprechenden Rangeleien verbunden. Dabei sind diese Hierarchien angesichts der höheren Großhirn-Intelligenz nicht mehr so selbstverständlich, stabil und unangefochten wie auf den Stufen ohne höhere Großhirn-Entwicklung wie z.B. bei den Wölfen.

Genau diese Problematik wird mit dem weiteren Schritt an Großhirn-Entwicklung zu den Hominoiden nicht etwa gelöst, sondern verschärft. Hier dürfte der eigentliche Grund liegen, warum die meisten Hominoiden-Arten dem Aussterben verfielen. Auch der Bestand der überlebenden Hominoiden-Arten ist trotz erheblich vermehrtem Intelligenz-Potential gegenüber den >einfachen Affen< keineswegs durch ein höheres Sozialleben im Gesamten gekennzeichnet, sondern eher durch dessen Verfall. Bei den Orang-Utans und bei den Gibbons hat sich der Sozialverband aufgelöst. Bei den Gorillas hat sich die primitive Harems-Konzeption mit massivstem Dimorphismus (>Silbernacken<) durchgesetzt. Die eigentlicheren Sozialverhältnisse finden sich bei unseren engsten evolutionären Verwandten:

nämlich allein noch bei den Schimpansen und wohl mehr noch bei den mit ihnen verwandten Bonobos (früher >Zwergschimpansen<).

Es gilt hier also zu sehen, dass sich die Evolution des Großhirns *definitiv* **nicht** als eine beständige wechselseitige Entwicklung zwischen größerem Gehirn, höherer Intelligenz und besserem Sozialleben darstellt (die eigentliche Humanevolution hat an sich aber auch gar nichts mit Gehirn-*Wachstum* zu tun, s.u. → 3.3). Sie erklärt sich vielmehr aus evolutionären Krisen (im Besonderen in Kontexten geologischer Umbrüche) in dem Unzureichenden der *genetischen* Verhaltens-Programme. Die Großhirn-Evolution ist – bis zur humanevolutionären Entwicklung – nichts als eine Erweiterung der Zwischenhirn-Ebene zwecks genauerer Anpassung und Ausrichtung in Form der Sozialisations-Prägung, was mit einer entsprechenden Verlängerung der Kindheiten verbunden ist.

In Wirklichkeit sind die evolutionären Schub-Entwicklungen von Großhirn und dann die Evolution von Technologie nichts als Ausdruck der für eine Art evolutionär entstandenen **Probleme**. In dieser Hinsicht ist die Rede vom >Mängelwesen< absolut treffend (nur betrifft dies nicht den >Menschen<, sondern die vorausgehende Entwicklung). Eine Art vermag wohl bei Fortschritten gewisse graduelle körperliche Entwicklungen erreichen, aber niemals einen evolutionären Schub. Ohne eine echte über >Jahrtausende< (eher Jahrzehntausende und mehr) andauernde evolutionäre *Krise* kommt es nicht zu einem Großhirn-Schub, und sie ist auch Ausdruck einer Krisen-Entwicklung und keineswegs per se ein Vorteil. Verknüpfte sich die eigentliche humanevolutionäre Entwicklung tatsächlich mit Gehirnwachstum und der Evolution von Technologie, dann wäre die Entwicklung des Menschen tatsächlich die eines >Mängelwesens<, das immer mehr Mittel bedurfte, um seine Existenz fristen und sein Überleben sichern zu können. Dies aber war die Problematik, in die die der Humanevolution *vorausgehende* evolutionäre Stufe – die der Hominiden – nun endgültig hineingeraten war. Dabei verstrickte sie sich mit ihrer Entwicklung von immer mehr Gehirn, Sprache und Technologie immer tiefer in Komplikationen, bis sie daran scheiterte. Die humanevolutionäre Entwicklung war hier mitnichten eine gar noch potenzierte Weiterentwicklung dessen, wie dies immer vorgestellt wird, sondern – aus drängendsten Gründen – ein effektiver evolutionärer Abgang von dieser Entwicklung.

So belegt die Entwicklung von mehr Großhirn als auf der Stufe der >einfachen Affen< und dann gar die Evolution von Technologie und Sprache nicht etwa eine höhere evolutionäre Fitness. Das schlichte Gegenteil stellt sich nach vorübergehenden Vorteilen in der Dauer dar. Die Hominiden gerieten gerade mit ihrer ganzen Entwicklung von Großhirn, Sprache und Technologie noch weit schneller und noch dramatischer als die Hominoiden in das evolutionäre Problem und starben im Unterschied zu etwa den Schimpansen schon bei einem Zehntel des Bestands der Hominoiden komplett aus. Der hoch entwickelte Neandertaler erreichte gar nur ein Hundertstel davon. Und keine „Hochkultur“ hat in sich selbst bislang mehr als ein Zehntausendstel davon erreicht – das sind evolutionär allenfalls Minuten. Das ist bislang noch lange kein Ausweis von Intelligenz, von evolutionärer Fitness oder gar von Hochkultur. Da sollte man wenigstens erstmal eine Million Jahre Bestand seiner Kulturkonzeption vorweisen können – was evolutionär auch noch gar keine sonderliche Größe ist und auch noch lange nicht den Bestand der Schimpansen und mehr noch der Mäuse erreichte -, bevor man sich plustert...

**Was sich in Wirklichkeit darstellt, ist, dass die Großhirn-Evolution jenseits der Stufe der >einfachen Affen< (Anthropoiden) aufgrund der genetischen Verhaltensmuster in eine evolutionäre Sackgasse geriet.**

Die evolutionäre Weiterentwicklung entstand aufgrund evolutionärer Krisen in geologischen Umbrüchen, zuerst in dem scharfen geologischen Umbruch vom Oligozän auf das Miozän (vor ca. 23 Mio. Jahren), der wohl mit lange andauernden Folgen verbunden gewesen sein dürfte. In dem Kontext der geologischen Umbrüche war die weitere Großhirn-Entwicklung von Vorteil und ein Erfolg. Doch jenseits der geologischen Umbrüche, unter normaleren Naturverhältnissen erwies sich diese

Entwicklung aufgrund der Rückwirkungen als langwierig, aufwendig, kompliziert wie auch sozial ambivalent. Hier zeigte sich die Evolution der >einfachen Affen< mit ihrer weit unkomplizierteren Form und schnelleren Generationenfolge im Allgemeinen erheblich überlegen (und mehr noch die der Mäuse usw.).

Die höhere Großhirn-Evolution verknüpft sich mit der Verdopplung der Länge der Kindheiten, auf jeden Fall ab der Stufe der >einfachen Affen<. In dem Zusammenhang der Anforderungen eines geologischen Umbruchs bedeutete diese gehörig verlängerte Lern-Phase den hier entscheidenden Intelligenz-Gewinn. Doch als sich nach dem geologischen Umbruch wieder neue Naturverhältnisse etablierten, da wurden gemeinhin die Lebensverhältnisse wieder so überschaubar, dass es dieser Intelligenz nicht mehr bedurfte.

Hierdurch entstanden **zwei** Problem-Bereiche. Das eine Problem verknüpft sich damit, dass es unter normalen Verhältnissen der vorhandenen Intelligenz nicht bedurfte und der Länge der Kindheiten nach den geologischen Notständen keine wirkliche evolutionäre Funktion mehr zukam. Gerade unter den >günstigeren< Verhältnissen erwies sich die höhere Großhirn-Anlage aufgrund der Ansprüche aufgrund der Länge der Kindheiten gegenüber der Konkurrenz als *unterlegen*. Hierin ist eine Ursache zu sehen, warum viele Hominoiden-Arten dem Aussterben verfielen.

Eine weitere Problemstellung ist, dass das Gehirn entsprechend seiner neurologischen Anlage arbeitet, und dies bedeutet hier, dass es auch dann *arbeitet*, wenn es keine entsprechenden Anforderungen gibt. Die Großhirn-Anlage braucht die Anforderungen, unter denen ihr Maß evolutionär entstanden ist, und sie **sucht** sie, wenn sie nicht von sich aus vorhanden sind. Hierin dürfte ein Grund liegen, warum die Hominiden der Stufe II in alle Welt aufbrachen. Dies war ihre Form von >Herausforderung< und >Abenteuer<: ganz schlichtweg, um ihr Gehirn und Intelligenz-Potential auszulasten, das inzwischen so riesig geworden war.

Damit kommen wir zu dem **zweiten** Punkt. Es ist nicht nur das Intelligenz-Potential, das seine Auslastung und Herausforderung sucht. Auch die jeweilige evolutionäre Formierung der Verhaltens-Anlage hat hier ihre Konsequenz. Wenn nun das Intelligenz-Potential in der Beanspruchung in der Umwelt keine Auslastung findet – die ja die letzte Ursache der höheren Großhirn-Entwicklung war -, treten andere Verhaltens-Programme in Kraft. Wenn nun aber die sozialen Verhaltens-Muster nur in Hinsicht auf Problem-Bewältigung entwickelt sind, man aber keine Probleme hat, dann kann man sich wohl selbst welche machen: wenn man intelligent und kreativ genug ist – in gewisser Weise war dies auch die Logik der Evolution von Kultur. Ansonsten geht es – und zwar neurologisch ***zwangsläufig*** – dahin, anderen Sozialgenossen Probleme zu machen. Dies ist bei Kindern bestens bekannt, wenn sie keine >Herausforderung< mehr finden: sie fangen an, Andere zu ärgern.

> „Die Kinder fangen an, sich zu prügeln und Theater zu machen, wenn sie sich in der Schule langweilen […].“ [64]

Im Grunde genommen ist dieses >Ärgern< im ersten Moment eine Herausforderung des Anderen, gar nicht negativ gemeint, sondern lediglich ein Durchbrechen unfähiger Verhaltens-Impulse. Nur wenn dies nicht auf eine geschickte Reaktion trifft, dann entsteht ein Effekt wie bei einem elektrischen Kurzschluss: eine negativer Spannungseffekt.

Bereits bei den Bonobos kommt es mangels größerer Spielkultur dazu, dass die spielerische Interaktion leicht in negative Provokation umschlägt. „Doch bei jungen Menschenaffen können solche Spiele leicht in Kämpfe übergehen […].“ [65]

---

[64] Daniel Goleman: Emotionale Intelligenz, S. 124 f.

[65] „Doch bei jungen Menschenaffen können solche Spiele leicht in Kämpfe übergehen, und ich hatte das Gefühl, dass sich beide Weibchen diesem Punkt näherten. Dann kam ein neues Element ins Spiel. Als die Zeterei spannungsgeladener wurde, lud Louise Loretta zum GG [genitalen] -Reiben ein. Das geschah mehrmals während des Spiels, und der unglückliche Ausgang blieb aus.“ Frans de Waal: Wilde Diplomaten, S. 230

Diese Problematik belegt sich auch beim Menschen, wo keine hinreichende Kultur entwickelt ist:

- „Ein 16jähriger Mörder erklärte jüngst: >Ich tötete, weil ich mich langweilte.<“ [66]

- „**Mordversuch: >Wir wollten Spaß haben<:** Vier junge Frauen haben zugegeben, aus Langeweile Einkaufswagen und Feuerlöscher aus einem Hochhaus geworfen zu haben.“ [67]

- „**Opfer aus Langeweile zu Tode geprügelt**: Vier Jugendliche sollen den Obdachlosen in Kamp-Lintfort terrorisiert haben“ [68]

„[…] wenn Jugendliche scheinbar motivlos Menschen anpöbeln, Streitereien beginnen oder Zerstörungen anrichten, dürfte der Abenteuereffekt eine wesentliche Rolle spielen.“ [69]

S. zu *„Destruktivität (als Ausdruck von Langeweile)*“ mehr z.B. bei *Erich Fromm: Leben zwischen Haben und Sein*, S. 92 ff.

Dieses Problem lässt sich historisch auch sehr gut bei dem „Sonnenkönig“ Ludwig XIV. studieren. Der Krieg wurde hier zum >Abenteuer<, als der zunächst bestehende Reiz von Versailles mit Prunk, Partys und Sex einigermaßen ausgereizt war.

---

[66] Raoul Vaneigem: Handbuch der Lebenskunst, S. 36
[67] Westdeutsche Zeitung WZ Wuppertal 6.5.2009, S. 3
[68] Westdeutsche Zeitung WZ Wuppertal 29.5.2010, S. 3
[69] Hans-Peter Nolting: Lernschritte zur Gewaltlosigkeit, S. 60

Von diesem neurologischen Zusammenhang ergibt sich also auch die Logik, dass man, wenn die äußeren Probleme nicht vorhanden sind, sie suchen und sie schaffen **muss**, um soziale Probleme zu vermeiden (dies steht mangels hinreichender Kultur und Sprachbeherrschung auch hinter dem *Zwang* zu >Wirtschaftswachstum<). Denn die äußeren Probleme sind die beträchtlich einfacheren und durchaus auch harmloseren Probleme als die sozialen. Man >möchte< bei der höheren Großhirn-Anlage nicht bloß die >Herausforderung<, sondern man *muss* sie haben, vor allem, um sozial nicht in viel größere Probleme zu geraten. Es spricht hier einiges dafür, dass die „Entdeckung der Welt" für die Hominiden der Stufe II (also „Homo ergaster" oder „Homo erectus") **die** Form von Abenteuer und Herausforderung wurde, als die für sie einzige wirkliche Möglichkeit, ihr riesig gewordenes Intelligenz-Potential noch in irgendeiner Form produktiv auslasten zu können. Es war auf dieser Ebene die **einzige** Alternative zur gegenseitigen Selbstvernichtung.

Ich zitiere hier noch einmal und diesmal etwas mehr:

> „Labortests zeigten deutlich, dass niedere Affen und Menschaffen außergewöhnlich intelligent sind. Feldstudien ergaben allerdings, dass zumindest beim Gewinnen des täglichen Lebensunterhaltes diese Intelligenz kaum beansprucht wird. [...] Mit anderen Worten, für einen nichtmenschlichen Primaten in freier Wildbahn ist der Lernprozess über das Vorkommen und vielleicht auch die Reifezeit von Nahrungsressourcen ein intellektuelles Kinderspiel verglichen mit der Vorhersage - und Beeinflussung - von Verhaltensweisen anderer Individuen der Gruppe. [...] Beobachtet man Konflikte zwischen zwei Einzeltieren irgendeiner Säugetierart, so kann man gewöhnlich leicht vorhersagen, wer gewinnt: das größere Tier oder jenes mit größeren Hauern, dem größeren Geweih oder der wie auch immer gearteten Waffe. Nicht so bei den niederen Affen und Menschenaffen." [70]

[70] Roger Lewin: Spuren der Menschwerdung, S. 145 f.

Wir haben hier keinen Anhalt, dass sich die eigentlichen Probleme der höheren Großhirn-Evolution – bis auf die Phasen in den geologischen Umbrüchen – im Grundlegenden wirklich mit den Umweltverhältnissen verknüpften (das kann bei den größeren Verbreitungen von Arten im Konkreten regional jedoch durchaus recht unterschiedlich liegen). Schon die „niederen Affen“ sind eine Großhirn-Stufe, die erfolgreich die viel höheren Anforderungen von geologischen Umbrüchen bewältigt hat (wo sich die ursprünglichen Umweltverhältnisse für sie nicht gänzlich verloren). Bereits ihre Stufe ist davon gemeinhin geprägt, dass sich der Überschuss an Intelligenz und Energie in einem erhöhten Konkurrenz-Kampf unter den Männchen niederschlägt, sodass für die Männchen eine verlängerte Kindheit mit ihrer Entwicklung von Dimorphismus (bis zum doppelten Gewicht gegenüber den Weibchen) entsteht.

Je größer nun aber die Intelligenz-Entwicklung wird, desto intelligenter werden - unter der Voraussetzung der genetisch bestimmten Verhaltensformen – auch die innersozialen Konkurrenz-Kämpfe um Ränge und Geschlechtspartner. In den Gruppen mit mehreren Männchen tritt die Körperstärke als entscheidender Faktor hinter die Intelligenz zurück. Vielmehr werden Sympathien, die Fähigkeit, Bündnisse und Koalitionen zu organisieren und bestimmte soziale Situationen zu nutzen, das Einbringen von Nahrung und ggf. auch der Einsatz von >Waffen< zum Entscheidenden. So findet sich schon bei den Schimpansen:

> „Normalerweise setzt sich das Alphamännchen nicht deshalb an die Spitze des Rudels, weil es das Stärkere ist, sondern weil es sich ein großes und stabiles Unterstützernetzwerk aufgebaut hat.“ (Yuval Harari: Eine kurze Geschichte, S. 39)

Auf der Stufe der >einfachen Affen< (Stufe 3) hält sich dieses Problem noch in Grenzen. Das Verhalten ist noch entscheidend stärker genetisch und weniger von Großhirn und Sozialisation geprägt. Das *sichert* ein gewisses Sozialverhalten. Der evolutionäre Befund deutet darauf, dass es jedoch eigentlich schon

**mit** der Stufe der Hominoiden zu dem Problem einer evolutionären Sackgasse gekommen ist.

Die höhere Großhirn-Entwicklung trifft hier gleich doppelt ungünstig. Mit der hohen Intelligenz kam man nach dem Ende der geologischen Umbrüche leicht dahin, eine hohe Umwelt-Souveränität zu erreichen, dass hier keine nennenswerten Anforderungen mehr bestanden – aber genau das wird hier das *Problem*. So flossen hier die ganzen frei gewordenen Energien mangels anderer sozialer Möglichkeiten in den Konkurrenz-Kampf um Ränge und Geschlechtspartner, und dies mit aller >Intelligenz< – bis zum gegenseitigen Selbstruin.

In anderer Hinsicht ließe sich sagen: sie verfügten wohl über technische Intelligenz, aber nicht über kulturelle bzw. >emotionale Intelligenz<.

> Das sehr lesenswerte Buch >Emotionale Intelligenz< von Daniel Goleman enthält in dieser Auseinandersetzung eine Menge an Material (nicht jedoch spezifischer bzgl. von Evolution).

Was immer im Einzelnen der genaue Grund war, so bleibt im Ergebnis festzustellen, dass schon die Evolution der Hominoiden (Menschenaffen) gerade mit ihrer so hohen Großhirn- und Intelligenz-Entwicklung evolutionär nicht sonderlich erfolgreich und weit eher ein Fehlschlag war. Die meisten Hominoiden-Arten starben aus, und das schon vor jedem menschlichen Einfluss, und die wenigen noch überlebenden Hominoiden-Arten (Orang-Utan, Gorilla) sind wohl mit Ausnahme der Schimpansen von dem Aussterben nicht zu weit entfernt (die genauen Zahlen sind umstritten). Ihr Populations-Bestand umfasst jeweils nur wenige Tausend. Lediglich die Schimpansen kommen im Weltbestand auf die Größe einer einzigen unserer Mittelstädte. Unsere Art umfasst über das 30.000-fache davon.

# 3.3 Das Scheitern der Hominiden

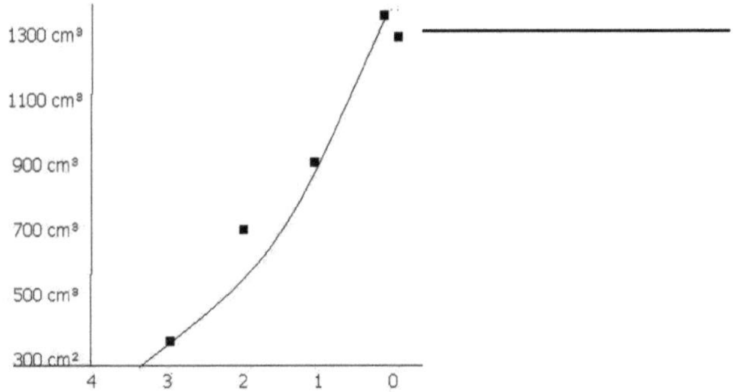


Es ist das Bemerkenswerte, dass die obige (schon auf S. 72 gezeigte) Graphik ganz gegen ihre Absicht etwas sehr Richtiges zeigt, wo sie doch in Hinsicht auf die Humanevolution völlig daneben geht: nämlich eine Explosionskurve. Diese *Explosion* ist jedoch incl. dem Neandertaler voll und ganz auf die Hominiden-Evolution zu beziehen. Eine treffende Kurve würde in Bezug auf die humanevolutionäre Entwicklung den *Ausstieg* aus dieser explodierenden Entwicklung verdeutlichen und im Prinzip eine Gerade auf dem evolutionär entstandenen Niveau zeigen (s.o. ergänzende Linie).

In der Tat wird an dieser Explosionskurve schon das evolutionäre Drama der Hominiden-Evolution mit ihrer Entwicklung von Gehirnwachstum, Sprache und Technologie ersichtlich: Die zunächst positive und erfolgreiche Wechselwirkung zwischen den Entwicklungen von Sprache, Handfertigkeit, Technologie und Gehirn schlug in ihrer entstandenen Wechselseitigkeit in eine *Teufelskreis*-Problematik um, bis diese gesamte Entwicklung dem Aussterben verfiel. Nur einer überaus kleinen Population in Afrika mit im Tiefstpunkt von wenigen Tausend gelang es (→ 3.3.1), aus dieser in einen *Teufelskreis* umgeschlagenen Entwicklung herauszukommen und sich ihr Intelligenz-Potential durch ein produktives Sozialleben zu einem selbst bestimmten Leben mit Lebens-Qualität anzueignen: den Menschen der Humanevolution.

Denn darum handelt es sich bei dem Biologem >Kultur< als dem Sachverhalt der eigentlichen humanevolutionären Entwicklung. Erst mit diesem Biologem >Kultur< gelang es, aus dem evolutionär durch Wechselwirkung entstandenen ständigen Zunahme von Gehirn - Technik - Vokabular herauszukommen. Bei der noch nicht kulturell fundierten biologischen Anlage der Hominiden bedeutete das weitere Gehirn-Wachstum *zwangsläufig* eine erhöhte Produktion an Vokabular und Steigerung an äußerer und technischer Aktivität, wie diese Steigerung umgekehrt eine Selektion in Richtung des weiteren Gehirn-Wachstums erbrachte. Andersherum brauchte es wohl auch immer mehr Gehirn, Lernen, Vokabeln und Technik, um seine Entwicklung von Gehirn, Lernen, Vokabeln und Technik zu bewältigen – bis diese verselbständigte Entwicklung in den Kollaps geriet.

Es ist dabei interessant, dass diese Entwicklung überall auf der Welt völlig unabhängig von einander in den Kollaps geriet. Dieser Kollaps erfolgte in den verschiedenen Formen in gänzlich unterschiedlichen Zeiten.

Wahrscheinlich muss man den evolutionären Schritt von der Hominiden-Stufe I („Homo habilis“, „Homo Rudolfensis“) auf die Stufe II („Homo ergaster“ bzw. „Homo erectus“) noch nicht als diese Teufelskreis-Problematik sehen. Bis dahin hatte diese Progression in der Wechselwirkung zwischen Gehirn-Wachstum – Sprache – Technologie + Handfertigkeit wohl noch Produktivität. Mit dieser Entwicklung von Sprache und Technologie hatte der evolutionäre Schritt zu den Hominiden die evolutionäre Krise, die in dem geologischen Umbruch vom Pliozän auf das Pleistozän als der Entstehung der >Eiszeit< vor 2,5 Mio. Jahren entstanden war, überaus erfolgreich gemeistert und gelangte zu weiterem Fortschritt. Daraus entstand vor ca. 2 Mio. Jahren die Hominiden-Stufe II.

Mit diesem noch ganz anderen Potential an Gehirn, Sprache und Technologie kam die Hominiden-Stufe II nicht nur dazu, sich nun weiter in seiner Umgebung in Afrika zu verbreiten, sondern sogar in verhältnismäßig kurzer Zeit (vor ca. 1,8 Mio. Jahren) auch noch über Afrika hinauszukommen, und so verbreitete sie sich auch in Europa und in Asien.

Hierbei gelangen auf die Dauer noch weitere Entwicklungen, dass die Hominiden in Gehirn-*Größe* und Lebensformen eine solche Ähnlichkeit mit *Homo sapiens* erreichten, dass kein Unterschied mehr zu >Mensch< zu bestehen schien und nicht wenige Fachwissenschaftler zu den Auffassung kamen, dass der moderne *Homo sapiens* lediglich eine weitere Stufe dieser Hominiden-Entwicklungen darstellte und aus den verschiedenen regionalen Beständen der Hominiden (jeweils etwa in China und in Europa usw.) hervorgegangen sei. Dies konnte erst in neuerer Zeit durch genetische Studien mit ziemlicher Wahrscheinlichkeit widerlegt werden (es scheinen jedoch Reste von Neandertalern und Denisova-Menschen in Südostasien in Verbänden von *Homo sapiens* aufgenommen worden und dabei auch genetisch in den Bestand eingegangen zu sein, wenngleich nur in einzelnen Momenten). Auf jeden Fall hat diese Hominiden-Entwicklung insgesamt immerhin einen bis zu 2 Mio. Jahre langen evolutionären Bestand geschafft (das muss eine „Hochkultur" erst mal schaffen, bevor man sich feiert).

Als so beachtlich diese Verbreitung auch gewürdigt werden kann – immerhin hat sie einen evolutionären Bestand von rund 2 Mio. Jahre erreicht -, bleibt aber andersherum auch festzustellen, dass dies eben auch alles war, wozu diese evolutionäre Entwicklung befähigt war – zu mehr nicht. Mit all dieser Entwicklung von Sprache, Technologie und einem 3 – 4-fachen Gehirn der Schimpansen und ihrer weiten Verbreitung hat sie dennoch nicht einmal ein Zehntel des Bestands der Hominoiden erreicht und ist im effektiven Gegensatz zu den Schimpansen längst ausgestorben.

Diese *Zeichnungen* der Modelle von >Geschichte< und >Evolution<, man baute sich mit der vor ca. 2,5 Mio. Jahren „endlich“ erreichten Intelligenz, Handfertigkeit und Technologie seine schöner und schöneren Hütten und richtete sich darin immer sicherer und behaglicher ein und käme letztlich dann bei Bedarf auch noch zu „Kultur“, d.h. zu Malerei, Musik usw., geht an der sich tatsächlich darstellenden Entwicklung **total** vorbei. In Wirklichkeit geriet diese gesamte Entwicklung bis auf einen kleinsten Rest in Afrika weltweit ins Aussterben, und dieser kleine Rest war im Eigentlichen nicht mit einem behaglichen Einrichten seiner Hütten beschäftigt, sondern damit, in einer durchaus schwierigen Auseinandersetzung mit der Konkurrenz um Ränge, Macht und Geschlechts-Partner eine neue und überhaupt erst wirkliche Form von Intelligenz: Persönlichkeit und Sozialverhalten zu entwickeln, eben das, was >Kultur< im Eigentlichen meint und: wodurch evolutionär auch überhaupt erst der >Mensch< in dem *kategorialen* Unterschied zum >Tier< entstand.

Der evolutionäre Schub in der Großhirn-Entwicklung
als Sachverhalt der **Hominiden**-Evolution

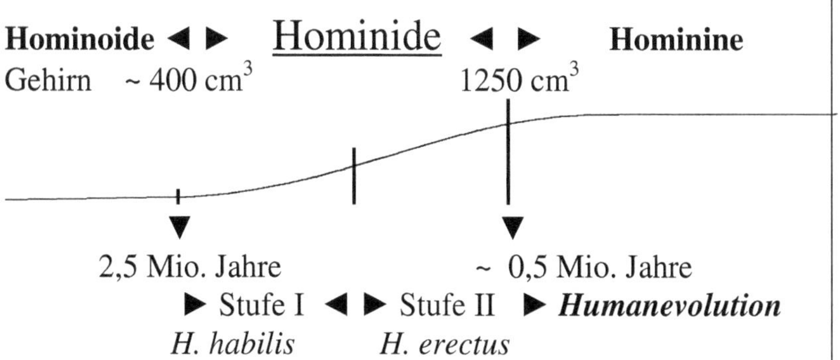

## 3.3.1 Daten zu der evolutionäre Krise

Insgesamt stellt sich von dem genetischen Bestand unserer Art Homo sapiens her dar, dass die humanevolutionäre Entwicklung nur äußerst knapp dem Aussterben entkommen ist.

> „Statistische Analysen der mitochondrialen DNA (mtDNA) des anatomisch modernen Menschen (*Homo sapiens*) haben eine unerwartet geringe genetische Vielfalt ergeben und zu der Annahme geführt, dass es vor rund 70.000 bis 80.0000 Jahren einen genetischen Flaschenhals gegeben haben könnte. Seinerzeit hätten demnach nur etwa 1000 bis 10.000 Individuen von *Homo sapiens,* größtenteils in Afrika, gelebt. […] In einer anderen Studie wurde berechnet, dass vor 1,2 Millionen Jahren nur rund 18.500 Individuen aus der direkten Vorfahrenlinie des *Homo sapiens* lebten.“ [71]

Eine andere oder weitere Flaschenhals-Situation wird für „*Homo sapiens* vor 120.000 Jahren in Afrika“ angesetzt. „Danach sollen von der menschlichen Spezies vor dem Verlassen Afrikas […] nur noch insgesamt wenige hundert Individuen an wenigen Orten überlebt haben, darunter in der Höhle *Pinnacle Point 13B* (PP13B) bei *Mossel Bay* an der Küste Südafrikas.“ (ebd.)

M.E. wird das entscheidende Problem nicht wirklich erkannt und deswegen mit falschen Sachverhalten in Verbindung gebracht. Was sich vielmehr darstellt, ist, dass die gesamte Hominiden-Evolution weltweit dem Aussterben verfällt und dass die humanevolutionäre Entwicklung erst knapp vor diesem Aussterben die hier entscheidende Lösung in dem hinreichenden Niveau der Entwicklung von Kultur und Persönlichkeit erreichte. Die nun entstehende Ausprägung unserer Art Homo sapiens war die Folge dieser Lösung.

---

[71] Wikipedia: *Genetischer Flaschenhals.* 6.3.19, 5:05

Die Anhalte in der archäologischen Fundlage sind – auch aufgrund der so geringen Populationsgröße – äußerst spärlich. Wir können die Prozesse bislang nur äußerst grob von recht grundlegenden Anhalten verorten.

Als Ausgangspunkt für die *später* aufkommende evolutionäre Krise erscheinen wieder einmal Klimaumbrüche. Wie bereits erwähnt scheinen die „Schlüsselereignisse in der menschlichen Stammesgeschichte" mit „großen Kälteperioden vor fünf, 2,5 und 0,9 Millionen Jahren verbunden gewesen zu sein", [72] in diesem Fall nun das letzte Datum. Im Genaueren scheint die geologische Forschung hier noch unklar (und umstritten). Es bietet sich jedoch an, den Sachverhalt mit dem „Cromer-Komplex" zu verbinden: „eine Abfolge von vermutlich drei Kaltzeiten und dazwischen liegenden Warmzeiten; von vor 850.000 bis vor 475.000 Jahren". [73]

Weitere Daten deuten darauf, dass sich das evolutionäre Problem geographisch insbesondere mit einer Ausdehnung der Sahara aufgrund von Trockenheit in den Kaltzeiten verknüpft haben könnte. In dieser evolutionären Krise kommt es zu der erneuten Steigerung der Gehirn-Größe, die dann auch den Ausgang unserer Gehirn-Größe stellt. Diese Entwicklung vermittelt sich (etwa als „Homo Heidelbergensis" oder evtl. als Hominiden-Stufe III) von der Sahara aus betrachtet nach Norden – wo sie letztlich bei dem Neandertaler ihre höchste allgemeine Größe erreicht -, aber auch nach Süden, doch dorthin nicht in diesem Maß. Zumindest im tieferen Süden Afrikas scheint diese Krisenproblematik so nicht bestanden zu haben.

Scheint diese Steigerung unter den entstandenen Notständen noch ein letztes Mal produktiv gewesen sein, so ist es ganz konkret diese, die bei der erneuten Normalisierung der Verhältnisse – etwa mit dem Ende des >Cromer-Komplexes< - vor das evolutionäre Ende gerät, von dem die erst eigentliche humanevolutionäre Entwicklung ihren Anfang nimmt. Im Beson-

---

[72] Roger Lewin: Spuren der Menschwerdung, S. 35

[73] Wikipedia: *Mittelpleistozän.* 6.3.19, 5:06

deren kommt hierbei der Osten Afrika >südlich der Sahara< in Betracht, so etwa der Süden des Sudans, Äthiopien, das Gebiet am Turkana-See (früher Rudolfsee) in Kenia usw.

Im Grundsätzlichen ist nun hierbei zu beachten, dass die eigentliche Humanevolution nicht mit einem Alter im siebenstelligen Bereich in Verbindung zu bringen ist. Solche Funde können hier nicht einbezogen werden, auch wenn sie – natürlich – eine evolutionäre Tendenz >von den Affen in Richtung Mensch< zeigen. Gewissen Anhalten nach – die derzeit von manchen als >**erste** Phase des archaischen Homo sapiens< beschrieben werden – ist der *Beginn* der *Humanevolution* erst auf ca. 0,5 Mio. Jahre anzusetzen (wobei hier >Beginn< ein äußerst fließender Sachverhalt über Hunderttausende von Jahren sein kann).

Nach den hier vorliegenden Einsichten entsteht das kritische Verhältnis zwischen den *Ansätzen* der humanevolutionären Entwicklung und den Hominiden unter Verhältnissen, die *günstig* liegen, deswegen aber nicht auch unter Verhältnissen, wo für ein Überleben das Maß an Intelligenz hinreichend beansprucht wird. Ein eindimensionales Spannungsverhältnis zwischen beiden Linien kann hier für eine lange Zeit nicht angenommen werden.

Auch wenn das Aufkommen der humanevolutionären Entwicklung vor vielleicht 0,5 Mio. schon seine Gründe hat, so ist doch das entscheidende Problem der >evolutionären Krise< nicht schon auf diese Zeit anzusetzen. Dieses liegt insgesamt deutlich später, insgesamt eher im vorletzten und letzten Jahrhunderttausend. Bei den letzten Vertretern wie etwa auch bei dem Neandertaler kann nicht ausgeschlossen werden, dass es am Ende die Konkurrenz durch Homo sapiens war, die als letzter Grund für das Aussterben hinzukam.

Mögen sich Funde des >archaischen Homo sapiens< *noch* in >Verbreitung< finden (wie etwa die von *Djebel* [*Jebel*] *Irhoud,* Marokko, im Alter von ca. 300.000 Jahren), so stellen sie nicht das geringste Gegenargument dar. Diese >Verbreitungen< widersprechen nicht einmal der These der Ausprägung der Humanevolution im Raum des Südens des Sudans/Äthiopien/Turkana-See. Rein theoretisch wären solche Wanderungs-Bewegungen von abwandernden Verbänden innerhalb einer Generation möglich, doch muss eine solche Geschwindigkeit gar nicht angenommen werden. Wir haben es bzgl. der Humanevolution mit einem Zeitraum von um die 400.000 Jahre zu tun und also nicht den geringsten Grund, dies zu eindimensional und räumlich zu eng zu denken.

Auch wenn das neue Aufkommen der humanevolutionären Entwicklung gegenüber den Hominiden von Anfang an seine Gründe hatte, so ist doch die entscheidende evolutionäre >Passage< erst kurz vor dem Aufkommen unserer Art Homo sapiens anzusetzen. Dies kann selbst durchaus **nach** der genetischen >Eva< unserer Art gelegen haben, erst vor 100.000 Jahren oder gar noch *etwas* später. Die Entwicklung von Kultur ist hier als ein *insofern* langer Prozess einzuschätzen (in Bezug auf >lang< ist es einfach die Frage, mit welchen evolutionären und geologischen Karten und Maßstäben man arbeitet). Doch ergeben die Einsichten – wie in den nächsten Kapiteln gezeigt wird -, dass es erst sehr bestimmte Prozesse waren, die das entscheidende evolutionäre Problem gelöst haben, und dies musste sich in Verbänden mindestens in einer regionalen Gesamtgröße im vierstelligen Bereich verbreitet haben.

Da sich selbst der hier evolutionär entscheidende Prozess insgesamt über zehntausende Jahre hingezogen haben kann, bin ich nicht dafür, sich diesen Prozess zu eindimensional und räumlich, ja selbst zeitlich zu fixiert anzusetzen. Dazu ist die Fundlage zu begrenzt, und so kommt es vor allem darauf an, den entscheidenden **Inhalt** dieses Prozesses zu begreifen (wie er in den folgenden Kapiteln zu erschließen versucht wird).

Wichtig an dieser Stelle ist, dass auch Funde des >archaischen Homo sapiens< noch kein wirklicher Anhalt in Hinsicht auf die evolutionär entscheidende Passage der >Humanevolution< sind und als solche nicht zu der Aussage berechtigen, dass sich die Humanevolution in >weiter Verbreitung< vollzogen hätte.

Ohne dass man sich bei der dünnen Fundlage allzu sehr auf eine bestimmte Zeit und eine bestimmte Gegend bzgl. des Entscheidenden der Humanevolution fixieren sollte, bleibt es m.E. derzeit bei dem gängigeren Stand, dieses subsaharisch im Osten Afrikas zu veranschlagen. Dieser Raum spielt den Funden nach in dem ganzen evolutionären Prozess >nach den Schimpansen< eine bedeutsame Rolle, und er ist biotopisch komplex genug, um verschiedene >Spielarten< zu ermöglichen und zu produzieren.

Interessant ist hier etwa, dass sich südwärts von dort aus eine >andere< genetische Anlage des Homo sapiens belegt als nordwärts.

> „Die größte genetische Vielfalt und damit die ältesten Linien der Menschheit finden sich südlich der Sahara. Vor allem die San – früher als Buschleute bekannt – zeigen die Art von genetischer Vielfalt, die für die frühesten Menschen charakteristisch ist.“ [74]

In dieser südlichen Richtung findet sich auch kein genetischer Einfluss des Neandertalers, im Unterschied zu dem Anderen, wenn dieser auch nur zwischen 2 – 4 % liegt.

Ich würde den Gesamtbefund der Daten so deuten, dass wohl insbesondere der Nil, evtl. auch die Küste am Roten Meer einen gewissen, jedoch insgesamt überaus engen >Korridor< in den evolutionären Verbindungen gestellt hat. Die eigentliche humanevolutionäre Entwicklung scheint sich im Schwerpunkt im Osten Afrikas südlich der Sahara vollzogen zu haben. Neben dem Nil dürfte ein anderer >Korridor< zwischen dem Regenwald und der Sahara in Richtung Westafrika bestanden haben. Die Bezüge zum Süden Afrikas dürften evolutionär und praktisch insgesamt die komplexesten gewesen sein, da dort diese Krisenprobleme nicht in dem Maß aufkamen. So konnte

---

[74] Wikipedia: Ausbreitung des Menschen. Abschnitt >Ursprünge<, 6.3.19, 5:11

sich dort auch ein älterer Traditionsstrang, der „Homo naledi" (eher kein >Homo<, sondern Hominide), lange halten.

Einzelne Ausläufer wie wohl in den Raum Israel dürfen nach den vorliegenden Daten nicht zu der Annahme verführen, dass die Population des *genetisch spezifischen* Homo sapiens (der uns in der *Gen*-Forschung *ersichtlich* ist) bis zu seiner Verbreitung über die Welt vor etwa 60 – 70.000 Jahren sonderlich groß gewesen ist.

Trotz der weiten Verbreitung unserer Art scheinen wir insgesamt doch einer ziemlich kleinen Auswanderer-Population hervorgegangen zu sein.

> „Der erste Marker im Y-chromosomalen Stammbaum, der Nicht-Afrikaner von den meisten Afrikanern unterscheidet, heißt M168 und muss im Zeitraum zwischen 31.000 und 79.000 Jahren vor unserer Zeit entstanden sein. Er deckt sich mit dem Marker L3 im mitochondrialen Stammbaum vor 50.000 – 60.000 Jahren. Die Abkömmlinge von M168 und L3 leben im heutigen Äthiopien und Sudan sowie in der gesamten Welt außerhalb Afrikas." [75]

Insofern ist zunächst zu bedenken, dass das erstaunlich geringe genetische Spektrum auf der Welt in guten Teilen etwas mit dieser kleinen Auswanderer-Population zu tun hat. Im südlichen Afrika stellt sich die Lage etwas anders dar.

Der >genetische Flaschenhals< kann jedoch (bei dieser archäologischen Forschungslage) nicht mit dem eigentlichen >evolutionären Engpass< gleichgesetzt werden. Insgesamt deutet sich vielmehr an, dass der evolutionäre Engpass in größerer Nähe vor dem Aufkommen unserer Art Homo sapiens zu verorten ist (nicht *in* der Zeit seit Homo sapiens). Doch hatte die entscheidende Entwicklung von Kultur unter dem archaischen Homo sapiens zur Folge, dass sie genetisch in der neuen Form unserer

---

[75] Wikipedia: Ausbreitung des Menschen. Abschnitt: >Die Besiedlung Australiens über Südasien<, 6.3.19, 5:16. Dort weitere Hinweise

Art Homo sapiens zu Buche schlug, die genetisch am besten auf diese Entwicklung von Kultur und Persönlichkeit eingestellt war. Es kann eine ganze Zeit gedauert haben, bis diese neue genetische Anlage in den bestehenden Populationen Gemeingut waren. Von daher kann die genetische >Eva< von uns Homo sapiens deutlich älter sein als ein allgemeiner Populationsbestand von Homo sapiens.

Es gibt insgesamt bislang keinen wirklich ersichtlichen Grund, einen *evolutionären* Engpass in der Ära vor ca. 70.000 Jahren anzusetzen. Dieser lag wohl einiges früher. Doch bis zu der Zeit vor ca. 40.000 Jahren lagen die gesamten Populations-Zahlen, auch bei Homo sapiens, nicht sehr hoch.

Der Sachverhalt ist vielmehr umgekehrt zu denken. Die Größe der Population, die den entscheidenden evolutionären Durchbruch zum >Menschen< gestellt hat, ist auf wenige Tausend zu veranschlagen. Doch aufgrund ihres *Erfolgs* entstand nun ihre Verbreitung und also auch ein Populationswachstum mit dieser Gen-Ausstattung. Im Osten Afrikas war diese vor 60 – 70.000 Jahren nun soweit angewachsen, dass es zu einer nun effektiven Ausbreitung über Afrika hinaus kam. Das weitere Populationswachstum erreicht vor rund 40.000 Jahren ein Maß, dass es nun auf den Kontinenten seine deutlichen Spuren hinterlässt (es gibt etwas ältere, aber dies ist bislang in der Forschung nicht sicher geklärt). Mit neuen evolutionären Schüben haben diese Zeiträume nichts mehr zu tun. Wohl aber bringt die nun höhere Zahl an Verbänden und Individuen auch neue Ideen und Entwicklungen auf. Diese sind nichts grundlegend Neues, aber doch Fortschritte.

### 3.3.2 Das Problem der hominiden Sprach-Anlage und dessen Lösungsansatz in der Humanevolution

„*Diese Erectus-Menschen verschwanden spurlos aus Eurasien. Die Linie des Menschen wäre mit ihnen ausgelöscht worden, wenn sich nicht inzwischen in der afrikanischen Heimat ein zweiter Menschentyp entwickelt hätte* […].“ [76]

Die Gründe für das Aussterben der Hominiden liegen zweifellos komplex, doch sind sie bei dem gegenwärtigen Stand der Forschung kaum im konkreten Einzelnen zu greifen. Dazu liegt der Bestand an Funden bislang viel zu gering. Doch vor allem müsste hier erst einmal das tatsächlich bestehende Problem ins Bewusstsein der Forschung rücken. Dieses wird aufgrund vorwissenschaftlicher Vorstellungen gemeinhin noch immer unreflektiert mit >zu wenig< Intelligenz und Technologie und der „moderne Mensch“ als die technologisch entscheidend entwickeltere Neuauflage vorgestellt, womit das Problem gelöst erscheint. Doch geht dies an den tatsächlichen Sachverhalten völlig vorbei.

Allerdings bereitet es bei dem Stand der Dinge in der Tat Schwierigkeiten, das Problem des Aussterbens mit einem zu hohen Ausmaß an Technologie *an sich* zu verknüpfen. Die humanevolutionäre Entwicklung hat das gleiche technologische Niveau fortgeführt und noch gesteigert, ohne dass dabei diese Probleme zu erkennen wären.

---

[76] Josef H. Reichholf: Das Rätsel der Menschwerdung, S. 9

Für einen Selbstruin durch interne Konkurrenz-Kämpfe bieten sich bislang auch nicht genug Anhalte. Zwar gibt es Hinweise auf Aggressionsprobleme bei den Hominiden (die aufgrund des falschen Konzepts bislang falsch unter >Mensch< verbucht werden), [77] doch liegen sie angesichts des geringen Fundbestands zu dürftig, um sie als Anhalt für das Aussterben der Hominiden verallgemeinern zu können.

So erscheint bei den derzeit bestehenden Anhalten als das wichtigste Problem für das Scheitern der Hominiden der Komplex Sprache, und auch in dieser Hinsicht wird das Problem bislang falsch herum vermutet: als wäre hier Sprache noch zu wenig statt wahrscheinlich aufgrund zu primitiver Form („Hieroglyphen-Sprache") zu ausgreifend entwickelt. Die humanevolutionäre Weiterentwicklung von Sprache verweist hier neben den Grundlagen für die Entwicklung von Kultur auch auf Lösungen von Problemstellungen, die evolutionär als durchaus schwerwiegend einzuschätzen sind.

Es gibt hierbei insgesamt zwei verschiedene Komplexe, die miteinander in Verbindung stehen, aber nicht identisch sind. Der eine Bereich, der hier noch in einem eigenen Kapitel angerissen werden soll (→ Kapitel 5), verknüpft sich mit dem Komplex Sprache in Bezug auf Kultur und die Verhaltenssteuerung.

Der andere Komplex soll an dieser Stelle aufgenommen werden. Auch er erscheint in der Evolution von Sprache als nicht unerheblich, wenngleich sein Ausmaß nicht sicher einzuschätzen ist. Da dieser Bereich noch gar nicht größer in das Blickfeld geraten ist, kann ich mich hierbei leider nicht auf Diskussionen über eine Einschätzung dieses Ausmaßes beziehen.

Insgesamt lässt sich hier meinen Einsichten nach eine gewisse Parallele zu der Schrift-Entwicklung ziehen. Wie bei der Entwicklung von Schrift war es wohl auch bei der Entwicklung von Wörtern eine natürliche Logik, die wichtig werdenden

[77] s. in jüngerer Zeit z.B. „Der Urmord" in GEO 07/2015, S. 134

Sachverhalte mit jeweils einem Moment zu besetzen: in der Schrift mit einem Zeichen, beim Sprechen mit einer Lautform (>Wort<). Und da diese Entwicklung brauchbar war, ergaben sich in der Schrift mehr und mehr >Zeichen< - so wie (am Bekanntesten) im Chinesischen und bei der ägyptischen Hieroglyphen-Schrift usw. -, wie analog dazu in der Sprache mehr und mehr Wörter.

Diese Art an Entwicklung ist absolut natürlich und zunächst sehr einfach und von ihrem Nutzen her ein voller Erfolg. Das frühe >Malen< der Kinder arbeitet tatsächlich mit >Zeichen< (nämlich *Begriffen*, für etwa >Person<, >Haus<, >Sonne<, >Wasser<, >Baum<), und man könnte diese Zeichen im Umfang eines Alphabets (das im Eigentlichen auch auf solchen Zeichen basierte) gemeinhin wohl den Kindern schon vor der Schulzeit recht nebenbei beibringen.

Bei den Kleinkindern kommt es zuerst zu einer Aufnahme von ca. 50 Wörtern – damit wird offenbar eine gewisse Schwelle erreicht. Dieser Sachverhalt könnte bestens mit einer Stufe in der Evolution von Sprache in der Gehirn-Anlage in Verbindung stehen. Bei einem Sprach-Umfang von etwa 50 Wörtern lässt sich der Wortbestand gut überschauen, und es braucht dafür keine besonderen Ausprägungen im Hören und im Sprechen, d.h. im Broca- und im Wernicke-Zentrum (des Gehirns), sowie in der Verstehens-Entwicklung. Wenn der Wort-Gebrauch damit schon neurologisch auch entscheidend über den Laut-Gebrauch hinausgeht und damit die Artikulationsfähigkeit gegenüber den Schimpansen schon potenziert hätte, so überschritte dies wohl die *Praxis* bei den Hunden oder Schimpansen, aber noch nicht deren kognitives Potential. Das Verstehen einer solchen Menge an Wörtern und/oder Zeichen lässt sich wohl auch Hunden und Schimpansen beibringen. Doch schafft dies bei ihnen keine neurologische Basis, dieses Potential aktiv in seiner Lebens- und Sozialgestaltung einzusetzen.

Angesichts des Nutzens, den Sprache erbrachte, blieb die Evolution von Sprache bei den Hominiden nicht bei dieser Grenze.

Es ist hier gut vorstellbar, dass der Schritt über diese Schwelle von ca. 50 Wörtern weniger aus evolutionärem Druck erfolgte als vielmehr dadurch, als dass mit der Zeit die Phase bis zu dieser Schwelle bestens beherrscht wurde und dann aufgrund der Vorteile evolutionäre Weiterentwicklungen wirksam wurden. In dieser Hinsicht dürfte insbesondere an den Schritt von der Hominiden-Stufe I zur Stufe II zu denken sein (doch ist es nicht ausgeschlossen, dass dieser Schritt erst auf der Stufe II erfolgte).

Auch mit diesem Schritt wird in der neurologischen Funktions-Anlage eine neue Stufe erreicht, die nicht bloß mit der Entwicklung der Rezeptions- und Artikulations-Fähigkeit und also dem Broca- und Wernicke-Zentrum in Verbindung steht.

Doch genau wie bei der Hieroglyphen-Schrift verhält es sich auch mit der Entwicklung von Wörtern: ist die Vermehrung der Zeichen und der Wörter zunächst ein Vorteil, der zuerst auch aus sich selbst erfolgt und recht natürlich nachvollzogen werden kann, so kommen ab einer gewissen Menge an Zeichen und auch an Wörtern neue Anforderungen auf. Die Menge an Zeichen kann nicht mehr im Nebenbei aufgenommen werden, und sie erklären sich auch nicht mehr in dem vorausgehenden Maße von selbst. So sehr sich mit den neuen Zeichen auch spezifischere Sachverhalte aufnehmen lassen, so ist dieses Spezifischere doch nicht mehr Allgemeinbestand und nicht mehr per se für jedes Individuum von Interesse. Man muss nun dafür sorgen, dass hier bei den Zeichen – wie bei den Wörtern – keine Verwechslungen aufkommen. Man muss sie anders vermitteln und anders in ihrer Bedeutung sichern usw.

Auch hier ist eine Etappe zu sehen, wo diese neuen Anforderungen mit einem erhöhten Aufwand noch gut zu bewältigen sind. Doch darüber hinaus beginnen die echten Schwierigkeiten. Zumindest für uns ist mit unserer Buchstaben-Schrift sehr ersichtlich, dass der Erwerb einer Schriftbeherrschung der ägyptischen Hieroglyphen in Lesen und Schreiben mit ganz erheblicher Anstrengung verbunden ist und damals ja tatsächlich auch als eine eigene Berufsausbildung nur einer entsprechend ausgebildeten Elite zugänglich war.

Angesichts dessen stellt sich die Erfindung der Buchstaben-Schrift als überaus genial und als eine entscheidende Vereinfachung dar. Dabei hat auch die Buchstaben-Schrift ihre Anforderungen. Im ersten Moment ist die Zeichen-Schrift einfacher. Auch wenn etwa das B als ursprüngliches Zeichen für >Haus< als Zeichen einfach ist, so meint es doch kein Haus mehr, und man muss für den Gebrauch der Buchstaben-Schrift die Wörter zunächst einmal in ihre Buchstaben-Laute zerlegen und wieder zusammensetzen können. Doch wenn man diesen Schritt gemeistert hat, dann kann man viele Sprachen mit 2 bis 3 Dutzend Zeichen in beliebig vielen Wörtern lesen und wiedergeben.

Genau der gleiche Sachverhalt stellt sich mir in Bezug auf die humanevolutionär entwickelte Sprach-Technik dar. In gewisser Weise lässt sie sich gar mit unserem Dezimal-System vergleichen, das auf der Basis von 10 *Ziffern* jede beliebige *Zahl* bilden kann. Die humanevolutionär entwickelte Sprache arbeitet nach meinen Einsichten mit lediglich etwa 6 Lautwurzeln. Mit Primitivität hat dies nichts zu tun – ganz im Gegenteil. Ebenso wenig wie die Buchstaben-Schrift der erste kümmerliche Beginn der Schriftentwicklung wäre, die erst mit Tausenden von Zeichen „Hochkultur“ erreicht hätte, sondern vielmehr umgekehrt deren Weiterentwicklung darstellt, was eine hohe Erfahrung in dem Schriftgebrauch voraussetzte, so gilt dies für die sich darstellende Technik der humanevolutionär entwickelten Sprachform in Hinsicht auf Sprache, Kultur und Psychologie.

Doch scheint die humanevolutionär entwickelte Sprach-Technik nicht bloß höchst genial wie die Buchstaben-Schrift gewesen zu sein, sondern hierbei vermutlich auch effektive evolutionäre Problematiken der vorausgehenden Sprach-Anlage gelöst zu haben.

Angesichts dessen, dass die hominide Sprach-Anlage mangels Kultur lediglich auf einer Ansammlung von Wörtern und Grammatik basiert haben dürfte, dürften ab einer bestimmten Größenordnung im Wortbestand ernste Probleme entstanden sein, die in Bezug auf das Aussterben der Hominiden eine Rolle gespielt haben.

- Eine gewisse Menge an Informationen kann man ganz einfach in einem Ordner oder in Dateien im Computer abspeichern. Ab einer gewissen Größe wird jedoch die **Organisation** dieser Sammlungen zur entscheidenden Forderung. Sonst entsteht das Problem, dass jede weitere Ansammlung nur dazu führt, das Gesammelte immer schlechter wieder zu finden. Dieser Sachverhalt gilt auch für das Gehirn. Da weiß man, dass man etwas schon mal gehört hat oder dass man es eigentlich weiß, nur „kommt man gerade nicht darauf".

(**mnemotechnisches** Problem)

- Ab einer gewissen Größenordnung konnte *die in Wörtern angelegte* a-kulturelle Sprachform (analog zur Hieroglyphen-Schrift) und das damit verbundene Wissen nicht mehr als natürlich integrierter Bestandteil der Kommunikation und der Sozialisation erworben werden. Damit entstand bei einem Mangel an Kultur das Problem von *langweiligem* und mühseligem **Unterricht** mit entsprechend zweifelhaften Erfolgen.

- Es entstand ein Problem in der **Steuerung** der Sprache: in Bezug auf die genaue Artikulation, die exakte Bestimmung der Wortbedeutungen und die Exaktheit in der Tradierung des Wortmaterials. Bei der a-kulturellen Sprach-Anlage ließ sich nicht verhindern, dass sich mit der Zeit die Wortinhalte und die Aussprache änderten und damit jede Region eine eigene Sprache ausbildete, die für Andere in ihren Bedeutungen, aber auch schon akustisch nicht mehr ohne Weiteres verstehbar war. Da aber Sprache entsprechend dem Gehirn-Wachstum immer mehr zum Mittel der Gehirn- und Sozial-Organisation und der Wissens-Sammlung wurde, entstanden hiermit jenseits des eigenen Sozialverbandes auf die Dauer mehr und mehr Kommunikations-Probleme, die auch die Vererbung der Wissens-Sammlung mehr untergrub als förderte.

- Bei der in Wörtern angelegten a-kulturellen Sprach-Anlage entsteht mit der immer stärkeren Differenzierung das Problem, sich in seinem Bewusstsein immer stärker an seine jeweiligen Wort-Inhalte anzubinden. Bei dem Neandertaler dürfte das Problem entstanden sein, dass er wohl ein großes Wissen über >die Birke<, >das Ren< und die ganzen *konkreten* Gegebenheiten seines Terrains entwickelte, [78] aber genau dadurch schwerfällig für größere Umstellungen auf ganz andere Verhältnisse oder bei den klimatischen Wechseln wurde. Es entstand hier das Problem wie bei uns bei den Fachsprachen. Bei grundlegenden beruflichen Umorientierungen ist das ganze alte Wissen und Vokabular hinfällig, und man muss eine völlig neue Fachsprache lernen. Bei grundlegenden Innovationen muss gar erst einmal ein neues Vokabular geschaffen und sozial etabliert werden, und dies schafft ein Problem, wo dies die existenziale Ebene berührt.

- Die in Wörtern angelegte a-kulturelle Sprach-Anlage enthält das Problem, mit der Wort- und Wissens-Entwicklung sein Gehirn immer mehr mit Details zu besetzen und sich also immer mehr in Details zu verlieren. Ermöglichten die ersten Wörter und Techniken, einen Schritt über die bisherigen Möglichkeiten in der Nahrungs-Organisation zu organisieren, etwa einen eigenen Aufwand für die Besorgung für einen Stock oder einen Stein zu betreiben, um sich damit Nahrung zu erschließen, schlug diese hominide Entwicklung von Gehirn – Sprache – Technologie darin um, dass man sich damit mehr und mehr von dem Existenzialen entfernte und sich entsprechend mehr und mehr in Wort-Wissen und in seinen Mitteln und Techniken verlor. Dies könnte etwa zu Realitäts-Unfähigkeit geführt oder (und) den sozialen Zusammenhang zerrissen haben.

[78] Sein im Durchschnitt größeres Gehirn als bei uns ist vor allem im hinteren Bereich stärker ausgebaut, der u.a. mit dem Sehen verbunden ist. Dies könnte bedeuten, dass er in dem Verbund mit einer konkretistischen Sprachform von einer konkretistischen Wahrnehmung geprägt war.

Bei all den in Betracht kommenden Problematiken der höheren Großhirn-Anlage scheint es nur eine einzige Lösung gegeben zu haben: die Entwicklung von Kultur. Diese Entwicklung war der Inhalt der eigentlichen Humanevolution, auch in Bezug auf die Sprach-Anlage. Mit dem Primat von Kultur war man zu fähigen Sozialverhältnissen in der Lage und konnte in seiner Bewusstseins-Anlage verhindern, der evolutionär ererbten Sprachlichkeit und technischen Intelligenz zum Opfer zu fallen.

Die humanevolutionäre Entwicklung von Sprache wird in Kapitel 5 genauer besprochen. Sie wurde erst aufgrund einer neuen Orientierung und einer entscheidend neuen neurologischen Entwicklung möglich.

# Teil II

## Der Entwicklungsprozess der eigentlichen Humanevolution

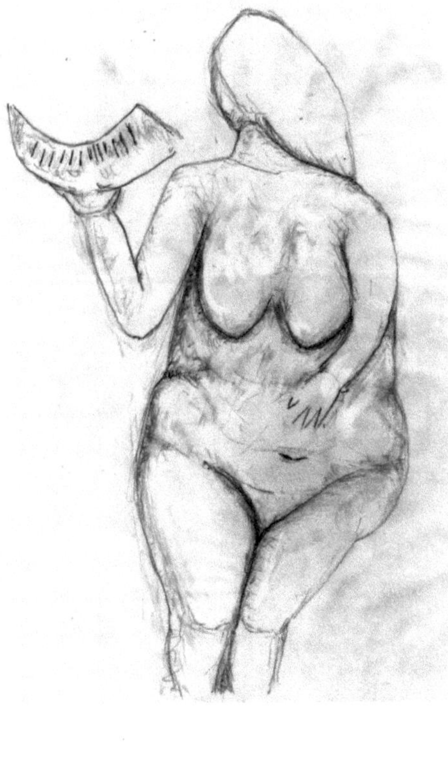

„Venus“ von Laussel (F), Relief
Alter ca. 25.000 Jahre

S. dazu mehr in: Wikipedia: *Venus von Laussel*

*Mit einer wohl dem Sinn der paläolithischen* „Venus"*-Figuren entsprechenden Felsmalerei beginnt bei den Ngarinyin-Aborigines der* dulwan nimindi (>Pfad des Wissens<) *mit einer Personifikation von* Jillinya, *der* >mother of all<, *deren Hände Gruß bedeuten. Es formuliert ihr* Kultur*konzept vom Leben als Bewusstseins- und Persönlichkeits-Entwicklung (Jeff Doring: Gwion Gwion, S. 36 ff., die direktesten Bilder S. 44 und 45)*

Die Nachzeichnung ist aus inhaltlichen Gründen vereinfacht und der >Pfad< aus graphischen Gründen hier auf etwa die Hälfte verkürzt gezeichnet. Im Original ist die Farbe sehr verblasst, und die Konturen sind von dem nicht ganz ebenen Felsuntergrund beeinflusst. Das Motiv ist nur ein Ausschnitt aus dem erheblich komplexeren Felsbild mit weiteren Figuren und Symboliken. -

Mit der Evolution von Technologie und von Sprache ist das Eigentliche der Humanevolution noch gar nicht erreicht. Ganz im Gegenteil: es war vielmehr gerade diese Evolution von Technologie und von Sprache, die nach anfänglichen Lösungen vor das definitive Ende der höheren Großhirn-Evolution stellte.

Im grundlegenden Unterschied zu den vorausgehenden evolutionären Schritten steht die erst eigentliche humanevolutionäre Entwicklung **nicht** mit einem geologischen Umbruch in Verbindung.

Die eigentliche humanevolutionäre Entwicklung erklärt sich (schon von daher) weder aus besonders günstig werdenden Natur-Verhältnissen noch aus neuen Notstandsproblemen in der Versorgung, durch Raubtiere oder andere Naturprobleme. Sie erklärt sich vielmehr daraus, dass die hominide Entwicklung mit ihrer Entwicklung an Gehirngröße und des Ausmaßes an Sprache und Technologie wohl ein riesiges Potential bot, mit dem sich von nun an sich höchst souverän und locker hätte leben lassen. Doch die ganze Technologie löste an den genetisch ererbten Verhaltensformen nicht das Geringste. Unter besonderen Notstandsproblemen war diese evolutionäre Anlage der Hominiden wohl höchst leistungsfähig – doch ohne diese erreichten nun die sozialen Rückwirkungen der bloß technologischen Intelligenz mit dem inzwischen erreichten Ausmaß das Ende der evolutionären Sackgasse und gerieten in das Aussterben. Nur in der Gunst der besonders widrigen Naturverhältnisse des hohen Nordens, die zu bewältigen das vorhandene Ausmaß an Intelligenz auslasten konnte, konnte sich der Neandertaler länger halten – mehr nicht.

Es ist also bei den gesamten bislang bekannten Fakten völlig abstrus, die nun erst eigentliche humanevolutionäre Entwicklung auf genau diese Weise in der Entwicklung von noch mehr Großhirn, Sprache und Technologie verstehen zu wollen – und dies in einer später noch gesteigerten *Problematik* auch noch für >Hoch*kultur*< zu halten (auch wenn es durchaus hochkulturelle Entwicklungen gibt, was jedoch etwas völlig Anderes ist).

Der eigentliche Sachverhalt der humanevolutionären Entwicklung lässt sich ausschließlich in einer an sich absolut entgegen gesetzten Entwicklung begreifen: nämlich in der Entwicklung von Kultur als dem Sachverhalt menschlich fähiger Sozialverhältnisse.

Dieser Inhalt ist *absolut* eindeutig. Die bloße Entwicklung von Werkzeugen und technologischer Intelligenz kann auch bei allem Bestand an Sprache nicht den Erwerb der Befähigung zur Selbststeuerung erklären. Sie konnte ein neues Potential im Verhältnis zur Natur erbringen. Das scheint bei dem geologischen Umbruch vor ca. 2,5 Mio. Jahren entscheidend und dann auch für eine Verbreitung über die Welt förderlich gewesen zu sein – doch das war alles, was diese Entwicklung als solche zu leisten vermochte.

Die technologische Entwicklung (zu den Hominiden) kann erklären, wie der Umbruch von einem – evolutionär ererbten – Waldleben zu einem Leben unter den unterschiedlichsten Naturverhältnissen möglich wurde. Sie kann aber nicht die Überwindung der genetischen Verhaltenssteuerung erklären und also nicht, wie dies zu einem fähigen Sozialleben hätte führen können. Es ist erstaunlich, dass solch eindeutige (neurologische) Sachverhalte nicht ganz anders in einer >Hochkultur< wie auch in der Fachwissenschaft präsent sind, geht es hier um die zentrale Thematik der menschlichen Entwicklung in Evolution und Sozialisation.

Denn dieser Zusammenhang ist hier von größter Bedeutung. Wie die Technologie in sich nicht die Form ist, das Problem eines unfähigen Soziallebens zu lösen, so ist sie sehr wohl eine, die Probleme eines unfähigen Soziallebens zu verstärken. Wie immer dies auch im Einzelnen gelegen hat, so erscheint dies als die Ursache für das komplette Aussterben der Hominiden, wie sich umgekehrt die humanevolutionäre Lösung exakt von diesem Hintergrund her erklärt. Erst die Evolution von Kultur als die Entwicklung der Fähigkeit zur Selbst-Steuerung zwecks einem fähigen Sozialleben – durch die Fähigkeit zu Kommunikation – bedeutete die Lösung der Problemstellung der höheren Großhirn-Anlage und im Übrigen auch erst die wirkliche Erschließung des vorhandenen Intelligenz-Potentials zu Lebens-*Qualität.*

Dieser Durchbruch durch die evolutionäre Sackgasse der höheren Großhirn-Anlage wurde nach dem genetischen Bestand unserer Art erst gerade kurz vor dem Aussterben erreicht – doch dann: mit was für einem Erfolg! Wahrscheinlich hat lediglich eine Populationsgröße von wenigen Tausend Menschen diese evolutionäre Passage geschafft (→ 3.3.1). Doch diese Wenigen sind die Grundlage der heutigen Milliarden und der kulturellen Entwicklung.

Die Entwicklung von >Kultur< als menschlich fähig gestaltete Sozialverhältnisse war alles andere als einfach, und dazu brauchte es entscheidend mehr als nur technische Intelligenz. Dies konnte von den biologischen Gegebenheiten der Zwischenhirn-Verhaltens-Steuerung gar nicht in einem einzigen evolutionären Schritt erfolgen.

Vielmehr ist die Evolution von Kultur der Inhalt einer langen komplexen humanevolutionären Entwicklung, die auf sehr verschiedenen Sachverhalten aufbaut. Sie begründet sich zuerst in der weiteren Evolution der Kindheit: sowohl in dem Durchbringen neurologisch noch unreiferer Kinder als auch hier in der notwendigen Entwicklung einer neuartigen Dimension des >Spielerischen< (Kapitel 4)

Daraus resultiert auch eine völlig neue evolutionäre Sprach-Technik (Kapitel 5), die im Ergebnis überhaupt erst zu einer wirklichen Verhaltens-Steuerung befähigte und Kultur ermöglichte.

In dieser nun kulturell orientierten Sprach-Anlage lernte man seine menschlichen Gegebenheiten kennen und begreifen. Daraus entwickelte man eine entsprechende kulturelle Sozialanlage samt den dazu notwendigen Bildungsprogrammen in Bewusstseins- und Verhaltens-Trainings (Stufe 2 mit den Kapiteln 6 und 7). Auf der Basis der Entwicklung von Persönlichkeit als der Fähigkeit zu Kommunikation und zu Beziehungen incl.

Konflikt-Umgang (insbesondere in Sachen >Liebe<) erreichte die humanevolutionäre Entwicklung Schritt für Schritt die Entwicklung von Kultur als fähig gestaltete Beziehungs- und Sozialverhältnisse.

Das Ergebnis von Kultur muss schon unter dem archaischen Homo sapiens erreicht worden sein. Unsere Art Homo sapiens, die nach derzeitigen genetischen Schätzungen vor rund 150.000 Jahren aufkam, [79] ist genetisch schon das evolutionäre Produkt dieser Entwicklung: wir sind schon genetisch auf die Lernentwicklung und Sozialisation von Kultur und Persönlichkeit angelegt. Dies erklärt sich allein dadurch, dass schon im Vorfeld eines Populationsbestandes unserer Art Homo sapiens biologisch vollgültig der eigentliche Sachverhalt von Kultur: fähig gestaltete Sozialverhältnisse und die Befähigung zu einem entsprechenden Sozialverhalten erreicht worden war.

Denn erst allein darin lag die evolutionäre Lösung der höheren Großhirn-Anlage. Erst damit und auch nur bei diesen Gegebenheiten erreichte diese evolutionäre Entwicklung ihren wirklichen Erfolg.

Es ist völlig grotesk, *diese* „Steinzeit-Menschen" in irgendeiner Weise für primitiv zu halten. Bestimmte Entwicklungen an tatsächlicher Primitivität kamen erst am >Ende der Eiszeit< unter den damaligen gigantischen Naturkatastrophen auf, wo man für die Entwicklung von Kultur und Persönlichkeit keine Zeit mehr fand – mit sehr entsprechenden Resultaten im Sozialleben und im Bewusstsein.

Homo sapiens ist und war von seiner genetischen Anlage her nicht primitiv – man könnte sagen: leider. Denn die kulturale

[79] so nach Wikipedia: *Ausbreitung des Menschen.* Abschnitt >Stammbäume aus Mitochondrien-DNA<: Aufgrund einer Arbeit von 1987 verbreitete sich die Schätzung mit 200.000 Jahren, die inzwischen „auf vor 150.000 Jahre korrigiert wurde." 6.3.19, 5:21

Anlage ist mit entsprechenden Anforderungen an die Sozialverhältnisse wie an die Lern-Entwicklung verbunden.

Wenn wir auch nicht zu viel über das Kulturelle in der Zeit vor 40.000 Jahren und gar vor 100.000 Jahren wissen, so haben wir hier doch definitive neurologische und psychologische Einsichten bzgl. des >Menschen< und unserer Art *Homo sapiens.* Sofern zu Recht von *Homo sapiens* die Rede ist, sind diese Einsichten auch evolutionär zur Anwendung zu bringen, und sofern man effektive Gründe sieht, diese in bestimmten Zeiten noch nicht zur Anwendung bringen zu können, muss auch in diesen Zusammenhängen die Ansprache von >Homo sapiens< aufgegeben werden – alles Andere verlässt die wissenschaftliche Ebene. Eine biologische Art ist eine *Art* – das bedeutet wohl keine evolutionäre Statik, doch wo man *substanzielle* evolutionäre Unterschiede veranschlagt, handelt es sich nicht mehr um eine gleiche Art. Im Evolutionären lässt sich dies bei *Übergängen* etwa per >archaisch< kennzeichnen.

Es erscheint logisch, dass die genetische Anlage von Homo sapiens bei Individuen schon unter dem *Sozialbestand* des *archaischen Homo sapiens* aufkam. Insofern bedeuten genetische Schätzungen der >Urmutter< von Homo sapiens auf rund 150.000 Jahre nicht, dass damit schon in dem Populationsbestand dieser Übergang vollzogen wäre, obwohl es sehr wohl möglich ist, dass sich dieser Übergang auch schon früher vollzogen hat. Die uns genetisch ersichtliche >Eva< muss nicht die älteste Homo sapiens-Frau gewesen sein.

Doch kann dieser evolutionäre Übergang auch noch lange gedauert haben, möglicherweise bis vor 100.000 Jahren. Sicher ist hier bislang nur, dass die Menschen, die sich hier seit vor spätestens 60.000 Jahren [80] von Afrika neu über die Welt verbreiteten, schon unsere genetische Anlage hatten. Wenn man sich bzgl. höherer Zeiten bei dem Stand der Forschung nicht zu sehr auf feste Altersangaben bzgl. von >Homo sa-

---

[80] so nach den bisherigen Funden und nach den genetischen Schätzungen, s. zu Letzterem: Wikipedia: *Ausbreitung des Menschen,* dort >Stammbäume aus Y-chromosomaler DNA<. 6.3.19, 5:25

piens< fixieren sollte, so ist es dennoch biologisch unmöglich, *innerhalb* von Homo sapiens ein Aufkommen von Sprache oder von Kultur anzusetzen, da Beides konstitutiv für die Anlage unserer Art ist. Nähere Ein- und Zuordnungen werden in dem folgenden Teil des Buches beschrieben. Anzumerken ist hier, dass ich infolge des veränderten Modells die Ansätze zweier Stufen bei dem >archaischen Homo sapiens< [81] insofern modifiziere, als dass ich die humanevolutionäre Entwicklung mit der *ersten* Stufe des „archaischen Homo sapiens“ als *Homo archaicus* beschreibe, während infolgedessen die zweite Stufe hier nun *allein* als *archaischer Homo sapiens* bezeichnet ist.

Wie immer auch der evolutionäre Übergang im Sozialbestand exakter zu fassen ist, so kann auf jeden Fall bei dem genetischen Bestand von Homo sapiens definitiv festgestellt werden, dass anders als bei den Tieren das **Entscheidende** des Menschen nicht >automatisch< aufkommt, sondern eine Sache der Lern- und der gemeinschaftlichen Sozialentwicklung geworden ist. Natürlicherweise ginge wohl eine Sozialisations-Entwicklung hin zu einer Entwicklung von Kultur und Persönlichkeit, doch setzte dies auch entsprechende Sozialverhältnisse voraus *(wovon leider seit den Naturkatastrophen am >Ende der Eiszeit< nicht mehr einfach die Rede sein kann. Dieser besondere Sachverhalt ist mit seinen Folgen spezifisch als >Geschichte< zu analysieren und reflektieren, und die Sachverhalte im historischen Raum können nicht in* unmittelbarer *Form als >Anthropologie< behandelt werden*).

Die Überwindung der genetischen Verhaltens-Steuerung der Tier-Stufe – und nichts anderes - war die evolutionäre Problematik, mit der die humanevolutionäre Entwicklung auf Leben und Tod konfrontiert war. Doch war der entsprechende Erwerb von Persönlichkeit und einem fähigen Sozialverhalten weder ein Automatismus noch im Nebenbei zu haben. Aufgrund dieser Anforderungen entstand evolutionär mit der Geschlechts-

[81] Vgl. hierzu: Friedemann Schrenk, Die Frühzeit des Menschen, S. 116

reife ein neues weiteres Moratorium vor der erst eigentlichen Erwachsenheit, nämlich als >Pubertät – Jugend< (Kap. 6).

Die Homo sapiens- „Steinzeit-Menschen" waren zu der Entwicklung von Kultur und Persönlichkeit in der Lage. Damit erreichten sie den Durchbruch durch die evolutionäre Sackgasse der höheren Großhirn-Anlage mit der bloß technischen Intelligenz und also die Verwandlung der negativen Spannungen sozial ruinöser Konkurrenzverhältnisse in ein positiv spannendes Sozialleben, in dem die persönlichen Bedürfnisse ganz nach eigenem Bedürfnis in einem Hochmaß verwirklicht werden konnten.

Leider bedeuteten die gigantischen Naturkatastrophen am >Ende der Eiszeit< tatsächlich eine >Vertreibung aus dem Paradies< (das man nicht mit *Idylle* verwechseln sollte, s.u.). Anders als viele Tier-Arten vermochte der Mensch diese Naturkatastrophen wohl zu überleben, verbreitet aber tatsächlich auch nicht viel mehr. Die aus diesem Verlust an Kultur entstandenen Notstandsverhältnisse und Phänomene an kultureller Verwahrlosung dürfen nicht auf das Vorausgehende zurückprojiziert oder gar noch wie früher in potenzierter Form auf ältere Zeiten hochgerechnet werden. Sicher kam es am >Ende der Eiszeit< nicht zum allerersten Mal zu Problemen kultureller Verwahrlosung. Das Erreichen von Kultur war nie ein Automatismus und ein bloßer Nebeneffekt von Technologie. Doch bis zum >Ende der Eiszeit< blieben diese Minderentwicklungen unter Homo sapiens irrelevant. Sie schieden im Dunkel der Vergangenheit aus. Es gibt keinen tatsächlichen seriösen Grund, die historischen Probleme des Rückfalls hinter das humanevolutionäre Ergebnis vor das >Ende der Eiszeit< zurückzuprojizieren. S. dazu mehr → 9.1

Der Inhalt der humanevolutionären Entwicklung ist definitiv die biologisch *und sozial* zureichende Entwicklung von >Kultur<. Weil unsere Vorfahren dazu in der Lage waren, entstand daraus unsere evolutionäre Art Homo sapiens als dem >kulturalen Wesen<.

„Man weiß weiterhin, dass die Begegnung mit Neuem zu einer Freisetzung von Dopamin in diesem System führt. Dopamin wurde daher als Substanz der Neugier und des Explorationsverhaltens, der Suche nach Neuigkeit (engl.: *novelty seeking behavior*) bezeichnet. […]

Das Dopaminsystem ist an Bestrafung nicht beteiligt, es ist allein für Belohnung zuständig. Für das Lernen ist wichtig: Gelernt wird immer dann, wenn positive Erfahrungen gemacht werden. Dieser Mechanismus ist wesentlich für das Lernen der verschiedensten Dinge, wobei klar sein muss, dass für den Menschen die positive Erfahrung schlechthin in positiven Sozialkontakten besteht. […]
Umgekehrt führt eine Überaktivität dieses Systems [*mangels wirklicher Befriedigung*] dazu, dass belanglose Ereignisse oder Dinge eine abnorme Bedeutung erlangen, als besonders hervortreten und einen nicht mehr loslassen.“ [82]

[82] So der Neurowissenschaftler: Manfred Spitzer: Lernen, S. 181 f.

# Die humanevolutionäre Stufe I

*„Denn, um es endlich auf einmal herauszusagen,*
*der Mensch spielt nur, wo er in voller Bedeutung des Worts*
*Mensch ist, und er ist nur da ganz Mensch, wo er spielt.“*
**Friedrich Schiller** [83]

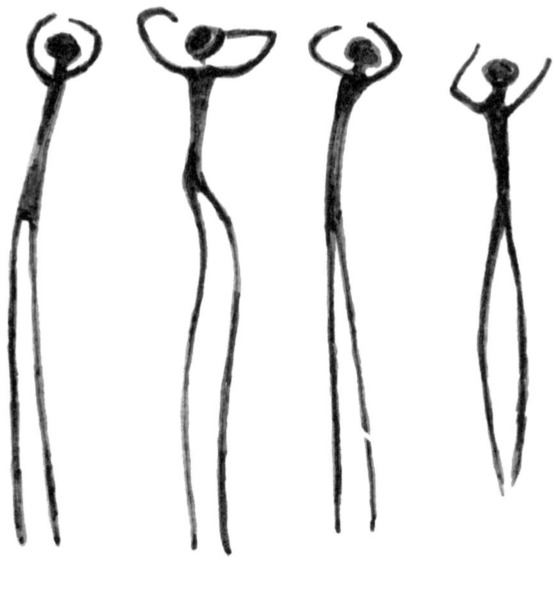

*Nachzeichnung nach Emmanuel Anati, Höhlenmalerei, S. 182*
Sahara, vermutlich Tanzszene, Ausschnitt (von mehr Figuren, die aber nur fragmentarisch erhalten sind), etwa am >Ende der Eiszeit<

[83] in: Friedrich Burschell: *Schiller*, S. 131

# 4 Vom Ursprung der Kultur im Spiel und in der Kindheit

## 4.1 Homo ludens

*„Im Spiel haben wir es mit einer für jedermann ohne weiteres erkennbaren, unbedingt primären Lebenskategorie zu tun, mit einer Ganzheit, wenn es je etwas gibt, was diesen Namen verdient.“*
*Johan Huizinga: Homo Ludens, S. 11*

„Vom Ursprung der Kultur im Spiel“ ist der Untertitel des einstmals bekannten und sicher bei weitem noch nicht ausgeschöpften Werkes >**Homo Ludens**< von Johan **Huizinga** (NL 1938, deutsch wohl erstmalig 1956 erschienen).

Mit dieser – im Einzelnen vielfältig entwickelten – These trifft er in der Tat den entscheidenden Sachverhalt, der jedoch in den gängigen Modellen zur Humanevolution keinerlei Eingang gefunden hat. Das Problem war, dass zu dieser Zeit die humanevolutionäre Entwicklung erst wenige Anhalte in dem Fundbestand und einer paläoanthropologischen Forschung hatte, dass die früheren Konzeptionen weitgehend spekulativ entwickelt werden mussten.

Von dorther passte das auf >Werkzeuge< und >Arbeit< ausgerichtete Modell des 19. Jh.s mit seinem >Homo faber< weit besser zur vorherrschenden Ideologie (auch in der sozialistischen Variante). Dieses Konzept des >Homo faber< ist in Form von >Homo habilis< und >Homo ergaster< in die Wissenschaft eingegangen und gar zu wissenschaftlichen Bezeichnungen geworden. Nun ist dieses Konzept nicht ohne jeden Anhalt, trifft es zu, dass die Entwicklung der Handfertigkeit und einiger Techniken eine der Voraussetzungen der humanevolutionären Entwicklung war. Doch verknüpft sich diese Entwicklung *evolutionär* mit der der Hominiden und nicht *im Eigentlichen* mit der Humanenevolution.

Insofern liegt Huizingas Konzeption vom >Homo ludens< in Bezug auf die eigentliche humanevolutionäre Entwicklung entscheidend richtiger, und so sind seine Einsichten und Argumentationen für die Entwicklung einer wissenschaftlichen Konzeption der humanevolutionären Entwicklung aufzunehmen und noch anders zu berücksichtigen.

Freilich liegt dieses Werk auch nicht auf neuerem Stand. Insofern besteht das Problem, dass hier Sachverhalte der Säugetier- und Primaten-Stufe, Sachverhalte der (postpleistozänen) Kulturgeschichte und die spezifischen Sachverhalte der humanevolutionären Entwicklung nicht hinreichend unterschieden und spezifisch genug entwickelt werden. Denn die eigentliche Großhirn-Entwicklung geht schon immer mit einem >Spieltrieb< bei dem Nachwuchs einher, ist das >Spielen< die Form der neurologischen Besetzung der Großhirn-Anlage. Zum anderen wirkte sich die historische Entwicklung auch auf die Ausprägung des Bereichs des Spiels aus. Dies kann in diesen aufgeführten Formen in vielem nicht so ohne weiteres auf die humanevolutionäre Entwicklung wie auf die paläolithische Kultur des *Homo sapiens* angewandt werden.

So besteht derzeit das Problem, dass dieser für die humanevolutionäre Entwicklung so entscheidende Bereich in der gängigen Literatur zur Humanevolution nirgends qualifizierter ausgeführt und diskutiert wird. Von daher werde ich im Folgenden in kurzer Form ein paar eigene Erwägungen vorstellen.

Es sei jedoch darauf verwiesen, dass dieser Bereich für die Gebiete der Neurologie, der Logopädie, der Kunsttherapie und Theaterpädagogik sowohl für die Grundlagenforschung als auch für ein näheres Verständnis in der pädagogischen und therapeutischen Praxis von Bedeutung ist. Hier können die schon bestehenden Einsichten aus den verschiedenen Bereichen in Verbindung mit Anthropologie/Humanevolution noch ganz anders erschlossen und mit einander verbunden werden.

## 4.2 Zur Evolution des Spielens und des Spiels

Möglicherweise entstanden schon die ersten Steinwerkzeuge aus dem kindlichen Spiel des Steine-Zerdepperns, und wahrscheinlich waren es wieder einmal die Kinder, die zum Entsetzen der Erwachsenen an Resten von Buschbränden anfingen, mit dem Feuer zu spielen. Auch die humanevolutionär entscheidende Weiterentwicklung von Sprache dürfte auf die Kinder zurückgegangen sein. Die Bedeutung der Erwachsenen ist evolutionär wohl regelmäßig eher darin zu sehen, dass sie (aufgrund der einstigen Spiel-Erfahrung als Kind) die Bedeutung dieser von den Kindern im Spiel erfundenen Momente für die Praxis erkannten und aufnahmen.

Die evolutionäre Entwicklung von Kindheit und Spiel-Trieb geht mit der evolutionären Entwicklung der Großhirn-Anlage einher. Die evolutionäre Entwicklung des Spiel-Triebs ist die Form, in der das mit dem Großhirn zur Verfügung gestellte Erfahrungs- und Intelligenz-Potential im Gehirn gesammelt und aufgebaut wird. Entsprechend besteht eine Korrelation in dem Maß an Großhirn, der Länge der Kindheit und von >Spielen<. Anders als bei den evolutionär älteren Formen ist die Kindheit bei der Großhirn-Anlage nicht bloß die Zeit, die es für das körperliche Wachstum braucht. Bei der Großhirn-Anlage ist die Kindheit in ihrer vollen Länge für die Erfahrungs-Entwicklung ausgelegt. Wo und inwieweit diese Entwicklung der eigenen Erfahrungs-Entwicklung durch irgendwelche Umstände eingeschränkt wird, da entstehen ggf. nicht bloß Leerstellen in der Intelligenz-Entwicklung, sondern evtl. auch fundamentale Störungen bzgl. der Intelligenz und Kreativität und ggf. auch psychischer Art. Je höher das Maß der Großhirn-Anlage ist, desto bedeutsamer wird der Bereich der kindlichen Erfahrungs-Entwicklung im Gesamtbereich der Verhaltens-Anlage. Darin liegt der bedeutsame evolutionäre Vorteil in der Großhirn-Entwicklung, aber auch die besondere Störanfälligkeit und Gefahr dieser Anlage. Bereits auf der Stufe der Schimpansen können diesbezüglich einige Problematiken beobachtet werden (→ 1.2.3).

Dieser mit der Großhirn-Entwicklung verbundene >Spiel-Trieb< bedeutet evolutionär zunächst einmal, dass das kindliche Spiel im Eigentlichen seine biologische Bedeutung als Vorbereitung für eine optimale Überlebensbewältigung auf der Erwachsenen-Stufe hat. Dies ist auch immer noch die Grundlage in der menschlichen Sozialisations-Entwicklung und hat etwa in der – wohl mit den Hominiden entstandenen – Ausprägung der Phase des >Werksinns< (Erikson) seinen besonderen Ausdruck.

Doch verknüpft sich der Spieltrieb (als Lern-Entwicklung) seit der Hominoiden- oder schon seit der Anthropoiden-Stufe in dem eigentlichen Anspruch nicht mehr in Bezug auf die Umwelt, sondern auf das Soziale (Spiel von >Vater und Mutter< und anderen sozialen Rollen usw.). Die primäre Anforderung bezieht sich seitdem auf das Erlernen sozialer Kompetenz und die Ausbildung fähiger Sozialverhältnisse. Dies gilt für *Homo sapiens* erst recht. Hier wird endlich die Schaffung fähiger Sozialverhältnisse mit der Entwicklung von Kultur und >Persönlichkeit< erreicht (→ 6.2 >Identität + Personalität<).

Anders als bei der Tier-Stufe bleibt das Spielen in der humanevolutionären Entwicklung jedoch keine bloße Vorbereitung auf die Überlebens-Anforderungen der Erwachsenen-Existenz. Das Spielerische wird vielmehr zum Ausgang der Entwicklung von Kultur und das entsprechende Primat. Das Entstehen der kulturalen Dimension von >Lebensqualität< ist nicht im falschen Sinn als >Luxus< zu begreifen. Diese Entwicklung war die evolutionäre Voraussetzung in der humanevolutionären Entwicklung zu *Homo sapiens* und der erst eigentliche erste Grund für den humanevolutionären Durchbruch aus der evolutionären Sackgasse der besonderen Großhirn-Entwicklung.

Die humanevolutionäre Entwicklung entstand daraus, dass der Spieltrieb in seiner Ausbildung der >Persönlichkeit< und an sozialer Kompetenz erst jetzt dahin kam, seine erst eigentliche Qualität zu erreichen. Bei dem noch stärker ausgeprägten Spieltrieb bei dem neurologisch noch unreiferen Nachwuchs der humanevolutionären Linie erreichte der Spieltrieb nicht bloß soziale Kompetenz. Er erschloss mit seinem energetischen Überschuss auch die Erfahrung von Lebens-**Qualität**: die kulturelle Dimension. Dies war natürlich nicht mit irgendwelcher Spielerei zu haben. Das Spielerische musste der Verfassung der jeweiligen Persönlichkeit entsprechen, d.h. als >Authentizität< wie an Niveau, etwa in den Stufen der Sozialisations-Entwicklung.

Wir sehen hier die entscheidenden Unterschiede zu der Tier-Stufe. Trotz aller Intelligenz, trotz des hoch Sozialen und trotz der langjährigen Kindheiten mit Spieltrieb verfügen die Hominoiden nicht über allzu viele Möglichkeiten zu spielen. Bei den Bonobos finden sich wohl bereits Ansätze von Spielen wie „Blinde Kuh“ oder mit Grimassen. [84] Es macht jedoch den Eindruck, dass das hohe Ausmaß an sexueller Aktivität bei den beobachteten Bonobos auch aus dem Sachverhalt herrührt, dass sie sonst nicht zu viel über Möglichkeiten an Spielerischem und Kreativem verfügen. So kommt es zu dem Problem, dass die spielerische Interaktion leicht in negative Provokation umschlägt [85] - eine Problematik, die bei der weiteren Großhirn-

---

[84] s. dazu: Frans de Waal: Wilde Diplomaten, S. 196 ff.

[85] „Doch bei jungen Menschenaffen können solche Spiele leicht in Kämpfe übergehen, und ich hatte das Gefühl, dass sich beide Weibchen diesem Punkt näherten. Dann kam ein neues Element ins Spiel. Als die Zeterei spannungsgeladener wurde, lud Louise Loretta zum GG [genitalen] -Reiben ein. Das geschah mehrmals während des Spiels, und der unglückliche Ausgang blieb aus.“ Frans de Waal: Wilde Diplomaten, S. 230

Evolution als ein entscheidender Faktor in dem Aussterben der Hominiden eingeschätzt werden muss. Bei den Bonobos schien die hohe sexuelle Aktivität auch die Funktion zu haben, nicht tiefer in Frustration und Streit zu geraten, sondern sich befriedigende Erfahrungen miteinander zu schaffen. Diese Strategie scheint von daher bei der weiteren Großhirn-Entwicklung eine bedeutsame Rolle gespielt zu haben. Dies gilt erst recht für den Menschen. Die Entwicklung des Sachverhaltes >Orgasmus< (im Sinne von W. Reich) belegt, dass das Sexuelle *biologisch* weit über die Funktion der Fortpflanzung hinausgeht und also ähnlich wie bei den Bonobos eine *konstitutive* Bedeutung für die Funktionsfähigkeit des Soziallebens hat. Freilich reicht das allein noch längst nicht hin.

Mag wohl bei Kleinkindern und bei Notstandsverhältnissen der Anspruch an Niveau des Kreativ-Spielerischen gering liegen, so haben wir nicht den geringsten Grund, von dort her auf die eigentliche Anlage des *Homo sapiens* zu schließen. Ganz im Gegenteil deuten die gesamten Hinweise der evolutionären Entwicklung darauf, dass sich der eigentliche Anspruch in der Humanevolution mit der Entwicklung des Niveaus (nicht eigentlich auf das Technische, sondern) auf das Kreativ-Spielerische bezog, ergab sich erst daraus die evolutionäre Lösung der Hominiden-Problematik.

Auch wenn es zunächst schlichtweg die Notwendigkeit im Durchbringen des neurologisch unreiferen Nachwuchses denn je war, so war genau diese Entwicklung der Lautspiele wie *ei-tei-tei* und *du-du-du* im Kleinkind-Verhältnis und ihre Weiterentwicklung zu Singen, zu Witz-Geschichten, zu Bewegungs- (Sport, Tanz) und Theater-Spielen in der weiteren Entwicklung der Kinder auch der neue Weg in der humanevolutionären Entwicklung, der aus der evolutionären Sackgasse der Großhirn-Evolution und bloß technischer Fähigkeit herausführte.

Die kulturelle Evolution hat zunächst darin ihre Grundlage, dass die damit entstehende Menschwerdung es verstand, sich noch anders denn je auf die Bedürfnisse der Kinder einzustellen, ihnen zu dialogisch fähigen Gegenübern zu werden und, so gut es ging, ihnen auf ihre Bedürfnisse abgestellte Verhältnisse zu stellen. Das heißt: die Entwicklung zum Menschen verknüpfte sich damit, dass man seine energetischen Überschüsse statt für Technik und >Affentheater< um Ränge und Geschlechtspartner in die Zuwendung zu seinen Kindern einsetzte.

Auf der *ersten* Stufe bedeutet die humanevolutionäre Entwicklung die *qualitative* Entwicklung der Kindheit: die Entwicklung des Kreativ-Spielerischen zur Erfahrung von Glück. Aus der Erfahrung dieses Glücks entstand dann die eigentliche Entwicklung zum >Menschen<. Es stellt sich also von den bislang ersichtlichen Fakten in der Tat dar, dass die alten Mythologien mit ihrer Auffassung von der Herkunft des Menschen aus dem Paradies Recht haben (s.u.).

Die Dimension des >Kreativen< entstammt von den Kindern, die Dimension >Erfahrung< von den Erwachsenen. Der Sachverhalt Kultur entstand daraus, dass beide Dimensionen in ein fähiges dialogisches Verhältnis gesetzt wurden.

## 4.3 Das freie Kreativ-Spielerische der Kinder als optimale Lern-Entwicklung

*„Das Geheimnis des menschlichen Gehirns liegt gar nicht so sehr darin, dass es die Fähigkeiten besitzt, eine Vielfalt sehr spezifischer Aufgaben zu lösen oder Verhaltensmuster zu lernen, sondern dass es ganz einfach die Fähigkeit besitzt zu lernen […].“* [86]

*„Die Wurzeln der Kreativität liegen in der Kindheit.“* [87]

[86] R. E. Leakey & R. Lewin: Wie der Mensch zum Menschen wurde, S. 187
[87] D. Goleman, P. Kaufman & M. Ray: Kreativität entdecken, S. 60

*„Ich sehe in diesen Abenden den Ursprung ihrer Unbefangenheit im Busch und ihrer Vertrautheit mit den Tieren. Tippi besitzt keine Gabe, die vom Himmel gefallen ist. Jeden Abend hat sie gelernt. Jeden Abend war ihr Kopf beim Einschlafen voll von all den Erzählungen über Elefanten, Löwen, Schlangen oder Wildhunde, die die Abenteurer des Deltas zum Besten gaben, und sie hat davon geträumt. Später, als aus den Gestalten ihrer Träume echte Lebewesen wurden, wusste sie bereits alles über sie."* [88]

Dass das freie Kreativ-Spielerische - unter der Voraussetzung von Kultur - die optimalste Art zu lernen ist, ist auch aus der Pädagogik und Psychologie bekannt:

> „Um die logischen Fähigkeiten von Tieren genauer zu bestimmen, setzte man junge Schimpansen in einen Käfig, in dem ein langer Stock lag, und platzierte gerade außer Armreichweite eine Banane. Die Schimpansen hatten noch niemals Gelegenheit gehabt, mit Stöcken zu spielen, und unternahmen auch keinen Versuch, den Stock in ihrem Käfig zum Heranziehen der Banane zu benutzen. Sie bemühten sich, die Banane mit der Hand zu erreichen, und gaben nach einigen vergeblichen Versuchen schließlich auf.
> Eine andere Gruppe junger Schimpansen, denen man vor dem Test drei Tage Zeit gegeben hatte, mit Stöcken zu spielen, erkannten innerhalb von zwanzig Sekunden die Lösung. Ihr scheinbar zielloses Herumspielen hatte es ihnen erlaubt, ein reichhaltiges Wissensnetz über Stöcke aufzubauen. [...]
>
> Mit Kindern im Alter von 3 bis 5 Jahren führte man ein ähnliches Experiment wie mit dem Schimpansen durch. Sie wurden vor die Aufgabe gestellt, zwei Stöcke zusammenzuschrauben, um damit Gegenstände zu erreichen, die am anderen Ende des Tisches auf einem Tablett standen. Kinder, denen man zunächst erlaubt hatte, mit Stöcken und Verbindungsstücken zu spielen, konnten das Problem nicht nur

[88] Alain Degré & Sylvie Robert: Tippis Welt, S. 154

schneller lösen als andere Kinder, die keine Gelegenheit gehabt hatten, solche Erfahrungen zu sammeln, sondern auch schneller als eine Gruppe von Kindern, denen ein Erwachsener die richtige Methode vorgemacht hatte.“ [89]

Entsprechend stellt der Hirnforscher Gerald Hüther fest:

> „Deshalb können wir Menschen vor allem während der Kindheit auch so viel lernen. Aber eben nicht, indem uns schon früh Druck gemacht und Leistung abverlangt wird. Und erst recht nicht, wenn wir zum Lernen gezwungen werden und uns vorgeschrieben wird, was wir zu lernen haben. Damit dieses riesige Potenzial an Vernetzungsmöglichkeiten im Gehirn möglichst gut stabilisiert werden kann und die in unseren Kindern angelegten Talente und Begabungen zur Entfaltung kommen, müssten wir ihnen möglichst lange und in einer möglichst vielfältigen Lebenswelt Gelegenheit bieten, ihrer Entdeckerfreude und ihrer Gestaltungslust in allen nur denkbaren Bereichen nachzugehen. Mit anderen Worten: Sie müssen so viel und so oft wie möglich und auf so vielfältige Weise wie möglich – spielen dürfen.“ [90]

Dass das freie und von den Kindern selbst bestimmte Lernen durch kreativ-spielerische Aktivitäten die optimalste Form des Lernens und gleichzeitig auch die Form von Erfindungs-Geist wie die Schaffung von Lebensqualität war, machte diese Entwicklung evolutionär ökonomisch höchst rentabel und auch weit überlegen. Freilich hatte das selbst bestimmte Lernen bereits die Voraussetzung tauglicher und anregender Umwelt- und Sozialverhältnisse und dialogisch qualifizierter und zugewandter Bezugspersonen. Sonst ergibt sich leicht ein Lernen von Unkultur und Barbarei.

---

[89] John McCrone: Als der Affe sprechen lernte, S. 139 f.
[90] Gerald Hüther & Christoph Quarch: Rettet das Spiel! S. 39

## 4.4 Das im Spiel neu begründete Sozialverhältnis

*„Jedes echte Spiel ist eine Schule des Gemeinsinns.“* [91]

Weit entscheidender als die optimierte Art zu lernen war, dass man durch die kulturellen Aktivitäten zu einem fähigeren Sozialverhalten fand und durch die hierbei erzielten Positiv-Erfahrungen in den kulturellen Aktivitäten auch zu einem völlig neuartigen Beziehungs- und Sozialverständnis.

> „Wer spielt, begegnet dem anderen als einem Gegenüber auf Augenhöhe.“ [92]

Selbst bei den evolutionär primitiveren Spielen, die noch auf Konkurrenz aufbauen, will man, wo es wirklich um Spiel geht und kein Notstands-Problem wirksam ist, „Gegner und keine Opfer“. Mit der Entwicklung des Spielens und von Kultur kam man von dem Interesse von Dominanz und Ego zu dem Interesse der Ebenbürtigkeit und am Gegenüber des Anderen, denn allein auf diese Weise ließ sich der Reiz des Spiels und ein Niveau des Spielerischen erreichen.

Nichts dagegen, sich zu größeren Herausforderungen motiviert zu fühlen. Doch die kulturelle Sicht begreift den Anderen nicht mehr als Objekt und nicht mehr negativ als Konkurrenten. Selbst die Art von Spielen, die auf den alten evolutionären Mechanismen des Konkurrierens aufbaut, schafft durch das Spiel-Moment ein neuartiges Interesse am Anderen. Wo einer oder

[91] Gerald Hüther & Christoph Quarch: Rettet das Spiel! S. 200
[92] Gerald Hüther & Christoph Quarch: Rettet das Spiel! S. 17

eine Partei immer gewinnt bzw. verliert, da vermag das Spiel keinen Reiz bewahren oder entwickeln. Selbst diese Art von Spiel zielt, wo es wirklich Spiel ist, schon auf *qualifizierte* Gleichwertigkeit. Wir sehen hier also: die Gleichwertigkeit der Individuen in der humanevolutionären Kultur entsteht nicht etwa aus dem Abbau von Spannung, sondern in der Verwandlung des *negativen* Spannungspotentials von Konkurrenzkämpfen in eine *positive* Spannungslogik: in >Spannendes<, in >Herausforderungen<, in Erfahrungen von >Erfüllung< usw.

Wo die Bewusstseins-Entwicklung effektiv über das Kindliche und die Notstands-Ebene hinausgekommen ist und die Stufe von >Kultur< erreicht hat, wird die Kategorie >Sieg – Niederlage< unwichtig und *alles* zu einem Prozess von >Erfahrung<, selbst eine Niederlage in der Konkurrenz um eine/n Partner/in. Denn es geht nicht um ein >Haben<, sondern um das >Sein< (vgl. E. Fromm), etwa auch um >Authentisches<.

So geht es bei den höheren: effektiv kulturellen Spielen und Aktivitäten wie etwa Musik, Kunst, Tanz, Erzählen, Poesie, Theater, Reisen, Forschung usw. im Eigentlichen überhaupt nicht mehr darum, besser zu sein als andere, sondern um das Erreichen von Niveau oder dem, das man als befriedigend, erfüllend und/oder Herausforderung erfahren kann.

Bei dieser Entwicklung versteht sich, dass das Entscheidende einer positiven Spannungslogik letztlich nicht auf den Sachebenen liegt, sondern auf der Sozial-, Beziehungs- und der Persönlichkeits-Ebene. Ganz entsprechend ergibt sich ein Interesse an Lern- und Persönlichkeits-Entwicklung ganz aus sich selbst heraus, um sich Lebensqualität zu erschließen. Dabei entsteht auch das Interesse, die Entwicklung Anderer und des Soziallebens zu unterstützen und zu fördern, denn je mehr Niveau hierbei entsteht, desto spannender wird das Leben, und desto mehr Lebensqualität eröffnet sich.

Von hier aus kommt es zur humanevolutionären Entwicklung von Personalität (s.u.) und zu einer Sicht des Anderen als *Sub-*

*jekt* und **Du**. Die – freilich erst kulturelle - Sprache hatte hier die entscheidende Bedeutung, kommunizieren und durch sie auch die Innenperspektive des Anderen kennen lernen zu können. Dies ermöglichte ein völlig neuartiges Verhältnis im Sozial- und Beziehungs-Leben.

Auffällig wird diese Entwicklung im Geschlechter-Verhältnis. Eros bedeutete auf der Tier-Stufe eher den Kampf gegen die Konkurrenz der eigenen Geschlechtsgenossen als sonderlich viel Zuwendung zu dem Geschlechtspartner. Hier kann dem riesigen Aufwand für die Erringung erotischer Attraktivität und dem bittersten Kampf gegen die Konkurrenz doch eine erstaunliche Dürftigkeit im Kontakt zum Partner gegenüber stehen. Ggf. beschränkt sich dieser gar auf das Erreichen eines einzigen Paarungs-Aktes. In der humanevolutionären Entwicklung entsteht aus der Entwicklung von Personalität eine völlig neue Dimension an >Beziehung<. Dies im Geschlechter-Verhältnis jedoch als >Monogamie< zu beschreiben - was eine *biologische* Kategorie an Verhalten darstellt (wie sie sich etwa bei den Vögeln findet) -, lässt befürchten, dass dabei das Eigentliche von >Beziehung< beim Menschen noch nicht verstanden worden ist.

**„Sozialer Rhythmus**

Es scheint ganz selbstverständlich zu sein: Beim Musizieren oder Tanzen sind die Partner darauf bedacht, aufeinander zu hören und ihre Bewegungen einem gemeinsamen Rhythmus anzupassen. Doch diese Fähigkeit zur >rhythmischen Synchronisation< unterscheidet den Menschen sogar von seinen nächsten Verwandten: Gorillas und Schimpansen trommeln zwar auch gern auf Brust und Baumstamm, kommen aber nie auf die Idee, ihr Trommeln mit dem eines Artgenossen abzustimmen.

Sebastian Kirschner und Michael Tomasello vom Max-Planck-Institut für Evolutionäre Anthropologie in Leipzig haben dieses typisch menschliche Verhalten näher untersucht. Sie stellten fest, dass Kinder schon im Alter von zweieinhalb Jahren spontan und ohne Aufforderung ihre Bewegungen einem akustischen Beat anpassten, selbst wenn dessen Tempo ihrem eigentlichen Körperrhythmus abwich.

Noch besser gelang dies den kleinen Probanden allerdings, wenn ein menschlicher Partner den Rhythmus beim Trommeln vorgab. Als die Forscher einen >drum computer< einsetzen, sank bei den 36 Kindern verschiedener Altersstufen die Bereitschaft zur Synchronisation erheblich.
Kirchner und Tomasello sehen dies als Beleg dafür, dass sich menschliche Musikalität im sozialen Kontext entwickelt hat und nicht etwa nur ein abstraktes Nebenprodukt unserer allgemeinen kognitiven Fähigkeiten ist.

In einem Folgeversuch wollen die Wissenschaftler nun herausfinden, inwieweit gemeinsames Musizieren die Bereitschaft von Kindern fördert, einander zu helfen. Nach ihrer Theorie zum sozialen Ursprung der Musik werden die Gemütszustände der Musizierenden durch gemeinsames Singen und synchrone Bewegungen ausgeglichen. Dies stärkt das Einfühlungsvermögen und die Verbundenheit mit der Gruppe. Trommeln für eine bessere Gesellschaft!“ [93]

S. dazu auch:
Max-Planck-Institut für evolutionäre Anthropologie:
www.eva.mpg.de

Dort auch Hinweise auf Literatur

[93] GEO Mai 2009, S. 155

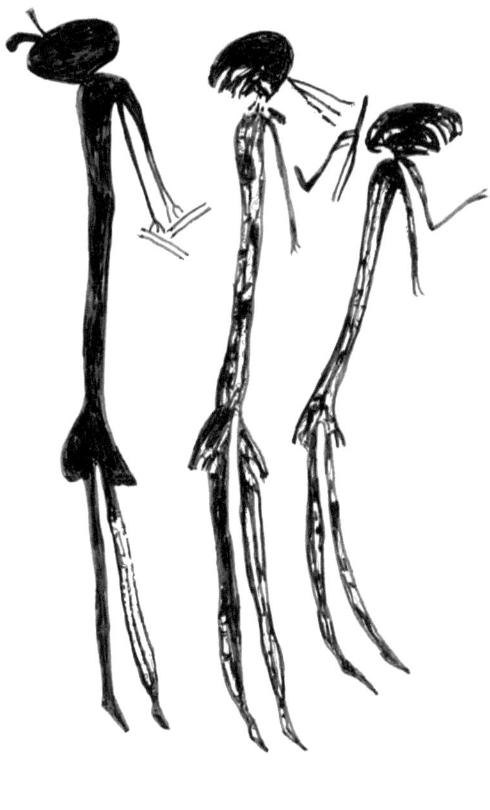

Felszeichnung Tansania, etwa >Ende der Eiszeit<. Ein Musik-Terzett: „Der mittleren Gestalt strömen Töne aus dem Mund, während die Gestalt rechts in die Hände klatscht.“ Die Darstellung links wird in der Art von Kastagnetten interpretiert.

Text und Nachzeichnung nach: Emmanuel Anati: Höhlenmalerei, S. 200

*„Die Bedeutung dieser kritischen kognitiven Komponente für die normale Entwicklung ist bereits in einem sehr frühen Alter zu erkennen. So beginnen Kinder normalerweise gegen Ende des ersten Lebensjahres ein Verhalten zu zeigen, das als gemeinsames Interesse bezeichnet wird. Beispielsweise können sie einzig deshalb* [!!!] *auf etwas deuten, weil sie ihr Interesse daran mit jemand anderem teilen wollen. Wenn autistische Kinder auf einen Gegenstand zeigen, dann nur, weil sie ihn haben möchten."* [94]

Wir sehen hier von vorne herein: die neue und erst eigentliche Dimension des Spielerischen hat das **Subjekt** zur Voraussetzung. Das Spielerische kann nicht diktiert werden (dann verliert es seinen eigentlichen spielerischen Charakter), es kann nur >angeregt< werden. Die eigentliche Dimension des Spielerischen als Erfahrung und Schaffung von Lebens-**Qualität** und *Kultur* ergibt sich durch den Subjekt-Charakter, der insgesamt mit dem Sachverhalt >Persönlichkeit< korrespondiert.

**„Wussten Sie eigentlich, dass …**
…man die Dosierung von Anästhetika durch die Trancewirkung, die Musik auf den Patienten hat, um bis zu 70 Prozent absenken kann?
… Musik die Ausschüttung von Beta-Endorphinen auslöst, die u.a. die Schlafbereitschaft erhöhen?"

*Aus: Arte Magazin, Oktober 2009, S. 39*

[94] Uta Frith, Autismus, in: Berthold Riese: Schrift und Sprache, S. 36

*„Spielen stärkt also unsere Lebensfreude."*
Gerald Hüther & Christoph Quarch: Rettet das Spiel! S. 20

„Singen macht glücklich und stärkt das Immunsystem"

Artikelüberschrift in: WZ Wuppertal, 6.10.09, S. 18

*„Rhythmus kann man nur lösen, entbinden. Rhythmus ist kein Abstraktum, Rhythmus ist das Leben selbst. Rhythmus wirkt und bewirkt, er ist die einigende Kraft von Sprache, Musik und Bewegung."*
***Carl Orff*** [95]

Australien, Felsbild in Rot; Nachzeichnung nach E. Anati: Höhlenmalerei S. 393. Tanzszene? Ausschnitt aus einer unvollständigen Vorlage

[95] Lilo Gersdorf: *Orff,* S. 56

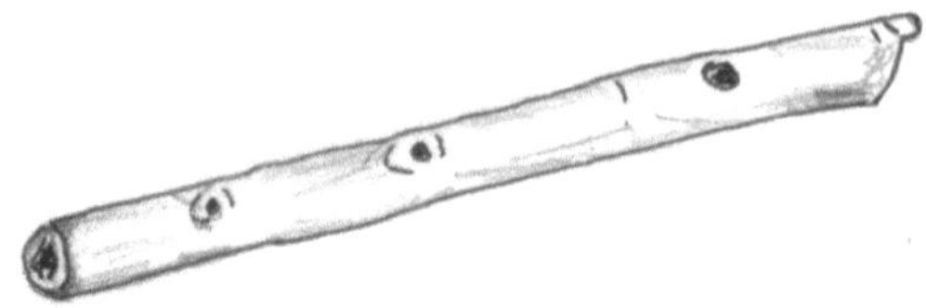

„[...] Hier handelt es sich um zwei Vogelknochenflöten und eine erst kürzlich entdeckte Flöte, die in einem sehr aufwendigen Verfahren aus Mammutelfenbein geschnitzt wurde. Die Flöten vom Geißenklösterle datieren um rund 35.000 Jahre vor heute. Die Spielbarkeit der Flöten aus dem Geißenklösterle wurde durch Experimente von Friedrich Seeberger mit nachgeschnitzten Flöten in überzeugender Weise belegt (Seeberger 2003)."
Gabriele Uelsberg & Stefan Lötters: Roots/Wurzeln der Menschheit, S. 237

Dazu: „>Wir können daraus schließen, dass die Musik eine wichtige Rolle im Leben der Menschen spielte<, schreiben die Forscher. dpa"
(WZ 16.07.09, S. 27)

*„>Churinga< oder Raute-Musikinstrument aus verziertem Bein, mit konzentrischen Kreisen und Linienmotiven. Saint Marcel, Frankreich; Jungpaläolithikum. Das Instrument wird an eine Schnur gebunden und kreist um sich selbst, wobei es eine Schwingung in der Luft auslöst. Je nach Art und Schnelligkeit des Gebrauchs bringt es verschiedene Töne hervor. Die kreisförmigen Zeichen, die den Gegenstand verzieren, scheinen seine Funktion zu bezeichnen."*

Text und Nachzeichnung nach: Emmanuel Anati: Höhlenmalerei, S. 244

## 4.5 Spiel und Kultur: die neue Dimension des >Interesses an der Welt<

Was bei der humanevolutionären Entwicklung des >Spiels< von Bedeutung wurde, ist, dass hierdurch das Kind seine *eigenen* Möglichkeiten und sein *eigenes* Verhältnis zur Welt erschließt: dass seine *Bedürfnisse* und man selbst als *Person* von Bedeutung werden. Dadurch entstehen die evolutionär neuartigen Sachverhalte >Interesse an der Welt< und von >Lebens*qualität*<. Darin kann sich das mit dem Großhirn verbundene energetische Potential endlich frei, produktiv und ohne die Probleme der Rückwirkungen des Technischen entfalten.

Für diese Entwicklung hat der Schimpanse nicht allzu viele Möglichkeiten. Deswegen bleibt sein Interesse bei allem Sozialen letztlich doch auf die Reproduktionslogiken beschränkt. Er bildet die *neurologische* Basis nicht aus, sich „einfach so“ für eine anstrengende Bergtour oder eine gefährliche Höhlenerforschung oder Bootsfahrt usw. begeistern zu können (entsprechende Beobachtungen wurden auch bei dem Befund der Hominiden gemacht, was nach dem hier vorliegenden Konzept logisch wäre [und mit Neurologie und nichts mit „Faulheit“ zu tun hat]).

Doch gerade solche Aktivitäten und Unternehmungen bildeten in der menschlichen Geschichte das entscheidende Surplus für die Notfälle wie für die Weiterentwicklungen. Wo die Hunde ins Dämmern verfallen und wo die Hominoiden – vom Standpunkt der menschlichen Kultur - mit nicht sonderlich qualifizierten Sozialaktivitäten zwischen Spiel, Konkurrenz und Streit den wesentlichen Teil ihrer Energien verbrauchen, kam die humanevolutionäre Entwicklung über die Evolution der Kindheit dahin, die großen vorhandenen Freiräume für kulturelle Aktivitäten nutzen zu lernen. Diese machten >Spaß< und/oder waren >interessant< oder regelrecht >spannend< und >erregend< (Krimi, Fußball usw.). Daraus entstand eine neuartige *neurologische* Basis für Aktivitäten und *Kreativität.* Damit ergab sich ganz spielerisch „nebenbei“ ein kaum zu überschätzender Überschuss an Energien, Erfahrungen und Handfertigkeiten, was für viele Entdeckungen und Entwicklungen von Bedeutung wurde.

Auch wenn es zunächst keine Absicht gewesen war, sondern es einfach aus den Reaktionen der Kinder heraus entstand, so liegt doch genau in der Bedeutung der Geschichten und Spiele für die freie Entfaltung der neurologischen Sozialmuster der Grund, warum die humanevolutionäre Entwicklung des Spielerischen auch auf der praktischen Ebene von solcher Bedeutung wurde. Erst mit dem selbst bestimmten Beherrschen seiner Sozialmuster konnte das Intelligenz-Potential wirklich erschlossen werden. Dafür legten die Geschichten und Spiele die Basis. Durch das Sprachliche und die Entwicklung einer wirklichen Erzähl- und Spiel-Kultur fand der besondere kindliche Spiel-Trieb der Säugetiere endlich die Mittel für seine Dränge, Neugier und Fantasien. Durch solche Geschichten und Aktivitäten entstand das >Interesse<, >einfach mal so< auf die Berge oder „hinter die sieben Berge“, vielleicht gar bis „an die Enden der Welt“ aufbrechen und in den Himmel fliegen zu wollen. Ganz nebenbei erbrachten diese >Abenteuer<, Experimente und Unternehmungen immer wieder Erfahrungen und Entdeckungen, dass diese Aktivitäten auch praktisch lohnten.

Daraus begründete sich der große Erfolg dieser humanevolutionären Entwicklung. Doch lag das Entscheidende nicht eigentlich in dem Praktischen – es bestand insgesamt gar keine Notwendigkeit dafür, und darin lag auch nicht der eigentliche Gewinn. Das evolutionär Entscheidende lag darin, dass man damit aus den engen und reichlich unproduktiven Formen des Sozialverhaltens heraus kam und in ihnen endlich die Basis fand, Lebens*qualität* zu erschließen. Das Entscheidende war, dass man in dem Kreativ-Spielerischen >Geist< und >Witz<: ein evolutionär neues Potential an >Persönlichkeit< entwickelte. Hier musste man sich nicht mehr nur miteinander >arrangieren<. Hier wurde/n in der Entwicklung des Spielerischen der/die Andere/n zu Partnern im Erschließen von >Witz<. Mit diesem Umschlag verknüpft sich der entscheidende humanevolutionäre Schritt. Die humanevolutionäre Entwicklung begründet sich in dieser neuen Sicht des Lebens und an Sozialerfahrung.

„Kleine Kinder hegen eine echte, tiefe Liebe zur Natur, eine unersättliche Neugier und einen Sinn für das Wunder winziger Kleinigkeiten. Sie bestaunen mit offenem Mund einen Marienkäfer, der einen Halm hinaufkrabbelt, oder hocken sich auf den Boden, um eine Ameisenarmee dabei zu beobachten, wie sie ein Blatt zu ihrem Ameisenhügel trägt. Sie blasen Pusteblumen und schauen den Fallschirmen beim Wegfliegen zu. [...]
Draußen zu sein weckt die Ausgelassenheit in den Kindern, die Lust, durch den Wind zu laufen, sich Grasabhänge hinabzurollen, Bäche hinaufzupaddeln, am Strand Rad zu schlagen oder barfuß im Regen zu tanzen. Wenn sie einmal draußen sind, kommt die Motivation und Fantasie zum Spielen von selbst. Aber auch dann brauchen sie immer noch verantwortungsvolle Erwachsene, die die Zeit und Energie finden, sie mitzunehmen – und die ein paar Spielideen in petto haben. [...] Das Wichtigste ist ohnehin, die Freude und Begeisterung des Kindes zu teilen, ob es nun einen Schmetterling oder Wurm, eine Vogelfeder oder einen Kaninchenschädel entdeckt hat.“ [96]

Das hier zitierte Buch „**Spielplatz Natur**“ bietet eine Fülle an Anregungen, wie die Natur gleichermaßen als Spielraum, als Erlebnisraum, in seinen Gegebenheiten zur Schulung der Sinne (z.B. Gerüche, Spiele wie >Blinde Kuh< usw.) und der Wahrnehmung und damit bereits als Beginn eines „Biologiestudiums“ aufgenommen werden kann.

*Hier einige Literaturhinweise (mit auch interessanten Fotos):*

**Fiona Danks & Jo Schofield, Wildnis erleben** – Praktische Anleitungen für Outdoor-Aktivitäten mit Kindern und Jugendlichen

[96] Fiona Danks & Jo Schofield: Spielplatz Natur, S. 13

**Andrea Frommherz, Naturwerkstatt Steine** – Kreatives Spielen und Gestalten mit Steinen
**Marc Poyet, Ideenbuch Landart –** 300 Inspirationen für Naturgestaltungen rund ums Jahr
**Andrea Frommherz & Edith Biedermann, Kinderwerkstatt Bäume** – Mit Kindern die Zauberwelt der Bäume und Sträucher entdecken
**Andrea Frommherz & Edith Biedermann, Kinderwerkstatt Zauberkräuter** – Mit Kindern die Geheimnisse und Heilkräfte der Pflanzen entdecken
**Andreas Güthler & Kathrin Lacher, Naturwerkstatt Landart –** Ideen für kleine und große Naturkünstler
**Robert Eisele & B. Hartmann Eisele, ZirkusWerkstatt –** Ideen, Tricks und Techniken für kleine und große Zirkusprojekte
**Helena Arend, Werkstatt Pflanzenfarben –** Natürliche Malfarben selbst herstellen und anwenden

Alle diese Bücher sind im AT-Verlag erschienen (www.at-verlag.ch).

## 4.6 Laut-Spiele, Singen, Geschichten und Märchen

*„Singen ist die eigentliche Muttersprache des Menschen.“*
Der Geigenvirtuose Yehudi Menuhim [97]

*„Kleine Kinder lieben Geschichten und wollen immer wieder welche hören. Sie können komplexe Zusammenhänge begreifen, sobald man sie ihnen in Form von Geschichten präsentiert […].“* [98]

---

[97] laut: Wuppertaler Rundschau, 1.5.2010, S. 7
[98] Oliver Sacks: Der Mann, der seine Frau, S. 242

*„Märchenstunden sind die höchste Form des Unterrichtens.“*[99]

> „Ein guter Lehrer wird Geschichten erzählen. [...] *Geschichten* treiben uns um, nicht *Fakten.* Geschichten enthalten Fakten, aber diese Fakten verhalten sich zu den Geschichten wie das Skelett zum ganzen Menschen. Wer glaubt, beim Lernen gehe es darum, Fakten zu büffeln, der liegt völlig falsch; Einzelheiten machen nur im Zusammenhang Sinn, und es ist dieser Zusammenhang und dieser Sinn, der die Einzelheiten interessant macht. Und nur dann, wenn die Fakten in diesem Sinne interessant sind, werden wir sie auch behalten.“ [100]

Die evolutionär neuartige Dimension und Qualität des Spielens hat in dem Bereich Sprache ihre Grundlage. Angesichts der entscheidend höheren neurologischen Unreife des menschlichen Nachwuchses zum Zeitpunkt seiner Geburt kam dem Sprachlichen im Umgang mit diesen Säuglingen eine entscheidend höhere Bedeutung zu. In der hohen Unbeholfenheit der Säuglinge war das Sprachliche der erste Bereich ihrer Möglichkeiten. Die Verwendung von Sprache im Umgang mit den Säuglingen verhinderte, dass die neurologische Unreife zu einer – evtl. gar tödlichen - Behinderung erwuchs. Dass aber die Sprache bereits in diesem neurologisch so frühen Zustand wirksam wurde, schuf die physiologische Voraussetzung dafür, dass das Sprachliche fundamental in das neurologische System integriert wurde. Dies wiederum war die Voraussetzung dafür, dass Sprache nicht bloß wie wohl bei den Hominiden eine Verlängerung der genetischen Verhaltenssteuerung blieb, sondern auch die Möglichkeit zur Selbstbestimmung des Verhaltens erschloss. Hier hat das Sprachliche zunächst nicht die Funktion von Problemlösungen und Diskussion. Es beginnt zunächst als *ei-tei-tei* und *du-du-du* als Spiel im Beziehungsverhältnis: als Grundform von Kultur.

---

[99] So der Hirnforscher: Gerald Hüther: Was wir sind, S. 164

[100] Der Neurowissenschaftler: Manfred Spitzer: Lernen, S. 35

**Sprach-Spiele** (Laut-Spiele, Sprüche, Lieder)

*Auf einem Baum ein Kuckuck*
*Simsaladim bamba saladu saladim*
*Auf einem Baum ein Kuckuck saß*

**Abra Kadabra**
dreimal schwarzer Kater

Die Laut- und Sprachspiele sind das Fundament des Sprach-Erwerbs beim menschlichen Nachwuchs. Es sind diese Laut- und Sprachspiele, in denen die Durchdringung des Sprachlichen im neurologischen System im Gehirn beginnt und mit denen zunächst erst mal das Broca- und das Wernicke-Zentrum zwecks Verstehens der Sprachlaute und Artikulationsfähigkeit als Basis des Sprachgebrauchs trainiert werden. Dieser Sachverhalt lässt sich im Verhältnis einer sehr anderen Sprache begreifen. Es geht nicht bloß um das Erlernen unbekannter Vokabeln: man muss zunächst die Phoneme des Wortmaterials akustisch identifizieren und dann auch artikulieren lernen. Dies kann so schwierig sein, dass man es als Erwachsener nicht mehr zureichend zu adaptieren vermag.

Doch ist das Bedeutsamste des Sprach-Gebrauchs zuallererst, dass der Säugling nicht in seiner so hohen Unbeholfenheit verkommt, sondern in dieser ihm möglichen Form Anregung erhält. Die Sprache in ihrem Eigentlichen verstehen kann der Säugling noch lange nicht. Er hört die Sprache entsprechend >Abrakadabra< als bloße Laute, kann aber empfinden, dass sie >Bedeutung< enthalten.

Aus diesen Zusammenhängen heraus dürfte auch die Entwicklung von Musik und Singen entstammen. Interessant ist hier unser Wort *lallen*. Es entstammt einer der ersten Lautbildungen des Säuglings als etwa *la-la-la.* Die ersten eigenen Lautbildungen des Säuglings wie *la-la-la* wurden als diese Laute aufgenommen und verstärkend zum Spiel wie u.a. dem Singen gebraucht. Auf diese Weise konnte die noch höchst eingeschränkte Artikulations-Fähigkeit des Säuglings auf andere und einfachere Weise differenziert werden (Atmung, Mundöffnung; Tempo, Tonhöhe usw.). Dieses *La-La-La* wurde von den Wortzusammenhängen offenbar auch zum Beruhigen zum Einschlafen verwenden (>einlullen<) [beachte auch die Wortbildungen *Stillen, lullen – Lolly – lutschen* usw.].

Es ist dieser Verbund von Hören – Erleben – Interesse am Spiel, der evolutionär ein noch entscheidend verstärktes Interesse an Sprache auf der Säuglingsstufe weckte, aller Wahrscheinlichkeit früher als auch erheblich intensiviert als bei den gleichzeitigen Hominiden der ersten Phase der Humanevolution. Denn es ist dieser Verbund zwischen der höheren neurologischen Unreife zum Zeitpunkt der Geburt und der aufgrund dessen noch völlig andersartigen Funktionslogik von Sprache, mit der sich die Scheidung zwischen den Hominiden und der humanevolutionären Entwicklung mit ihrer Entwicklung von Kultur verknüpfen dürfte. Hier liegt die evolutionäre Ursache, dass Sprache zu einem Instrument der Verhaltenssteuerung *werden konnte* – eine Entwicklung, die freilich erst Schritt für Schritt in der Humanevolution erreicht wurde (s.u.).

Zu dem Eigentlichen der humanevolutionären Weiterentwicklung von Sprache komme ich in dem nächsten Kapitel. Hier geht es um die physiologischen und kulturellen Aspekte dieser Entwicklung. Dazu z.B.:

> „[…] Dann beginnt etwa im dritten Monat die Lallperiode. Plötzlich setzt ein halbes Jahr später mit dem ersten echten Wort die ziemlich stürmische Entwicklung der Sprachfähigkeit ein. Den Einwortsätzen folgen im achtzehnten Monat die Zweiwortsätze, dann bald Mehrwortsätze. Mit zweieinhalb Jahren etwa tritt die Flexion auf. Der Wortschatz eines Dreijährigen umfasst rund tausend Wörter, und ein Vierjähriger verfügt über die elementaren Regeln der Syntax. Von einer

Beherrschung der Muttersprache kann aber frühestens mit etwa neun Jahren die Rede sein (vgl. z.B. Oksaar, E. 1979, 147).“ [101]

„[…] In ähnlicher Weise haben Forschungen von James F. Werker von der Dalhouse-University in Neuschottland und Richard C. Tees von der University of British Columbia gezeigt, dass sechs bis acht Monate alte Kinder mit einem englischsprachigen Hintergrund ohne weiteres phonetische Unterschiede des Hindi und des Salisch, einer nordamerikanischen Indianersprache, wahrnehmen können. Als die Forscher diese Kinder im Alter von zwölf Monaten testeten, konnten die Babys nicht mehr die Unterschiede fassen, für die sie vorher sensitiv waren – genau wie englischsprachige Erwachsene.“ [102]

Wir kennen diese Grundprozesse in Bezug auf Fremdsprachen. Zunächst gilt es, die Laute der Sprache nachvollziehen zu können (Training des Wernicke-Zentrums), dann, diese Laute artikulieren zu lernen (Training des Broca-Zentrums). All dies ist es, was das Kleinkind für einen erst wirklichen Sprach-Gebrauch zunächst erstmal erwerben muss.
So sind zunächst entsprechend Sprach-Spiele von Bedeutung, wie sich heute über Logopädie/Sprecherziehung begreifen und studieren lässt. Hier spielen Lautmodulationen eine große Rolle, wie

- *Bi – Ba – Butzemann*
- *ene – mene – muh* usw.

(Es hat den Anschein, als entstammte die – erst historische - Entwicklung der Flexionen zu >Grammatik< solchen Sprach-Spielen und evtl. auch Kindern).

---

[101] Detlef W. Promp, in: Max Liedtke (Hg.): Zur Evolution von Kommunikation und Sprache, S. 37

[102] Peter D. Eimas: Sprachwahrnehmung beim Säugling, in: Berthold Riese: Schrift und Sprache, S. 17

Diese Laut- und Sprach-Spiele sind eine Grundform des Spiels. Sie wurden über die Kinder-Spiele und –Lieder hinaus inzwischen längst wieder als eine Form von Kunst in Musik („Gesang“ mit Lauten und Pseudo-Sprache etwa im Jazz) oder als Sprachkunst (z.B. Ernst Jandl) wiederentdeckt.

Diese Laut- und Sprachspiele sind auch eine Grundform von Gedichten, s. etwa: *Walle walle manche Strecke dass zum Zwecke Wasser fließe* (aus >Der Zauberlehrling< von Goethe). Neben dem gezielten Gebrauch von Sprache für die Erzeugung von Atmosphäre und Gefühlen dürfte sich der >Zauber< der Sprache in dem kleinkindlichen Empfinden begründen, das die >Bedeutung< der Sprache beobachtet, ohne davon viel zu verstehen. Entsprechend können Pseudowörter wie *Abrakadabra* für einen solchen geheimnisvollen >magischen< Sinn der Sprache im Spiel Eingang finden.

Es ist zunächst die Sprache, die hier die entscheidend neue Dimension des Spiels als der Entwicklung von Kultur begründet. Umgekehrt ist es das Spiel, in der die humanevolutionär entscheidend neue Dimension von Sprache entsteht. Dass Sprache überhaupt zu einer Möglichkeit der Verhaltenssteuerung werden konnte, hat aufgrund der neurologischen Zusammenhänge seine Basis nicht etwa in der Ratio, sondern in der Entwicklung dieser Kultur des Spiels. Die Ratio ist die evolutionär ältere und *neurologisch* schlichtere Form (aus der Hominiden-Stufe). Ohne dieses Fundament im Spiel und in Bildern und Geschichten bildet sich die Ratio lediglich ein, das Verhalten zu steuern: sie verfügt ohne das kulturelle Fundament nicht über die neurologischen Zugänge (zum Zwischenhirn-Bereich), das Verhalten steuern zu können.

Die Entwicklung des Verbunds von Sprache – Verhaltenssteuerung konnte sich erst durch die Entwicklung von Rollenspielen und von Märchen, Fabeln und Mythologie vollziehen. Eine wirkliche Verhaltenssteuerung setzt das Erkennen und Verstehen jeweiliger >Szenarien< voraus. Insofern arbeitet auch unser modernes Rechtswesen *notwendigerweise* noch immer auf der Basis von Fall-Geschichten.

## 4.7 Theaterartige Spiele

So gering der Szenen-Charakter der theaterartigen Kinderspiele etwa im Nachahmen von Tieren und in dem Nachspielen der Märchen-Geschichten zunächst auch gewesen sein wird, so evolutionär bedeutend war doch dieser Schritt. Denn mit ihm begründet sich die Entwicklung der Selbststeuerung des Verhaltens. Die Geschichten und Märchen boten in Verbindung mit den theaterartigen Kinderspielen den Rahmen für die praktischen Experimente, Übungen und Erfahrungen im Umgang mit seinem Verhalten.

Diese die phylogenetische Entwicklung ontogenetisch nachvollziehende Phase beschreibt Erik H. Erikson als Entwicklung von >**Initiative oder Schuldgefühle**< bzw. „Spiel-Identifikation gg. (ödipale) Phantasie-Identitäten" und „Experimentieren mit Rollen gg. negative Identitätswahl":

> „Das Kind weiß jetzt sicher, dass es ein Ich ist; nun muss es herausfinden, was für eine Art von Person es werden will. Und dabei greift es gleich nach den Sternen: es will so werden wie Vater und Mutter, die ihm sehr mächtig und sehr schön, obwohl ganz unvernünftig gefährlich erscheinen. Es >identifiziert sich< mit den Eltern, d.h., es spielt mit der Idee, wie es sein würde, wenn es Vater oder Mutter wäre. In diesem Stadium kommen ihm drei kräftige Entwicklungsschübe zu Hilfe, die jedoch auch die nächste Krise beschleunigen:
>
> 1. das Kind lernt, sich freier und kraftvoller zu *bewegen* und gewinnt dadurch ein weiteres, ja, wie ihm scheint, ein unbegrenztes Tätigkeitsfeld;
>
> 2. sein *Sprachvermögen* vervollkommnet sich soweit, dass es sehr viel verstehen und fragen kann, aber auch um so mehr missversteht;

3. Sprache und Bewegungsfreiheit zusammen erweitern seine *Vorstellungswelt*, so dass es sich vor seinen eigenen, halb geträumten, halb gedachten Bildern ängstigt. Gleichwohl muss es aus dieser Krise mit einem Gefühl *ungebrochener Initiative* als Grundlage eines hochgespannten und doch realistischen Strebens nach Leistung und Unabhängigkeit hervorgehen. [...]
Nun [...] ist das Kind imstande, sich kraftvoll und unabhängig umherzubewegen. Es ist bereit, sich mit den Erwachsenen zu messen, es beginnt Vergleiche anzustellen und entwickelt eine unermüdliche Wissbegier, was die Größenunterschiede im Allgemeinen und die Geschlechtsunterschiede im Besonderen betrifft. Es denkt sich zukünftige Rollen aus oder versucht zu begreifen, welche Rollen nachzuahmen lohnt. Zunächst kann es sich jetzt mit Gleichaltrigen zusammenfinden. Unter der Anleitung älterer Kinder oder einer Wärterin wird es in die kindliche Politik des Kindergartens und der Spielplätze eingeführt. Es lernt jetzt eminent eindringlich und energisch: über seine eigenen Grenzen hinaus und zu künftigen Möglichkeiten hin.“ [103]

„[...] *In den Kindern spiegelt sich das Wesen des Schauspielers am reinsten wider. Ihre Aufnahmefähigkeit ist beispiellos, und der Drang zu gestalten, der sich in ihren Spielen kundgibt, ist unbezähmbar und wahrhaft schöpferisch. Sie wollen die Welt noch einmal entdecken, selbst erschaffen. Sie sträuben sich instinktiv dagegen, die Welt durch Belehrung in sich aufzunehmen. Sie wollen sich nicht mit den Erfahrungen anderer voll stopfen. Sie verwandeln sich blitzschnell in alles, was sie sehen, und verwandeln alles in das, was sie wünschen.* [...]“

Max Reinhardt: Rede über den Schauspieler (1929) [104]

[103] Erik H. Erikson: Identität und Lebenszyklus, S. 87 - 89
[104] zitiert nach: Manfred Brauneck: Theater im 20. Jahrhundert, S. 353

Im Verlauf der Humanevolution entstand in der Entwicklung der Rollen-Theater-Spiele als Konzept der Persönlichkeits-Entwicklung das hinreichende Interesse und Verstehen, die darin erfahrene Qualität nun auch vollgültig auf die Ebene des Erwachsenen und seiner Sozial-Anlage zu bringen. Dieser Prozess erfolgte unter dem Stichwort, das in dem ethnologischen Bestand – leider zumeist verzerrt oder gar regelrecht pervertiert - als >Jugend-Initiation< bekannt ist. Aufgrund dieser Schulungen und Trainings entstand evolutionär die Pubertät/Jugend als Moratorium zwischen Geschlechtsreife und dem nun erst eigentlichen Erwachsen-Sein. Damit erreichte das Kreativ-Spielerische der Kindheit und der Freizeit-Betätigung die Ebene der Persönlichkeit und der Sozialanlage. Erst hiermit war das Eigentliche der Humanevolution und von Kultur erreicht.

**Die Begriffe >Kunst< und >Theater< korrespondieren mit den beiden fundamentalen kulturellen Dimensionen von >Kreativität< und dem >Spielerischen< auch in Bezug auf das Erlernen von Verhalten (Rollen-Spiele).**

**So verstanden sind die Begriffe >Kunst< und >Theater< geeignet, die fundamentalen menschlichen Dimensionen zu beschreiben, zu erschließen und verstehen zu lernen.**

## 4.8 >Jeder Mensch ist ein Künstler<

*„Der Mensch ist ein schöpferisches, kein produktives Wesen.“* [105]

*„Schaffen von Formen heißt: leben.*
*Sind nicht Kinder Schaffende, die direkt aus dem Geheimnis ihrer Empfindung schöpfen, mehr als der Nachahmer griechischer Form? Sind nicht die Wilden Künstler, die ihre eigene Form haben, stark wie die Form des Donners? [...]*
*Die Freuden, die Leides des Menschen, der Völker stehen hinter den Inschriften, den Bildern, den Tempeln, den Domen und Masken, hinter den musikalischen Werken, den Schaustücken und Tänzen. Wo sie nicht dahinter stehen, wo Formen leer, grundlos gemacht werden, da ist auch nicht Kunst.“*
***August Macke*** [106]

*„Ich selber habe mehrfach am eigenen Leib erfahren, dass Bremsung ins Werk drängender Kreativität zu körperlichen Verspannungen und umgekehrt die Entfaltung der Kreativität zu deren Lösung führt.“* [107]

---

[105] Alexander Lowen: Lust – Der kreative Weg zum Leben, S. 264
[106] in: Klaus Lankheit: Dokumentarische Neuausgabe von: Wassily Kandinsky & Franz Marc: Der Blaue Reiter, S. 55; 59
[107] Peter Schellenbaum: Nimm deine Couch und geh! S. 96

**Zunächst einmal bedeuten *Kunst* und *Kultur* entsprechend der evolutionären Entwicklung die Schaffung einer freien kindgerechten und menschlich zugewandten Kindheit und deren Ausgestaltung. Die Schaffung einer freien kindgerechten und menschlich zugewandten Kindheit als integrierter Bestandteil des Soziallebens ist evolutionär wie demzufolge auch in der Sozialisation die Grundlage von *Kunst* und *Kultur*.**

> „Fast alle Stammesvölker führen Zeichnungen in Sand aus, die sich mit dem ersten Wind oder dem ersten Regen auflösen. Von all dem ist keine Spur zurückgeblieben, außer in den seltenen Fällen, wenn diese Zeichnungen im Sand oder im Lehm innerhalb von Höhlen ausgeführt worden sind, die dann aufgegeben wurden und verkalkten.“ [108]

> „Am Lagerfeuer erzählte Märchen, komplexe Sandgemälde und Tänze, welche die Mythen der Gruppen darstellen, hinterlassen keine Spuren. Doch sind gerade sie das Wesentliche des Menschseins von Wildbeutergesellschaften.“ [109]

Das letztere Zitat zeigt im Besonderen, dass die ursprüngliche Kunst und Kultur-Anlage in einem *effektiven* Bezug zu den Kindern steht. Alle genannten Formen: Sandgemälde, Geschichten Erzählen, Tänze und natürlich Singen entspringen der Kindheit und dann dem Umgang mit den Kindern. Die Erwachsenen, die den Bezug zu dem Kind in sich selbst und also zu den Kindern noch nicht verloren haben, teilen mit den Kindern den Spaß an diesen Aktivitäten, bieten ihnen hierbei auf verschiedene Art Anregung und führen dies, in ihrer Sozialisation davon geprägt, durchaus auch für sich selbst weiter.

---

[108] Emmanuel Anati: Höhlenmalerei, S. 406
[109] Roger Lewin: Spuren der Menschwerdung, S. 144

Das Spielen mit Sand und nach Möglichkeit auch mit Wasser und Matsch ergibt sich bei den Kindern bei den Beschaffenheiten seiner Lagerplätze ganz von selbst. Von daher dürften entsprechend der kleinkindlichen Tendenzen seit der humanevolutionären Entwicklung nach Möglichkeit solche Lagerplätze aufgesucht worden sein.

Dieses Spielen mit Wasser, Matsch und Sand wird damit zur Grundlage des Malens und Plastizierens (Lehm- und Ton-Figuren bereits in der „Eiszeit"). Diese Formen von Kunst stehen hier unter dem Aspekt des >Spiels<, das heißt: ihre eigentliche Bedeutung besteht in dem Schaffen selbst. Um nicht Opfer seines Schaffens zu werden, sind die Werke – außer an menschlich abgelegenen Orten wie in Höhlen und in Berggegenden - im Wesentlichen mit Absicht so angelegt, keine andauernden Spuren zu hinterlassen.

Wenn die Kunstwerke im Wesentlichen erst in der Zeit ab vor ca. 40.000 Jahre greifbar werden, dann ist es eine falsche Schlussfolgerung, dass es erst ab dieser Zeit zu einer künstlerischen Betätigung gekommen wäre. Die künstlerische Anlage und Betätigung ist mit der humanevolutionären Ausbildung des >Menschen< schon vor *Homo sapiens* gleichzusetzen. Ganz in diesem Sinn stimmt die These >Jeder Mensch ist ein Künstler< von **Josef Beuys**. [110] Freilich handelt es sich dabei nicht unbedingt um das, was im Deutschen inzwischen mit dem Begriff >Kunst< assoziiert ist: um die >Schönen Künste< als ursprünglich *ein* Bereich der Künste (wie z.B. auch *Heilkunst*), oft gar nur verstanden als die >Bildenden Künste< (Malerei und Plastizieren), wo früher zumindest noch Poesie, Musik usw. dazu gezählt wurde.

An dieser Stelle liegt das volle Recht der Ansätze von Josef Beuys, den Begriff Kunst aus der verselbständigten Engführung im Deutschen herauszuholen (der >erweiterte Kunstbe-

[110] s. dazu z.B. das Buch: Josef Beuys: Jeder Mensch ist ein Künstler – Auf dem Weg zur Freiheitsgestalt des sozialen Organismus

griff<) und wieder mit dem ursprünglichen Sachverhalt von Kunst, Kreativität und Kultur in Verbindung zu bringen. Worum es bei >Kunst< in der humanevolutionären Entwicklung über den üblichen Spieltrieb der Säugetiere als Vorbereitung auf die Erwachsenen-Existenz hinaus geht, ist im Eigentlichen und Zentrum die >**Soziale Plastik**< (Beuys) [111]: die *gekonnte* und lebendige Gestaltung des Soziallebens (als >Mensch Sein<): *Kultur.*

Evolutionär verknüpfen sich *Kunst* und *Kultur* zunächst und primär mit der Entwicklung eines zugewandten dialogischen Verhältnisses zu den Kindern und der Schaffung kindgerechter und freier kreativer Kindheiten. Der Bereich Kunst entsteht hierbei aus der qualitativen Entwicklung der kreativ-spielerischen Aktivitäten der Kindheit.

Diese Entwicklung wurde mit der Zeit so umfassend und qualifiziert, dass die Entwicklung der Kindheit in einer zweiten Stufe in der humanevolutionären Entwicklung auch auf die gesamte Existenz ausgedehnt werden konnte. Erst damit wurde das Eigentliche von Kultur erreicht. Erst damit wurde auch der Durchbruch aus der evolutionären Sackgasse der höheren Großhirn-Entwicklung erreicht.

Doch ohne die Entwicklung einer kulturell qualifizierten Kindheit mit reichhaltiger kreativ-spielerischer Betätigung und Erfahrung insbesondere im Bereich des theaterartigen Rollen-Spiels wäre das Eigentliche von Kultur erst gar nicht zur Möglichkeit geworden.

---

[111] s. dazu mehr: Wikipedia: *Soziale Plastik,* dort auch Literatur-Hinweise (6.3.19, 5:31)

*„Malen – eine Anleitung zum Glücklichsein. Und Glück ist nur möglich durch Einssein mit sich selbst. Wer das einmal erlebt hat, als Erwachsener oder – unbewusst – als Kind, der weiß, was ich meine. Im Moment des Malens, des kreativen Schaffens, fällt alles von einem ab. Ein schwereloser Zustand ist erreicht. Fühlen, Erkennen, Gestalten sind eine Einheit.*

*Für Kinder ist das selbstverständlich, solange man sie frei lässt, nicht beeinflusst, nicht kritisiert. Ihre Phantasie ist grenzenlos, schwingt noch in Bereichen, die uns längst verschlossen sind. Die unglaublichsten Dinge werden ganz selbstverständlich miteinander verknüpft. Es gibt nicht richtig und falsch. Alles ist möglich. Und vor allem: Es gibt nicht begabt und unbegabt. Diese Wertigkeiten gelten nur im Erwachsenenleben. Bei kleinen Kindern, besonders im Vorschulalter, wenn noch niemand an ihnen herumgeschnitten hat, malt >der liebe Gott< noch mit. Innen- und Außenwelt sind bei ihnen noch unmittelbar miteinander verbunden.*

*Deswegen fange ich so früh wie möglich an, mit den Kindern zu malen, schon mit zweijährigen. Solange sie noch nicht gegenständlich malen, entwickelt sich ein sehr persönliches Farbempfinden, das tiefe Einblicke in ihr Wesen gibt. Malen hilft den Kindern auch, Ängste zu überwinden und Aggressionen herauszulassen. Deutlich erkennt man in den Bildern, wie es um das Kind steht und womit es sich beschäftigt. Form- und Farbauswahl zeigen innere Spannungen und Konflikte.*

*Oft habe ich erlebt, wie heilsam und therapeutisch wirksam das Malen ist: Kinder stottern nicht mehr, und sie konnten harte Einbrüche in das kindliche Leben, wie den Tod eines Familienmitglieds oder eine Krankheit, malerisch verarbeiten und dadurch auch bewältigen. Die Bilder von Konstantin [in dem Buch] zeugen davon. Nach dem Tod des Vaters kreisten seine Themen für ein Jahr nur um Tod und Trauer. Maximilian [...] malte über lange Zeit nur Vulkane. Er war selbst einer, und ich ließ ihn einfach gewähren. [...] Bei Christian erkannte ich sehr früh seine große Gestaltungskraft, ließ ihn seine eigenen Klei-*

*der entwerfen und Geschichten illustrieren. Er ist inzwischen ein bekannter Kostüm- und Bühnenbildner geworden.*
*Das Empfinden, die Emotionen fließen beim Kind direkt in den Pinsel, ohne störendes Hinterfragen, ohne Befangenheit und vorschnelles Werten und Kritisieren, wie es bei Erwachsenen üblich ist. Welch ein reiches Potential an schöpferischer Phantasie und Ausdrucksstärke wird oft nicht genutzt, erkannt und entsprechend gefördert! Es bedarf so weniger Mittel: Farbkasten, Pinsel und große Papiere – auf geht's! Das Kind malt sich seine eigene Welt.* […]

*Das bedeutet, wir müssen die Kunst der Kinder ernst nehmen, sie schätzen und bewahren. Die Zeit ist kostbar, so schnell werden sie erwachsen und* [„]*vernünftig*[“]. […]

*Wer erfahren hat, was es bedeutet, durch das Malen nahe an seinem Gefühlsleben zu sein und sich selbst auf diese Weise ernst zu nehmen, der wird auf das Malen nie mehr verzichten wollen. Ein großer Vorteil: Malen muss man nicht regelmäßig üben wie das Geigespielen. (Das ändert sich natürlich, wenn der Anspruch an Professionalität erhoben wird).* […]

*In der über 30jährigen Erfahrung mit meiner Malschule habe ich gelernt, jedes Kind in seiner Eigenart ernst zu nehmen, egal ob es zwei oder sechzehn Jahre alt ist. Ich will ihnen nicht mein Können oder meine Meinung aufzwingen. Die Kinder sollen nicht* [„]*lernen*[“], *sondern erfahren. Dabei hilft auch meine eigene beständige Auseinandersetzung mit dem Bild, mit der Skulptur. Sie sehen meine Arbeit, hören meine Zweifel.*
*Ich gebe behutsame Hinweise und Hilfestellungen, die nicht befolgt werden müssen wie in der Schule. Ich versuche, die Kinder ihren eigenen Weg finden zu lassen, der sicher ganz anders ist als der meine. Ich möchte sie dafür begeistern, eigenständig zu werden, die Welt anders sehen zu lernen, als sie gemeinhin beschrieben und erklärt wird. Das gilt für alle Bereiche und ist nicht auf das Malen beschränkt.* […]

*Frühkindliche Kreativität muss erhalten bleiben, da sie später sehr viel schwerer wiederzugewinnen ist. Erwachsene soll es* [das Buch] *auffordern, den Kindern zu folgen, nicht feige zu behaupten: Ich kann nicht malen, sondern sich alleine oder mit den Kindern ohne Hemmungen in das Abenteuer Farbe und Form zu stürzen.“*

*Antje Tesche-Mentzen, in:*

Antje Tesche-Mentzen & Herlinde Koebl: Kunst von Kindern, S. 10 f.

„Kinder balgen sich und umarmen sich, sie planschen mit Wonne im Wasser und spritzen sich an, sie schmieren mit Lehm oder Fingerfarbe oder lassen sich Sand über die Haut laufen. […] Insbesondere am Strand und auf Badeplätzen haben diese Spielweisen ihr Tummelfeld. Aber auch Kindergärten kommen ihnen mit Einrichtungen für Wasserspiel, mit Ton- und Knetarbeiten, mit Fingerfarben und Sandkästen, mit Schaukeln und Wippen entgegen. […]

Wohl das verbreitetste Kinderspiel ist das mit Wasser und Sand. Es gibt in unserem Kulturkreis nur wenige Kinder, die nicht vom zweiten Lebensjahr an am Strand oder in einem Sandkasten anfingen zu buddeln, zu häufeln und rieseln zu lassen, zu füllen und auszugießen, zu formen und wieder zu verwischen. Sand und Wasser scheinen die elementarsten Spiel->Objekte< zu sein, deren Beschaffenheit fast jedes Kind zum Spielen einlädt.“

Andreas Flitner: Spielen-Lernen, S. 76; S. 151

„[...] *Wenn man zu den Privilegierten gehört, die die Höhle von Lascaux betreten dürfen, ist man überwältigt und von der erstaunlichen Frische und Schönheit der Darstellungen in Bann geschlagen. Die 17000 Jahre alten Ornamente der Fresken strahlen immer noch in leuchtendem Ocker.*
- Die Malereien von Lascaux sind gut erhalten [...]. Die Bilder der Cosquer-Höhle werden durch das Meer geschützt. Diese beiden Höhlen enthalten die wohl spektakulärsten aller uns bekannten Felsmalereien. Sie zeugen von einer erstaunlichen künstlerischen Reife. Schon damals, vor 30.000 bis 35.000 Jahren, kannten unsere Vorfahren alle Techniken. Sie haben sich die natürlichen Konturen des Steins zunutze gemacht, um die Bilder plastisch wirken zu lassen. Und sie wussten genau, wie man räumliche Tiefe in zwei Dimensionen ausdrückt. Das kann man besonders gut in Chauvet erkennen. In Lascaux hat man ein paar Jahrtausende später Gerüste gebaut, um auch die Decken bemalen zu können - die Löcher, an denen sie befestigt waren, sind noch heute zu sehen.

- *Heißt das, dass sie schon damals die Perspektive erfunden haben?*
- Richtig. Die Technik ist genau zu erkennen, sie haben nichts dem Zufall überlassen. [...]
- *Also schon damals Ölgemälde!*
- Genau wie die modernen Maler haben die Steinzeitmenschen bei ihrer Arbeit alle möglichen Rezepturen ausprobiert. Sie haben den Farben zum Beispiel Füllstoffe beigemengt, Verschnittmittel, die einen sparsameren Pigmentverbrauch gewährleisten und die Farbe elastischer machen, so dass beim Trocknen keine Risse entstehen. [...]

- *Also schon die Steinzeitmaler haben das alles erfunden!*
- Ich kann mir kaum vorstellen, dass man diese Techniken heutzutage noch weiter verbessern könnte.
[...]
In gewisser Weise leiteten sie Schulen für Kunst und Religion. [...] Damals legte man offensichtlich großen Wert auf eine solide und methodische Ausbildung der Künstler, denn der größte Teil der Zeichnungen weist eine bemerkenswerte künstlerische Qualität auf. Aber man entdeckt außerdem tatsächlich so etwas

wie >Schulen<, die eine besondere Technik und einen besonderen Stil erkennen lassen.“[112]

„Vom Norden Sibiriens bis zum Atlantik und Pazifik hat die Menschheit ihre Felsbilder und Gravierungen in Tausenden von Höhlen, an Felsüberhängen und freien Felswänden, entlang der Flusstäler, in Gebirgen, in häufig unzugänglich erscheinenden Gebieten hinterlassen. Man fragt sich, was Menschen dazu veranlasst hat, überall die Zeichen ihrer visuellen Kreativität aufzudrücken. Es scheint, als handle es sich hier um eine Art vierter Dimension des Entdeckergeistes, der nicht nur die ihn umgebende Welt entdecken will, sondern auch die existentielle Beziehung des Menschen zur Natur und zur Welt begreifen will.

Angesichts kilometerlanger Galerien mit Felsgravierungen und mit Tausenden von Bildern, wie sie in verschiedenen Gebieten der sibirischen Tundra zu finden sind, stellt sich über dies die Frage nach den Künstlern, die diese Werke geschaffen haben. Wahrscheinlich waren es kleine Gruppen, die über Generationen hinweg immer wieder an dieselben Orte zurückkehrten, um hier die gleichen Handlungen zu vollziehen. Außer ihrer Kunst haben sie kaum etwas zurückgelassen, allenfalls ein paar Hüttenböden, Reste von Feuerstellen, einige rudimentäre Werkzeuge. Diese spärlichen Überreste jener Tätigkeiten, die zum wirtschaftlichen und physischen Überleben notwendig waren, stehen im Gegensatz zu ihrer immensen künstlerischen Aktivität. Könnte dies Ausdruck eines generellen Wesenszuges des Menschen sein?“[113]

---

[112] Interview D. Simonnet mit J. Clottes, in: A. Langeney u.a.: Die schönste Geschichte des Menschen, S. 82 f., 85, S. 109 f.

[113] Emmanuel Anati: Höhlenmalerei, S. 38

„Die Ethnologie kennt eine Art Regel, derzufolge ein dürftiger materieller Güterbesitz einer umso reicheren Vorstellungswelt entspricht.“ [114]

## Symbolik in Malerei, Mythen, Zeichen und Wörtern: die >Schildkröte<

Nachzeichnung einer Abbildung auf einer sibirischen Trommel. [115] Diese entspricht der Ausgangsform des **chinesischen** Schriftzeichens für *guī* >Schildkröte<. Dazu: „Bei vielen antiken Völkern symbolisiert sie das Universum. Dabei ruht die Welt auf dem Schild einer oder mehrerer auf dem Wasser schwimmenden Schildkröten.“ [116] Diese Welt-Symbolik kommt in den >vier Teilen/Richtungen< zum Ausdruck.

[114] H. Christoph, K. E. Müller & Ute Ritz-Müller: Soul of Africa, S. 88

[115] nach: Mihály Hoppál: Schamanen, S. 131 (aus No. 176 c)

[116] Edoardo Fazzioli: Gemalte Wörter, S. 161. S. dort zu der Entwicklung des Zeichens sowie (ein Bisschen) zur Mythologie der Schildkröte

# 5 Am Anfang war das Wort: Die humanevolutionäre Weiterentwicklung von Sprache

*„Die Sprache ist in engster Weise mit den allgemeinen kognitiven Fähigkeiten des Menschen verbunden, und die Entstehungsgeschichte der Sprache ist zugleich auch ein Teil der Entstehungsgeschichte des Menschen.“* [117]

*„Während des Übergangs von Homo erectus zu Homo sapiens spielte Sprache zweifellos eine zentrale Rolle hinsichtlich der Ausbildung enger sozialer und kultureller Strukturen.“* [118]

## 5.1 Die humanevolutionäre Weiterentwicklung der Sprach-Anlage als die Konstituierung von Kultur

**Der zentrale Sachverhalt der Humanevolution ist die Aneignung der genetischen Verhaltenssteuerung zur Fähigkeit zur Selbststeuerung seines Sozialverhaltens und seiner Sozialverhältnisse. Damit verknüpft sich die Transformation vom >Tier< zum >Menschen<.**

---

[117] Horst M. Müller: Sprache und Evolution, S. 74
[118] R. Leakey & R. Lewin: Wie der Mensch zum Menschen wurde, S. 123

**Die neurologische Grundlage für diesen evolutionären Erwerb der Fähigkeit zur Selbststeuerung war der Komplex >Sprache<.**

Doch bedeutete ein Bestand von Sprache weder neurologisch schon an sich ein Zugriff auf die entscheidenden Bereiche der Verhaltenssteuerung, noch lassen sich die entscheidenden Bereiche der Verhaltens-Anlage mit einer Sprache steuern, die lediglich auf Vokabular und Grammatik basiert. Bei dem, wie >Sprache< in dem Gehirn bei *Homo sapiens* arbeitet, kann Sprache in dem *entscheidenden* Unterschied zu den Hominiden im Eigentlichen nicht mit Vokabular und Grammatik verbunden werden.

Der Komplex Vokabular – Grammatik ist der Sachverhalt von Sprache der Stufe der Hominiden. Die humanevolutionäre Weiterentwicklung von Sprache als Mittel der bis dahin genetischen Verhaltenssteuerung war unabdingbar mit einer neuen Dimension von Sprache verbunden.

Ganz in diesem Sinn war die Evolution von Sprache unter den Hominiden sehr wohl die Voraussetzung dafür, dass die humanevolutionäre Aneignung der genetischen Verhaltenssteuerung zur Fähigkeit zur Selbststeuerung überhaupt eine Möglichkeit wurde. Hier hatte die humanevolutionäre Entwicklung eine völlig andere Ausgangsbasis als die Hominiden-Evolution. So kann im Ausgang der Entstehung der humanevolutionären Entwicklung schon von einem umfassenderen Sprach-Bestand bei den Hominiden (z.B. dem späten „Homo erectus“) ausgegangen werden, sowohl an Wortschatz als auch bzgl. einer gewissen Sprach-Praxis. Weil die Sprach-Ebene von Vokabular und Grammatik in Hinsicht auf das Praktische bereits hinreichend entwickelt war, konnte sich die humanevolutionäre Entwicklung auf die Entwicklung einer völlig neuen, hier evolutionär entscheidenden Sprach-Ebene konzentrieren, wie sie hier nun von Bedeutung wird: nämlich in der neuartigen Funktion zur Verhaltenssteuerung = der Entwicklung von Kultur.

## 5.2 Die evolutionäre Weiterentwicklung im Bereich Sprache in der neurologischen Struktur der Säuglinge

Dass Sprache überhaupt zu einem Mechanismus der Verhaltenssteuerung werden konnte, hat zunächst seine Ausgangsbasis in dem Aufkommen und Durchbringen eines neurologisch noch unreiferen Nachwuchses. Ohne diese physiologischen Veränderungen des neurologischen Systems, die sich in diesem evolutionären Prozess in der Verfassung der Geburten niederschlugen, hätte Sprache diese Funktion gar nicht erreichen können. Hierbei ist zu sagen:

> „Damit sich dieses derart große Gehirn entwickeln kann, haben sich beim Menschen einige primatentypische Merkmale verändert. So ist das Gehirn eines adulten [*erwachsenen*] Menschenaffen 2,3mal so groß wie das eines neugeborenen Jungtieres, bei Menschen beträgt dieser Wert 3,5. Noch deutlichere Unterschiede zeigen sich, wenn man das Größenverhältnis eines menschlichen Neugeborenen mit dem eines Affenbabys vergleicht. Obwohl das Körpergewicht von Mensch und Menschenaffe ähnlich ist [...] und beide eine vergleichbare Länge der Tragzeit aufweisen, sind Neugeborene des Menschen ungefähr zweimal so groß und verfügen über die doppelte Hirnmasse wie die von Menschenaffen. [...]
> Im Unterschied zu spät reifenden Tieren hält beim Menschen die schnelle postnatale Phase des Hirnwachstums über einen – relativ gesehen – längeren Zeitraum an. So hat der Mensch ein effektives *Embryonalstadium*[*] von 21 Monaten (neun im Mutterleib, zwölf außerhalb). [...] Menschenkinder sind also über einen längeren Zeitraum hinweg hilfloser als die Jungen von Menschenaffen. Die erweiterte Phase der Jungenaufzucht und die nachfolgende Lernperiode müssen sich nachhaltig auf das Sozialverhalten der Hominiden ausgewirkt haben.“ [119]

[*] im Text nicht sehr glücklich mit „Schwangerschaftsdauer“ formuliert

[119] Roger Lewin: Spuren der Menschwerdung, S. 142 f.

Wir haben hier also beim Menschen selbst gegenüber den bereits intelligent-komplizierten Menschenaffen eine dreifache Situation. Das Gehirn ist schon bei der Geburt größer, und es wächst in seiner Größe mehr. Doch nicht weniger ist der dritte Sachverhalt von Bedeutung, nämlich dass im Verhältnis auf die Embryonalreifung beim Menschen trotz seines bereits größeren Gehirns die Gehirnentwicklung zum Zeitpunkt der Geburt weniger fortgeschritten ist, so in der Ummantelung der Nervenbahnen im Gehirn (Myelinisierung).

Es war genau diese immer höhere neurologische Unreife der Säuglinge, mit der sich die Bedeutung des Sprachlichen in den ganzen evolutionären Schritten seit den Hominiden vor ca. 2,5 Mio. Jahren in der Gehirn-Anlage ausweitete. Entsprechend dürfte der Schub des Gehirn-Wachstums unter den Hominiden – neben der Weiterentwicklung von Handfertigkeit, Werkzeugen und in ihrer Organisation – mit der Ausweitung des Sprachlichen verbunden gewesen sein, wie sie sich bei den *angeborenen* Formen an Sprachadaption bei den menschlichen Säuglingen widerspiegelt.

Wohl dürfte es schon bald in der Hominiden-Evolution im Umgang mit dem so hilflosen Nachwuchs zum Gebrauch von sprachartigen Lautformen wie etwa *du-du-du* gekommen sein, um ihn bei Laune zu halten, und sicherlich wird auch dieser frühere Nachwuchs sein Sprechen zunächst mit Lallwörtern begonnen haben. Diese Form der Entwicklung erscheint in sich selbst nahe liegend und logisch und dürfte von daher vermutlich auch evolutionär genau so begonnen haben. Es dürfte also vielmehr das *Ausmaß* dieser Betätigungen gewesen sein, das evolutionär *Stufe für Stufe* zunahm.

Dieses Ausmaß dürfte zum Zeitpunkt des Beginns der humanevolutionären Entwicklung schon recht hoch gelegen haben, auch bei den damaligen Formen des „Homo erectus“. Denn angesichts dieser so hohen neurologischen Unreife der Säuglinge wäre diese Unreife des Gehirns zu effektiven Problemen an Behinderung ggf. gar mit Todesfolge erwachsen, hätte es das Sprachliche nicht gegeben. Das Sprachliche entsprach jedoch den Möglichkeiten der Säuglinge und der Kleinkinder, und durch ihre so frühe Aufnahme des Sprachlichen verwandelte sich gerade die so hohe Unreife des Gehirns aufgrund von Sprache zu dem Vorteil der Intelligenz-Entwicklung.

Doch so sehr dieses Ausmaß an Sprachaktivität zwischen *Hominidus erectus* und *Homo archaicus* am Anfang ihrer Aufspaltung im Prinzip gleich gewesen sein dürfte, so kam als Ursache ihrer Aufspaltung doch eine neue Ausrichtung auf. Bei den Hominiden blieb das Spielerische wie bei den Tieren nichts als ein Sachverhalt der Kindheit. Entsprechend dürfte dort das Sprachliche wohl im Verhältnis zu den Kindern spielerisch gebraucht worden sein, doch ohne dass dem ein besonderes *eigenes* Interesse entgegen gebracht wurde. Das hominide Interesse blieb entsprechend der neurologischen Anlage der Tier-Stufe auf das Erwachsenen-Stadium und die Überlebens-Besorgung fixiert und also geistig zu beschränkt. In Hinsicht auf hohe Notstandsprobleme war dies wohl höchst leistungsfähig, doch ohne außergewöhnliche Anforderungen geriet dies ins Leere oder gar ins Zerstörerische.

Der entscheidende Unterschied ist also nicht in dem spielerischen Gebrauch von Sprache *an sich* anzunehmen, sondern darin, dass in der humanevolutionären Entwicklung dem Spielerischen insbesondere in Hinsicht auf Sprache ein völlig neuartiges Interesse zukam. Daraus entstanden völlig neuartige Dimensionen von Sprache und Spiel: von Sprachspielen (Lautspiele), Singen, theaterartige Spiele, das Erzählen von Geschichten als Fabulieren, Erzählkunst und Grundlage der geistigen Betätigung. Dieses darf wohl nicht im *absoluten* Unterschied zu den späten Hominiden, *muss* aber sehr wohl in einem – nämlich evolutionär – *entscheidenden* Unterschied angenommen werden.

Es dürfte wesentlich der Bereich der Sprach-Spiele gewesen sein, wo die Abspaltung der humanevolutionären Entwicklung aufgekommen ist, nämlich *gleichermaßen* im Spielerischen wie im Sprachlichen, was auf der Stufe der Säuglinge auch wesentlich als Zusammenhang zu begreifen ist. Hier ist der Ausgangspunkt zu sehen, wo die Humanevolution in ständiger weiterer Rückkopplung von den Hominiden abging. Mit dem *entscheidend* anderen Interesse an den sprachlichen Spielen wurde es - vermutlich sowohl psychisch für die Erwachsenen als auch in den Reizstimulierungen bei den Säuglingen - möglich, einen noch unreiferen Nachwuchs durchzubringen. In dem so ermöglichten Überleben des neurologisch noch unreiferen Nachwuchses zum Zeitpunkt der Geburt liegt wohl die erste: die *physiologische* Grundlage in dem Aufkommen der humanevolutionären Entwicklung als Abspaltung von den Hominiden.

Doch verstärkte dies nicht bloß, dass Spiel und Sprache auf die Dauer ein entsprechend höheres Interesse zukam. Der zweite erst eigentlich entscheidende Sachverhalt, der den evolutionären Unterschied zu den Hominiden begründete, ist, dass Sprache hier nicht mehr bloß eine punktuellere und neurologisch **höhere** Funktion blieb, die allein durch Aufgabenstellungen ausgelöst wurde, wie dies in der Tendenz bei den Hominiden anzunehmen ist (was sich bei Männern stärker erhalten hat). Diese Ratio ist soweit ein Produkt der Evolution von Sprache: technisch-funktionales Denken – also an sich die Stufe der Hominiden. Es ist soweit nichts als eine *Verlängerung* der *genetischen* Verhaltenssteuerung und der sozialisierten Verhaltensprägung. Mit Bewusstheit und *wirklicher Vernunft* hat dies noch lange nichts zu tun. Dies beginnt erst mit der Aneignung der genetischen Verhaltens-Steuerung in der Einsicht, dass es neurologisch dabei um eine gemeinschaftliche Klärung seiner menschlichen Existenz geht.

Was hier in der humanevolutionären Entwicklung nun vielmehr passierte, war – was sich ausschließlich durch einen bereits bestehenden hohen Sprachgebrauch erklärt -, dass hier Sprache auch schon in dem hier neurologisch noch unreiferen Stadium bei den Säuglingen von Wirkmächtigkeit wurde.

Auf dieser neurologischen Stufe dockte Sprache nicht mehr nur an die schon festgelegten (= myelinisierten) neurologischen

Mechanismen an, sondern geriet hier nun insgesamt in den Fluss der neurologischen Gesamt-Aktivitäten. In gewisser Weise bedeutete dies so etwas wie ein Dammbruch. Dieser >Dammbruch< war die physiologische Voraussetzung dafür, dass Sprache mit der Zwischenhirn-Ebene in Verbindung kam und damit bei einer entsprechenden Entwicklung zu einem Mittel der Verhaltenssteuerung werden konnte. Doch bedeutete dies umgekehrt, dass das Sprachliche in die neurologische Aktivität des Gehirns geriet, die nun die Sprachebene ständig in Betrieb hält, dass es nun Mühe kostet, das (vermeintliche) >Denken< auch nur für Momente abzuschalten und vor allem auf der höheren Ebene: es effektiv steuern zu lernen. Mit diesem Betrieb verknüpft sich z.B. auch eine völlig andere Aktivitäts-Mobilisierung.

> „Die innere Stimme sprudelt wie eine Quelle, die nicht zum Versiegen gebracht werden kann, und erzeugt dabei einen unaufhörlichen Strom von Gedanken und Vorschlägen. Wie sehr wir uns auch bemühen mögen, es gelingt uns nicht, sie abzuschalten. Wenn wir einmal versuchen, ganz entspannt dazusitzen und unseren Kopf von allen Gedanken frei zu machen, so werden wir dies vermutlich nicht länger als eine Sekunde [!] durchhalten. Spätestens dann lässt sich in irgendeiner Ecke unseres Geistes das unvermeidliche Wispern unserer inneren Stimme wieder vernehmen. Und sobald wir sie bemerkt haben, kehrt sie in den Mittelpunkt unserer Aufmerksamkeit zurück wie ein Hund, der nach einer Trennung dankbar an die Seite seines Besitzers zurückkehrt. Sogar wenn wir uns verzweifelte Maßnahmen ausdenken, um diese Stimme loszuwerden, wenn wir beispielsweise einen monotonen Satz ständig wiederholen oder innerlich vor uns hin summen, ertappen wir uns früher oder später plötzlich dabei, wie wir sagen >Das ist aber verdammt blöd< oder >Ist sie noch da?<. Sobald wir nur die geringste Spur wahrnehmen, kehrt die innere Stimme in den Brennpunkt des Bewusstseins zurück und beginnt erneut, einen endlosen Strom von Wörtern hervorzusprudeln.

An dem Umstand, dass wir die innere Stimme niemals abschalten können, ist an sich nichts Geheimnisvolles. Es handelt sich einfach um die fortgesetzte Aktivität jenes Hirnareals, das dazu erzogen wurde, Sprache hervorzubringen. Dieses Sprachzentrum – der etwa münzgroße Fleck auf der linken Hemisphäre – fährt einfach fort, Phrasen und Gedankenfragmente zu produzieren, ungeachtet dessen, ob wir gerade sprechen oder unser Geist im Leerlauf verharrt. Wenn wir versuchen, die Stimme zu ignorieren, indem wir geistig anderswo hinschauen, wird sie unserer Aufmerksamkeit ebenso wenig entgehen wie ein Vorhang, den wir in dem Augenwinkel flattern sehen. Auch wenn wir versuchen, sie zum Schweigen zu bringen, indem wir summen oder mechanisch ein bedeutungsloses Wort wiederholen, bemerken wir früher oder später, dass die innere Stimme immer noch da ist und weiter versucht, Sätze zu bilden. Sie kann ebenso wenig abgeschaltet werden wie unser Gesichtssinn oder Geruchssinn. Wir können zwar die Muskeln unseres Körpers steuern, und sie hindern, dass unser Stimmapparat die Wörter äußert, doch kann das Sprachzentrum ebenso wenig zum Schweigen gebracht werden, wie wir das Sehzentrum daran hindern können zu sehen, solange die Augen geöffnet sind.

Die Art, wie das Sprachzentrum seine Sätze zusammenfügt, ist eine komplizierte Angelegenheit. Offensichtlich geschieht dies nicht bewusst, denn wir werden der Wörter und Sätze erst gewahr, wenn sie heraussprudeln. Manchmal sind wir beim Sprechen über unsere eigene Redegewandtheit erstaunt und fragen uns, noch während die Worte über unsere Lippen kommen, wo sie denn um alles in der Welt herstammen.“ [120]

Was John McCrone beschreibt, ist nicht ganz so selbstverständlich und so Natur, wie er annimmt, sondern sehr wohl auch eine Frage der Kultur, der Sprach-Anlage und der Sozialisation. Es ist insbesondere die zivilisatorisch-urbane Kultur, die in einem Hochmaß auf der Sprach-Ebene existiert, was mit einer überaus hohen Reizung des Sprachareals verbunden ist.

[120] John McCrone: Als der Affe sprechen lernte, S. 191 f.

Dieser >Dammbruch< bedeutete auch sehr wohl den **Verlust** der bisherigen **biologischen Sicherung** der Denk- und Verhaltens-Aktivitäten. Das Psychische blieb hier nicht mehr einfach ein (neurologisch-hormoneller) Bestandteil der Verhaltensmechanismen, das allenfalls individuell Störungen in den Sozialisations-Prozessen verankern konnte (so bereits aufgrund der langen Kindheiten bei den Menschenaffen → 1.2.3).

Mit dem *Verlust* der genetischen Verhaltenssteuerung floss das Psychische neurologisch unweigerlich in die neuartige geistig-sprachliche Grundanlage hinein und hatte entsprechende Konsequenzen, weswegen es beim Menschen zu einer völlig anderen Dimension wurde. Das Gehirn produziert bei dieser neuen Art der Anlage auch ganz unfunktional Gedanken und Vorstellungen, die bei einer mangelnden Sprach-Beherrschung – vor allem als kollektivem Phänomen in gegenseitiger Bestätigung – dann für Realität gehalten werden, dass man in einen effektiven Hexenwahn oder auch in einen Krieg um die >tatsächliche Hosenfarbe des Ostenhasen< usw. geraten kann.

Zwar sind Probleme dieser Art in nennenswerter Form erst ab dem >Ende der Eiszeit< ab vor ca. 13.000 Jahren aufgekommen. Es ist jedoch nicht auszuschließen, dass es hier auch schon in dem humanevolutionären Prozess zu relevanten Problemen kam, die vielleicht sogar der Grund für das besondere >Nadelöhr< in der Entwicklung *vor* Homo sapiens waren.

Es bleibt zu sehen, dass dieser >Dammbruch<, wo das Sprachliche auf der frühen Säuglings-Stufe nun grundlegend in die neurologische Gehirn-Aktivität gerät, grundsätzlich den Verlust der biologischen Sicherung in Bewusstsein und Verhalten bedeutete. Ob der Mensch wollte oder nicht, - er war nun hiermit an das Lenkrad seines Verhaltens gekommen und musste nun auf Wohl und Wehe sehen, sich tauglich steuern zu lernen.

Freilich betraf dieser Prozess zunächst lediglich einzelne Individuen, und ihre Sozialisation wurde zunächst auch weitgehend von der genetischen Verhaltens-Anlage der Anderen gesichert. Insofern ist das entscheidende >Nadelöhr<-Problem auch noch nicht in der Frühphase der humanevolutionären Entwicklung anzusetzen, sondern erst vor der letzten Stufe, wo die neue genetische Anlage zu einer relevanten Größe wurde. Auch wenn die neue genetische Anlage manche Individuen wegen der allgemeinen Verhaltens-Stupidität unglücklich gemacht und individuell zum Scheitern gebracht haben könnte, muss diese Entwicklung insgesamt produktiv gewesen sein, da sie Schritt für Schritt neues Potential bzgl. des Verhaltens und also sozial an Kultur schuf. Die hiermit verbundene Evolution von Kultur wurde umgekehrt zur äußeren Basis, die dieser neuen genetischen Entwicklung zuspielte.

So sehr die genaueren Einzelheiten in dem zeitlichen Prozess bislang noch völlig unklar sind, so sehr kann jedoch von unseren neurologischen Einsichten her gesagt werden, dass es noch nicht das Spielerische an sich war, sondern erst dieser >Dammbruch<, der die effektive evolutionäre **Scheidung von den Hominiden** und *insofern* den ***eigentlichen Beginn*** der spezifisch humanevolutionären Entwicklung bedeutete.

Wohl dürfte diese Entwicklung schon auf eine vorausgehende Trennung zurückgehen, die sich, wie gesagt, zuerst damit verknüpfte, das Interesse vom >Affentheater< im sozial selbstruinösen Kampf um „Macht“ und Sexualpartner auf das Interesse an den Kindern und ihre kreativ-spielerische Aktivität zu verlagern. Doch dies war bis zu diesem Punkt lediglich die erste praktische, aber noch nicht die endgültige biologisch-evolutionäre Scheidung von den Hominiden.

Mit der nun entscheidend anderen Gehirn-Anlage entstand auch eine neue Verhaltens-Orientierung und eine entscheidend neue Sprach-Entwicklung, die es ermöglichte, auch das Verhalten steuern zu lernen. Das hatte die bisherige Sprach-Entwicklung, die mit ihrem bloßen Bestand an Vokabular und Grammatik ja noch auf der genetischen Verhaltenssteuerung basierte, nicht leisten müssen. Doch dazu war sie auch nicht befähigt. Dazu bedurfte es einer entscheidend neuen Sprach-Entwicklung.

## 5.3 Am Anfang war der Mytho-Logos

*„Weniger fortschrittsgläubige Ethnologen wie Bronislaw Malinowski oder Claude Lévi-Strauss haben beobachtet, dass die >primitiven< Gesellschaften (oder doch mindestens manche von ihnen) mit ihrem mythischen Weltbild in vieler Hinsicht besser >funktionieren< (etwa was die Integration des Gefühlslebens oder die Harmonie mit ihrer Umwelt angeht) und andererseits eine den modernen Zivilisationen durchaus vergleichbare strukturelle Differenzierung erreichen können. Seitdem ist uns der Dünkel einer fortschrittsgläubigen Überlegenheit verloren gegangen, mit der noch James Frazer Riten und Mythen der >Wilden< betrachtete.“* [121]

Infolge des >Dammbruchs< blieb das >Denken< kein technisch-rationaler Akt bei funktionalen Aufgaben, sondern wurde im Fluss der neurologischen Prozesse zu einer permanenten Aktivität, die man kaum stoppen kann und die in uns permanent >Gedanken<, >Vorstellungen< und >sprachliche Logiken< hervorruft, die man leicht für Sachverhalte seiner eigenen Bestimmung, der objektiven >Realität< oder für >logisch< hält, obwohl sie in Wirklichkeit lediglich >logisch<, d.h. *Logos = Sprache* sind: Prozesse des sprachlich geprägten Bereichs unserer Gehirnaktivitäten.

Bestimmte >Vorstellungen< gehen effektiv auf unsere *Sprachlichkeit* zurück: so die Vorstellungen von Raum, Zeit und Materie (in Verbindung mit unseren Sinnes-Wahrnehmungen); oder auch die Vorstellung, dass es doch einen >Anfang< des Welt-All$^{e}$s gegeben haben müsse, oder unsere durch Sprache

[121] Wolfgang Schmidbauer: Mythos und Psychologie, S. 19

begründete Neigung, Kausalzusammenhänge bei Erlebnissen anzunehmen usw. In Teilen bringen diese Gehirnaktivitäten durchaus günstige neue Erkenntnisse und Techniken hervor. Doch in Teilen besteht hier bis etwa in die Naturwissenschaft hinein noch immer eine historische Naivität, Sachverhalte als >objektive Realität< verstehen, die tatsächlich Sachverhalte unserer Denkformen sind. Wir können zunächst gar nicht anders *denken* – d.h. *sprachlich* = >deklarativ< = bewusst denken -, als dass es einen >Anfang< gegeben haben müsse. Diese Vorstellung eines >Anfangs< ist aber ein Produkt unserer Neurologie und kein Ergebnis irgendeiner Forschung. Selbst wenn ein >Urknall< der Anfang des uns bekannten >Universums< ist, ist er deswegen nicht *der* >Anfang<. Wir stoßen hierbei auf Sachverhalte, die jenseits unseres Wissens und unseres Verstehens liegen. Natürlich ist nicht das Geringste bzgl. solcher Forschungen zu sagen. Doch ist es von Bedeutung zu begreifen, dass auch unsere Forschung auf unserem >Denken<: auf sprachlich bestimmten Gehirnprozessen aufbaut.

Infolge dieser nun auch sprachlichen permanenten Gehirnaktivität kommt es bei den Kindern gemeinhin zu einer Phase der berühmten Warum-Fragen.

Dieser Sachverhalt trat irgendwann auch humanevolutionär auf den Plan, und hiermit eröffnete sich die eigentliche humanevolutionäre Entwicklung, und zwar im Besonderen an dem Punkt, wo die kindliche Fragestellung relevant wurde, wo sie denn eigentlich herkamen.

Von der Mutter, war die nahe liegende Antwort. Doch konnte diese Antwort den *neurologischen* Denk-Prozess nicht befriedigen. Wo kam dann aber die Mutter her? Von ihrer Mutter. Ja, und diese? Von ihrer Mutter. Und diese? Von ihrer Mutter. Und diese? Usw. etc. pp. Auf diese Weise war einfach keine befriedigende Antwort zu erreichen, und das ist auf diese Weise auch grundsätzlich unmöglich, weil es *hierbei* nur darum gehen kann, sein eigenes Denken und Bewusstsein: seine Neurologie zu verstehen.

Paläolithische „Venus“-Figuren aus Sibirien:

links eine von über 30 Figuren aus einer Siedlung bei Mal'ta, aus Elfenbein geschnitzt; rechts Fund am Baikalsee [122] (Nachzeichnungen)

Diese Formen erscheinen später in groß als Stamm-Plastiken

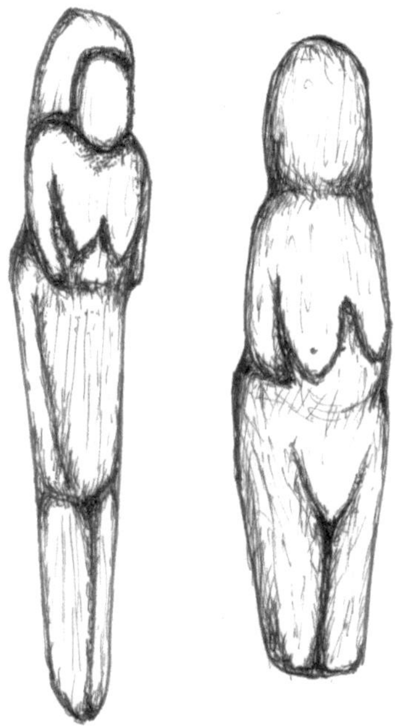

Wir wissen nicht, wie lange die Frühmenschen an dieser Problemstellung fest hingen, aber wir kennen das Ergebnis. Wahrscheinlich waren es wieder einmal die Kinder, die - als die Erwachsenen mit ihren rationalen >Denken< gequält am Ende waren – *die* entscheidende Antwort im spontanen Witz fanden: am Anfang war die >Mutter-Mutter-Mutter-Mutter<: die *Ma-Ma-Ma-Ma-Ma-Ma-Ma-Ma-Ma*, in sachlicher Kurzform die *Ma-Ma-Ma* oder *Ma-Ma*: die >Ur-Mutter< (>of all<; >aller/alles Lebenden<).

Dieses Motiv wurde wohl fast aus sich selbst heraus mit dem (Voll-) Mond verbunden, bot es sich (etwa mit dem >Mondgesicht<) an, dieses erzählerische Motiv handfest zu machen, es zu illustrieren und auszuspinnen.

---

[122] in: Göran Burenhult: Illustrierte Geschichte der Menschheit I, S. 132 f.

„Weltenbaum auf einer sölkupischen Schamanentrommel. Der Baum wurzelt in der dreischichtigen unteren Welt, die oberen drei Astpaare bezeichnen die Himmelsschichten. Der Baum ist zugleich Achse eines kosmischen Gesichts mit Sonne und Mond als Augen."
Text und Nachzeichnung nach: Mihály Hoppál: Schamanen, S. 158

Insgesamt handelt es sich mit etwa *Ma-Ma (-Ma)* in der humanevolutionär entwickelten Sprache in sich schon um ein Wort-Spiel. Denn *Ma* steht auch für >Mutter<, aber auch für >Ur-, Anfang<, für >Vater<, für >Mond<, für >groß<, für >mein< usw. Insofern kann *MaMa* auch ganz einfach >Mutter< bedeuten, aber auch >Großmutter<, >Ur-(Groß-)Mutter<, (die mythologische) >Mond-Mutter< usw. Wenn es auf der höheren Ebene von Bedeutung wurde, dann konnten die Bedeutungs-Unterschiede durch unterschiedliche Betonungen (*má-má, ma Ma* usw.), durch Lautdifferenzierungen (*Ma – my, Mai, Ma*$^l$*, me*) oder auch durch >Zusammensetzungen< (*Ma-Na > Mond; Mond-Mutter, Mensch, mind; Ma-Ga > Magen, mögen, machen*) verdeutlicht werden.

Doch auf der Kleinkind-Stufe ist dieser Wortspiel-Charakter absichtlich: es sollen hier unterschiedliche Assoziations-Bezüge entwickelt werden, die aber dennoch ein klares Zentrum und ein klares >Szenario< haben. Es geht um eine mit dem Anhalt der >Mutter< verbundene *Lebensauffassung* von *NaNa – na - Nähe,* >Urvertrauen<, *ama* >Liebe< letztlich in der Reihung von *Ma – Mond – Mensch – Minne – mind* >Geist, Bewusstsein, Liebe, Kultur<. Dieser Komplex wird über die – auch sprachlichen – Zusammenhänge der (ursprünglichen) >Mythologie< entwickelt.

Mit diesem Motiv von *Ma (-Ma-Ma*) >Ur-Mutter< hatte man mit dem Bezug zu *Mond* tatsächlich schon den gesamten Rahmen für seine Mythologie gefunden. Mit dem >Mond< als Motiv für die/den >UrMutterVater< = $UrA^{h}n^{os}$ konnte man den Kindern erklären, von woher sie *eigentlich* auf >die Welt kamen< und wo man dereinst nach seiner Reise auf der Welt wieder sein würde, wo sich alle wieder treffen würde (frz. *mère – mars/mors;* lat. die *Manen*).

Natürlich konnte das Motiv *Ma-Ma* nur deswegen eine >Antwort< auf die kleinkindliche Frage „nach dem Ursprung allen Lebens“ sein, weil sie keine mathematisch logische war, sondern im Verstehen der kindlichen Neurologie ein *Spiel* eröffnete. Wäre *Ma-Ma* tatsächlich eine mathematisch logische Antwort auf die Frage nach >dem Ursprung< gewesen, hätte sie neurologisch automatisch die Frage eröffnet, wo denn nun *Ma-Ma* herkam – und nichts wäre gewonnen gewesen. Diese Antwort hätte das tatsächlich Eigentliche der Frage, nämlich des Denkens und Bewusstseins nicht verstanden. Die richtig verstandene und verwendete Mythologie ist mit ihren *Bildern* der einzig *aufgeklärte* Umgang damit.

Eine Antwort auf die Frage nach >dem Ursprung< konnte *Ma-Ma* nur deswegen sein, weil sie im mathematisch logischen Sinn gar kein *Ergebnis* präsentierte, sondern Erzählungen *eröffnete*, die emotional dem kleinkindlichen Bedürfnis wie seinem gegebenen Verstehens-Vermögen entsprachen.

Natürlich erzählten die Geschichten dem Kind entsprechend seinem Bedürfnis von dem Glück, hier auf diese Welt gekommen zu sein, die *Ma-Ma* extra >für uns geschaffen< hat; was es alles Tolles im Leben zu entdecken galt; dass *Ma-Ma,* Mama, Papa und Andere mehr für das Kind da seien und dass es wunderschön war, dass sie alle zusammen seien und sich lieb hatten. All dies konnte im Näheren und Weiteren beliebig ausgeschmückt werden.

So >märchenhaft< diese Geschichten in Entsprechung der seelischen Bedürfnisse des Kleinkindes auch waren, so hatten sie in diesem neuen neurologischen Zusammenhang doch ihre handfesten Folgen. Diese Geschichten rückten in den Erzählungen für die Kinder eine psychische Realität ins Bewusstsein, die wohl schon in den (genetischen) Verhaltensformen mit eine Rolle gespielt hatte, aber in dieser Form und in dieser Dimension bislang noch nie in das Bewusstsein gerückt war. Gerade auch an dieser Stelle war das dialogische Verhältnis zwischen den Kindern und Erwachsenen von entscheidender Bedeutung. Denn die effektiv psychogene Logik wurde durch die Reaktionen der Kinder herausgehoben: in dem, was sie hören, was sie nicht hören und was sie wieder und wieder hören wollten; in ihren Reaktionen mit Glück, mit Spaß oder auch in Angst. Die große Bedeutung der Erwachsenen lag darin, diese Reaktionen der Kinder mehr und mehr zu begreifen, ihnen entsprechen zu lernen und Erfahrungen mit diesen Erzählungen zu entwickeln.

In gewisser Weise lag in diesen Geschichten der nun effektive Ursprung der humanevolutionären Entwicklung von Kultur, und dies gleichzeitig auf verschiedenen Ebenen. Dadurch dass in diesen Geschichten die seelische Komponente in einer völlig neuartigen Form ins Bewusstsein drang und von Bedeutung wurde, bekamen die theaterartigen Rollen- und Verhaltens-Spiele der Kinder ein neues Moment in der Entwicklung des Verhaltens.

An diesem Punkt entsteht etwa auch eine neue Dimension bei den Tier-Geschichten, nämlich als Tier-Fabeln als einer Form der Überlegung und dann auch der didaktischen Vermittlung, welche Verhaltensformen denn in *sozialer* Hinsicht >wünschenswert< sind und als >Beispiel< genommen werden können (könnten). Die effektiven Grundlagen für die Entwicklung des moralischen Empfindens liegen ontogenetisch und entsprechend wohl auch phylogenetisch in der humanevolutionären Entwicklung auf einer recht frühen Stufe der Kultur-Entwicklung. Ohne die Entwicklung des moralischen Bewusstseins samt einem entsprechenden Vokabular wäre es kaum zu einer wirklichen vollgültigen Entwicklung von *Kultur* gekommen.

Mit den (ursprünglichen) >Märchen< dringt die innere seelische Komponente ins Bewusstsein, wie mit anderen Märchen und den Tier-Fabeln nun die Frage nach einem wünschenswerten Sozial-Umgang von Interesse und dann also auch von Bedeutung wird. Diese >Fabeln< werden ganz in *diesem* Sinn zu einer Grundform der >juristischen Fallgeschichten<, die das >Wünschenswerte< und das >Nicht-Wünschenswerte, Unerwünschte< auf einer höheren Ebene weiterdenken. All dies ist einerseits in Verbindung mit der Entwicklung entsprechender Vokabeln und andererseits in Verbindung mit Geschichten als Vorlagen für theaterartige Rollen- und Verhaltens-Spiele als Formen der Entwicklung der Verhaltens-Fähigkeit zu sehen, in der sich die humanevolutionäre Entwicklung von Kultur und der Aneignung der bislang genetischen Verhaltenssteuerung Schritt für Schritt vollzieht.

Dieses Motiv von >UrMutterVater (Mond)< konnte man in Form der Schöpfungs-Mythologie in jeder beliebigen Hinsicht auf die Natur und Kultur ausführen. Damit hatte man gleichzeitig ein geniales didaktisches Prinzip gefunden. Statt langweiligem Unterrichten konnte man nun alles in für die Kinder interessante Geschichten verpacken.

> „Kleine Kinder lieben Geschichten und wollen immer wieder welche hören. Sie können komplexe Zusammenhänge begreifen, sobald man sie ihnen in Form von Geschichten präsentiert […].“ [123]

Doch geht es in diesem Entwicklungsmoment zunächst weniger um praktische Informationen. Da infolge des >Dammbruchs< das Sprachliche zunächst in noch recht unverstandener und unbeherrschter Form in der neurologischen Gehirn-Aktivität wirkt, ist zunächst weit entscheidender:

> „Kinder brauchen sie [*Märchen*], um ein elementares Ordnungsgerüst zu erkennen, sie brauchen sie, um ihre noch dif-

---

[123] Oliver Sacks: Der Mann, der seine Frau, S. 242

fuse Phantasie an Gestalten zu binden und somit ihre Welt dingfest zu machen. Märchen helfen den Kindern, sich in der Welt zu orientieren.“ [124]

> In seinem immer noch wichtigen Buch >Kinder brauchen Märchen< führt *Bruno Bettelheim* dies in vielem näher aus. In dem interessanten Buch >Märchen als Therapie< zeigt die Psychologin Verena Kast in anderer Hinsicht deren Bedeutung.

Ganz entsprechend ihrem Sinn dürften die Wörter *Mär, Moral, Maß - Meter* und *Mythos* als Ableitung der Wurzel **Ma* aus dem genannten Komplex von >UrVaterMutter< - >Mond< zu verstehen sein. Im Altägyptischen findet sich dieser Komplex u.a. in der vorägyptischen *mythologischen Figur* >Maat< (das -t ist Feminin-Endung, - entspricht dt. ***Maß***).

> „[…] *Maat* ist die Personifizierung der bestehenden Weltordnung. Sie verkörpert sowohl für die Götter [!] als auch für die Menschen Begriffe wie Harmonie, Gerechtigkeit und Wahrheit. Die Straußenfeder auf dem Haupt der Maat wird manchmal auch als eigenständiges Sinnbild für die Göttin verwendet. Die Hieroglyphe ihres Namens stellt einen Thronsockel dar. Dieses Zeichen kann allerdings auch als Urhügel gedeutet werden, aus dem einst alles Leben entsprang. Sie vertrat nicht nur die irdische Weltordnung, sondern stellte die gesamte Ordnung des Universums dar.“ [125]

Diese Sachverhalte dürfen nicht bloß psychologisch begriffen werden, sondern sie sind zunächst und insgesamt als solche

---

[124] Emma Brunner-Traut: Altägyptische Märchen, S. 9

[125] Mary Barnett: Götter und Mythen des Alten Ägypten, S. 91; s. Abbildung dort S. 90. Dabei ist „Maat“ trotz ihrer figürlichen Darstellung (ursprünglich) ebenso wenig eine „Göttin“ wie bei uns die mit Waagschalen abgebildete „Gerechtigkeit“. Es waren (ursprünglich) lediglich Formen, die unphysiologischen Sachverhalte >Kultur< und in diesem Fall >*das Maß,* Norm, Logos< analog zu den Hieroglyphen zu vergegenwärtigen.

von Neurologie und Sprache wie der Entwicklung von Kultur zu verstehen. Das Seelische ist ein Aspekt hiervon.

Es geht bei Mythologie im Ursprünglichen weder um vorwissenschaftliche Erklärungsversuche der >Welt< noch etwa um „Religion“ noch um irgendeine Weltanschauung außer der, seine Energien statt für >Affentheater< für ein fähiges Sozialleben einsetzen zu wollen: Persönlichkeit und Kultur zu entwickeln. Die humanevolutionär entwickelte Mythologie ist die sprachliche Entsprechung der Aneignung der genetischen Verhaltenssteuerung.

Das Bedeutsame der Mythologie in der ursprünglichen Form ist, dass sie nicht bloß eine *Menge* an wünschenswerten Momenten hervorrief. Wäre es hierbei geblieben, hätte die humanevolutionäre Entwicklung das Entscheidende nicht erreicht. Sie hätte wohl für eine günstige Phase eine neuartige Kultur an Kindheit geschaffen, aber die eigentliche evolutionäre Problematik nicht gelöst.

Das Interessante ist, dass schon die mythologische Ausgangsform auf der ersten Stufe der kindlichen Entwicklung in ihrem vollen psychogenen Charakter eine Vision einer neuen Lebensform im Ganzen enthält, eine Art >Utopie<. Das Thema bezieht sich nicht nur auf die Kinder, sondern in dieser Ausrichtung auf die Kinder auch auf die erwachsene Verhaltens- und Sozial-Anlage im Gesamten.

Wenn es zunächst auch Geschichten für die Kleinkinder waren, so wurde mit der Entwicklung der Märchen und der Fabeln doch mehr und mehr die menschliche Realität im Bewusstsein erfasst und mehr und mehr in Verhaltens-Spiel-Übungen aufgenommen. Und je mehr dies der Fall wurde, desto deutlicher wurde, dass die entscheidenden Geschichten für die Kleinkinder nicht nur Geschichten für die Kleinkinder bleiben konnten, sondern in sich auch grundsätzlich die Frage nach den wünschenswerten Sozialverhältnissen insgesamt aufwarfen.

Wie noch zu sehen ist, war es neurologisch noch ein überaus komplizierter Prozess, sich wirklich vollgültig die genetische Verhaltens-Steuerung anzueignen. Zunächst aber ist zu sehen, dass die (ursprüngliche) Mythologie die >Utopie< wie auch den geistig-sprachlichen Rahmen für diese Entwicklung von Kultur gestellt hat.

> „Sprache ist in Mythen begründet (Mythos heißt in seiner ersten Bedeutung das Wort), und der Mythos umfasst noch beides, den Primär- wie den Sekundärvorgang, die Vergangenheit wie die Zukunft, die Emotionalität und das rationale Erklärungsbedürfnis.“ [126]

In der Tat: „Am Anfang war das Wort“ = der *logos* = der *Mytho-Logos* (man beachte die Verbindung *Wort* = dän. *ord* = lat. *ordo* – *Ord*nung!). Die Mythologie als die erzählte Form der sprachlichen Organisation war in der humanevolutionären Entwicklung die didaktisch und als Sprache in Worten und Begriffen aufbereitete *Essenz* der Lebens- und Kultur-Erfahrung wie der Selbst- und Menschenkenntnis (>Erkenne Dich selbst<).

Durch die Mythologie wurde der Mensch diskursiv, bewusst, *Subjekt, Kommunikations-* und *Kulturwesen.* Durch die Mythologie als dialogisches Verhältnis zu den Kindern lernte sich der Mensch in seiner Bewusstseins-Entwicklung, in seinen emotionalen Bedürfnissen, in seinen Lernformen und Wahrnehmungen kennen und begreifen. Durch die Mythologie lernte sich der (Vor- und frühe) Mensch als *Mensch* verstehen, und so verstanden war die Mythologie in der Tat die Grundlage für das damalige Hinauskommen des Menschen über die Tierstufe. Dieses war freilich nur mit einer ganz bestimmten Mythologie und nur einem aufgeklärten Verhältnis zu ihr als Erwachsener möglich.

---

[126] Wolfgang Schmidbauer: Wie Gruppen uns verändern, S. 149

Modell:

| Evolution von Sprache | Biologische Art |
|---|---|
| Von **Lauten** zu **Wörtern** | ***Hominidus habilis*** |
| Von **Wörtern** zu 2- + **3-Wort-Sätzen** | **Spätphase** *Hominidus habilis* ►►► |
| **Sätze** und **Satzfolgen** *zum* ***Zwecke*** *bzw. im Kontext von* ***Erledigungen*** (von einfachen Anfängen bis später beliebig komplex) | ***Hominidus erectus*** |
| Erzählen zur Unterhaltung; erste **mythologische** Motive und erste **kulturelle** Begriffe | ***Homo archaicus*** |
| Voll entwickelte **Mythologie + Kultur** | **archaischer** *Homo sapiens* ►►► |
| | ***Homo sapiens*** |

**Das, was die humanevolutionär entwickelte Sprache von der hominiden Sprache aus bloß Vokabular und Grammatik im Entscheidenden unterscheidet, ist >die Mythologie<.**

> „Erfahrung und Handeln sind nicht möglich, wenn sie nicht ikonisch organisiert sind. Die >Speicherung im Gehirn< von allem, was lebendig ist, muss ikonisch erfolgen. Es ist dies die endgültige Form der Speicherung […].“ [127]

> „Der heutige Mensch misst seiner Fähigkeit zu abstraktem Denken zuviel Bedeutung bei. Zwar verdanken wir dieser Fähigkeit einige nützliche Arbeitsmethoden, doch sind wir für ein wirkliches Verständnis abstrakter Gedanken auf einen reichhaltigen Vorrat von Bildern aus dem realen Leben angewiesen. Könnten wir nicht auf diese Erfahrungen zurückgreifen, blieben die abstrakten Gedanken trockene, leblose Wortaneinanderreihungen, die in uns keine lebendigen Vorstellungen wecken.“ [128]

> „Die geistigen Errungenschaften des Menschen beruhen auf Metaphern.“ [129]

Weil der Mensch nicht mehr genetisch gesteuert, aber auch kein Roboter ist, kann die Sprache des Homo sapiens keine neutrale >Mathematik< aus Lautformen (Wörtern) + Grammatik sein. Sie ist, ob bewusst oder unbewusst, ob qualifiziert oder unqualifiziert, immer eine Ausprägung seiner >Kultur<.

> „Wie Wittgenstein in den *Logischen Untersuchungen* (241) richtig sagt, ist Sprache immer auch eine Lebensform und schließt das Sich-Verhalten zur Umwelt und insbesondere zu anderen mit ein. Diese Verhaltensmuster sind komplex, auch

---

[127] Oliver Sacks: Der Mann, der seine Frau, S. 199
[128] John McCrone: Als der Affe sprechen lernte, S. 152
[129] John McCrone: Als der Affe sprechen lernte, S. 149

> dann, wenn die Sprachlaute (wie im Falle des Pidgin) einfach sind.“ [130]

Die ursprüngliche Mythologie ist der Rahmen der humanevolutionären Weiterentwicklung von Sprache wie der von Kultur. Die ursprüngliche Form der Mythologie ist eine sehr bestimmte Struktur von Bildern und Geschichten: nämlich effektiv in Entsprechung der kindlichen Bewusstseins-Entwicklung mit der Entsprechung des Aufbaus der hier entscheidend werdenden kulturellen Begriffe. Kulturelle Begriffe wie >Gerechtigkeit< nur als Vokabeln zu kennen, bedeutet überhaupt nichts. Kultur im vollen eigentlichen Sinn (in Entsprechung unserer Anlage) ist nur möglich, wenn das Soziale und die dazu notwendigen kulturellen Steuerungs-Begriffe gesellschaftlich so geklärt sind wie ein architektonischer Bauplan in Zeichnung (und ggf. in einem 3D-Modell) für einen Hausbau.

Mit dem Rahmen der ursprünglichen Mythologie werden die *Bilder* und *Geschichten* zu der humanevolutionär neuen Form der Sprach-Entwicklung. Es sind die *Bilder* und *Geschichten,* die hier zu dem Eigentlichen von Sprache werden. Denn nur über Bilder und Geschichten lassen sich die existenzialen Prozesse erfassen, und nur über Bilder und Geschichten ist die Steuerung der vormals genetischen Verhaltensanlage möglich.

Die hominiden Formen >Vokabeln und Grammatik< sind hier nicht mehr das Eigentliche von Sprache. Sie dienen hier neben >Produktion und Dienstleistung< lediglich dazu, die Bilder und Geschichten zu >erzählen< und zu kommunizieren: Kultur und das konkrete Persönliche. Sämtlich *kulturell* entscheidenden Sachverhalte bauen (als Metaebene des Physischen) auf Bildern und Geschichten auf, und man muss die dabei relevanten Bilder und Geschichten kennen, um die humanevolutionär entwickelte Sprache und die Steuerung des Verhaltens zu beherrschen. Wörter und Grammatik reichen dafür nicht. Es hilft nichts, >Liebe< oder >Gerechtigkeit< nur als Vokabeln zu

[130] Manfred Spitzer: Lernen, S. 237

kennen. Man muss, wie in der Rechtswissenschaft, dazu die notwendigen >Fallgeschichten< kennen (und vorliegen haben), um >Liebe< und um >Gerechtigkeit< im Umgang tatsächlich miteinander kommunizieren und verhandeln zu können.

Dass die Wörter und Grammatik in der humanevolutionär entwickelten Sprache tendenziell nichts Eigentliches mehr sind, wird auch an der – überaus genialen – Sprachtechnik der humanevolutionären Entwicklung erkenntlich (→ 5.4). Ihre Sprach-Anlage war keine >Hieroglyphen-Sprache< mehr, wo jedes „Wort" für sich wie eine Hieroglyphe für eine eigene Sache steht. Die Laute machen es nicht. Man muss den *kulturellen Code* namens >Sprache< kennen und verstehen: die Bilder und Geschichten: Mythologie – Kultur.

Sprache ist *Sprache*: zum Zwecke von Verhaltenssteuerung und Kommunikation zum Zwecke eines fähigen Soziallebens: Kultur.

Man kann wohl mit Sprache *über* >die Realität< *kommunizieren,* doch handelt es sich dabei immer um einen Sachverhalt von *Kommunikation. Sprache* hat und enthält keinen direkten Zugriff auf >die Realität<. Den Unterschied zwischen Sprache und Realität nicht zu erfassen, ist das *historische* Problem des >magizistischen Bewusstseins<. Der >Animismus< der eiszeitlichen Homo sapiens- „Steinzeit-Menschen" war hingegen Ausdruck des Verstehens dieses Unterschieds: dass sein Verstehen und Wahrnehmen Sachverhalt seines Bewusstseins und eine Frage von *Kultur* war.

(Doch ist der Magizismus kein Sachverhalt erst seit der Moderne. Er entstand bereits mit dem Mesolithikum und schlug vollends mit dem Neolithikum durch. Insofern findet er sich tatsächlich auch schon in alten Kulturen).

Modell der humanevolutionären *Weiterentwicklung* von Sprache

wie sie sich mir darstellt:

höhere neurologische Unreife der Geburten →
Sprachspiele wie *ei-tei-tei* und *du-du-du* + „Jägerlatein“ →
Tier-Geschichten & menschliche Begebenheiten →
Tier-Rollen-Spiele sowie anthropomorphe Fabeln, Märchen &
*Role-Models* (*Modelle für Rollen*) → moralisch-kulturelle
Verstehens-Entwicklung = Beginn der Selbststeuerung

→ Überblick über seine anthropologischen Gegebenheiten und Möglichkeiten → kulturelle Begriffe → Mythologie → die kulturelle Sprach-Anlage →

explizit entworfene Kultur-Konzeption → Realisation von Kultur → die evolutionäre Ausbildung unserer

Art ***Homo sapiens***, die alles dies an kulturellen Gegebenheiten in ihrer kulturalen Anlage **voraussetzt** (wie ein Computer eine bestimmte Software)

## 5.4 Die Technik der humanevolutionär entwickelten Sprachform

*„Die Feingliederung der Sprachen, mit der wir heute leben, geht in ihren Anfängen auf die Periode der letzten Eiszeit zurück (vor ca. 12.000 Jahren). […] Die formativen Prozesse aller bekannten Sprachfamilien sind nicht älter als ca. 10.000 bis 12.000 Jahre.“* [131]

Tatsächlich ergab es sich bei meinen Forschungen zu Sprache und der etymologischen Herkunft unserer Wörter, dass die humanevolutionär entwickelte Sprach-Technik fundamental anders angelegt war als unsere historisch entstandenen Sprachformen seit dem >Ende der Eiszeit<.

Hierbei wurde deutlich, dass sich der Sachverhalt dieser Sprachtechnik mit der Buchstaben-Schrift im Verhältnis zu der Hieroglyphen-Schrift vergleichen lässt. Dabei sind unsere aus etwa zwei bis drei Dutzend Buchstaben bestehenden Schriftsysteme auch nicht der >archaisch< kümmerliche Anfang von Schrift, die erst mit einigen Tausend Zeichen ein eigentliches kulturelles Niveau erreichte.

Es verhält sich hier effektiv umgekehrt. Die Entwicklung der *genial* einfachen Buchstaben-Schrift war die Weiterentwicklung der Hieroglyphen-Schrift, die erst auf der Basis einer schon längeren Erfahrung mit Schrift möglich wurde.

Genau dies stellt sich bei der humanevolutionären Weiterentwicklung von Sprache dar. Dieses absolut geniale Sprachsys-

[131] Harald Haarmann: Weltgeschichte der Sprache, S. 127

tem dürfte sich ausschließlich durch eine bereits hoch entwickelte Erfahrung mit Sprache wie im Übrigen durch eine hoch entwickelte didaktische und psychologische Erfahrung erklären.

Die Entstehung dieser Konzeption erklärt sich auch nicht durch einen einmaligen Entwurf. Sie ist vielmehr das Produkt einer langen humanevolutionären Entwicklung, in der verschiedene Ansätze zusammenflossen und mehr und mehr ein effektiv integriertes Konzept ergaben. Diese Sprache ist *gleichzeitig* Didaktik, Moral/Jura, Utopie, Verfassung und Kulturkonzeption, und offenbar wurde diese Sprach-Anlage auch zum Träger der humanevolutionären Kultur: die Wort-Bildungen, Begriffe und Denkformen stehen in einem *direkten* Zusammenhang (>Logos<).

Diese Grundlage blieb bis zum >Ende der Eiszeit< dadurch gesichert, dass sie auf sehr bestimmten Bildern und Geschichten aufbauten, die allgemein und aus sich selbst heraus verständlich waren und auch allgemein von den Kulturen der Welt gebraucht wurden. Es sind diese Bilder und >Mythen<, die in Verbindung mit bestimmten Wortformen und der Technik ihrer Bildungen eine Identifikation und Rekonstruktion dieser humanevolutionären Sprache zumindest in ihren Grundzügen ermöglichten. Das tiefste grundlegende >Bild< der humanevolutionär entwickelten Sprache und Mythologie ist ganz einfach ***anthropomorph*** = >**Mensch**<, auch als >Weltenbaum<, als >Weltberg< oder insgesamt als >Welt (-All$^{es}$)<, vgl. (griech. *Gott*) *Pan* >alles<. Das ist >logisch<, weil es bei *Sprache* nicht um ein Verstehen des Universums, sondern von *Kommunikation, Selbst-Steuerung* und *Kultur* geht. Für diesen Zweck ist der Aufbau von Sprache auf dem Bild >Mensch< absolut folgerichtig. Dieses *Bild* wird dann in vielfältigen *Fall-Geschichten* in Entsprechung der kindlichen Bewusstseins-Entwicklung zu *Sprache* und *Kultur* entfaltet.

Diese geniale Sprachtechnik wurde möglich, weil man den Sachverhalt der kindlichen Sprach- und Bewusstseins-Entwicklung begriff. In der Entsprechung zu den kindlichen Bedürfnissen, Möglichkeiten und Entwicklungen vermochte man diese dann auch als Techniken seiner Sprach-Anlage zu nutzen. Diese Einsicht bedeutete einen entscheidenden Schlüssel für das Verständnis der humanevolutionär entwickelten Sprach-Anlage: sie folgt der kindlichen Sprach- und Bewusstseins-Entwicklung. Mit dieser Entsprechung begriff man auf der Erwachsenen-Ebene auch die Struktur seiner Bewusstseins-Entwicklung und -Anlage und damit Kultur und: *Sprache.*

Dadurch wurde Sprache auf das menschliche >Bewusstsein< angelegt und optimal auf das eingestellt, worum es bei Sprache geht: um Kommunikation um Kultur: um die sozial abgestimmte Selbststeuerung seines Verhaltens. Und weil dies im Prozess der humanevolutionären Entwicklung klar wurde, konnte diese Sprachform auch so genial und patent werden wie unsere Buchstaben-Schrift oder auch unser Dezimalsystem, wo sich mit lediglich 10 *Ziffern* jede beliebige *Zahl* bilden ließ.

Die humanevolutionär entwickelte Sprache des Homo sapiens baut in gewisser Weise auf etwa lediglich **sechs** Grundelementen auf, und zwar etwa auf ***a, ba, ga (ka), da (ta), ma (na)*** und ***la***. Das kommt *äußerlich* Richard Festers Konzept mit den ebenfalls **sechs** >Wortarchetypen< ***acq, ba***, ***kall***, ***tal***, ***os*** und ***tag***[132] recht nahe, doch nur von dem statistischen Befund her. Der Hintergrund der etwa **sechs Elemente** ist nach meinen Einsichten ein völlig anderer: es handelt sich um die Grundformen der kleinkindlichen Lalllaute wie redupliziert und gespiegelt *ama – MaMa/ ana – NaNa, aba – BaBa, ada – DaDa, alla – LaLa, aga – GaGa (CoCo)* und *eia – EiEi (A-A).* Sie repräsentieren die grundlegenden Lautbereiche: die Lippen-, die Zahn-, die Zungen- und die Kehl-Laute sowie die Laute mit offenem Mund (>Vokale<) und mit geschlossenem Mund (M, N), vgl. dazu *Muh, mäh* als Beschreibungen entsprechender Tier-Laute im Deutschen.

Die humanevolutionär entwickelte Sprachform baut also auf den grundlegenden Lalllauten auf. Diese werden ganz entspre-

[132] s. dazu z.B. Richard Fester: Die Eiszeit war ganz anders, S. 144 f.

chend *ei-tei-tei* und *du-du-du* zunächst als Spiel als Umgang mit den Säuglingen verwendet, dann auch als *la-la-la* im Singen. Doch nutzt die humanevolutionär entwickelte Sprache dies nicht nur zum Spiel und zur logopädischen Ausbildung unseres Wernicke- und Broca-Zentrums im Gehirn (die Zentren für Hören und für das Artikulieren), sondern auch zum Aufbau von Vokabularium. Was für das Kind zunächst Laut- und Sprachspiele sind: wie etwa *ama – MaMa – ana – NaNa* oder *bi – ba – bu (-Butzemann),* nimmt die humanevolutionäre Sprache schon als Grundlage für verschiedenartiges Vokabular.

Die Grundformen der etwa sechs Laut-Wortwurzeln wie *ama – MaMa – anna – NaNa, aba – BaBa, ada – DaDa* haben *formal* betrachtet *alle* zuerst die Ausgangsbedeutung >Mutter<, doch werden alle diese Grundformen auch für >PaPa, Kind (*Baby, PuPa – Bube*), *Amme*/Näheperson, Mensch< (in der Art von >Onkel, Tante<) gebraucht. Genau diese Elemente finden sich auch als grammatische Partikel entsprechend >Anna< *an – nah,* >Amma< *am – ma* (dt. *mein*), >Abba< *auf/ab – bei, von,* >Adda/Atta< lat. *ad*/engl. *at* – lat. *de* = nhd. *zu* usw., praktisch immer in der Ausgangsbedeutung >MaMa/PaPa; Kind; bei, nahe; um – herum; von, her – hin, zu<.

Diese Ausgangsformen werden nun einerseits in Verbindung mit dem kleinkindlichen Gewahren, aber weit mehr über (zunächst vor allem spielerische) Geschichten entwickelt. Es sind diese Geschichten, die dem Kind die >große Welt< in sein zunächst so begrenztes Sehen und Verstehen einbringen. So fantastisch diese Geschichten zunächst auch sind, so haben sie in Wirklichkeit eine höchst bedeutende psychogene Logik. Von dort her reagieren die Kinder auch auf diese Geschichten, und von diesen Reaktionen her wurde dieser Sachverhalt auch mit der Zeit ersichtlich und verstanden. So sehr manche Geschichten auch einfach der Unterhaltung und zum Spiel dienen, so zeigt die ursprüngliche >Mythologie< doch eine ganz klare Struktur in dem Bestand der Geschichten und ihrer Anlage: nämlich als Entsprechung der kindlichen Sprach- und Bewusstseins-Entwicklung. Manche Motive gehören wie etwa der >Osterhase< effektiv auf die Kleinkindstufe – auf einer höheren Stufe haben sie diese Wirkung auf das Bewusstsein nicht mehr. Dieser Sachverhalt konnte für den Aufbau der Mythologie und seines Vokabulariums genutzt werden, insbesondere für die Entwicklung der Komplexität der kulturellen Begriffe.

So konnten aus der wilden Geschichte von der >Ur-Kuh< die Wörter lat. *origo* >Ursprung< oder auch *Organ, Orgasmus* usw. entstehen: >das Leben/die Welt< als ein lebendiger *organischer* Zusammenhang des >Lebens<. Diese Sprache verliert sich nicht in Wörtern und >Gedanken< in Abstraktionen und >Vorstellungen<. Das Konzept der humanevolutionär entwickelten Sprache ist nicht nur überaus patent. Es sichert auch die Überschaubarkeit seiner Sprache und damit ihre grundlegende Allgemeinverständlichkeit wie auch die Grundlagen seiner Kultur. Sämtliche Laut-Wortwurzeln gehen von >Mutter< *im übertragenen Sinn* = der „Mond"-Symbolik aus und entwickeln insgesamt die Reihung *MaMa - Ma – Mond – Mensch – Minne* – (engl.) *mind.* Es geht insgesamt um >Geist, Bewusstsein<, aber nicht bloß im formalen Sinn, sondern im Sinne von >Liebe, Menschsein, Kultur<. Das ist der Sachverhalt, der ursprünglich hinter dem >Animismus< steht. Dies hat nichts mit Magizismus zu tun, der (mangels hinreichenden Verstehens von Sprache) in dieser Form erst ab dem >Ende der Eiszeit<, insbesondere mit dem Neolithikum aufkam. Der ursprüngliche Animismus kümmert sich nicht eigentlich um das >Seelenleben< von Steinen, sondern um sein eigenes Bewusstsein im Umgang mit dem Leben, der Natur und den Verhältnissen.

Das Konzept der etwa sechs Laut-Wortwurzeln verknüpft sich offenbar *im Besonderen* mit einigen zentralen Motiven.

Doch wäre es falsch, diese Motive quasi als „Archetypen" als das Zentrum der Laut-Wortwurzeln zu begreifen. Das Konzept erklärt sich vielmehr dadurch, dass lautlich eine Verbindung von besonders zentralen Erzähl-Motiven zu den kleinkindlichen Lalllauten hergestellt wurde. Damit wurden die Lalllaute in spielerischer Form in Geschichten zwecks Unterhaltung und dann zwecks Ausbildung von Vokabular entwickelt.

# Überblick über die Kern-Symbole der Lautwurzeln zum Zweck für Wortwurzeln

Links die Verschriftung der lautlichen Ausgangsformen, daneben ungefähre Lautform im Deutschen

| ↓ | ↓ | Symbol | Ausgangs-Inhalte |
|---|---|---|---|
| *א | A/Au/Ei | **Au** >Wasser< | - Ur(-sprung), Quelle; Ur = (Lint-)W**ur**m |
| *ʘ | Ma | **Mo**nd – **Mu**tter | - MutterVater, Mensch; Ma$^{h}$l; Minne, *mind* |
| *Λ | La | Sch**La**nge | - Liebe, laben, SchLaf, schlaff, Tod, *unten* |
| *Ћ | Ta, Ti | $^{S}$**Tie**r | - $^{S}$tock (Speer); da – du – sieh! Ziel/en |
| *Γ | Ku | **Ku**h, **Ho**rn | - Bauch/Höhle/Hütte, innen, Geist, Hirn |
| *Φ | Ba/Po | **Vo**llmond/**Vo**gel* | - *power* – voll - ganz, oben, Höhepunkt |

Die Vokalformen sind hier an unsere Wortformen angepasst dargestellt. Sie sind in der ursprachlichen Wurzelform unbestimmt.

* Im Ägyptischen findet sich *Ba* für den >Seelen-Vogel<.

Das Konzept der Laut- und Wortwurzeln mündet in die Stufe der >Jugend-Initiation<. Hier werden die Semantiken und Wortbildungen (wie z.B. *Geist, Bewusstsein, Kultur, Identität* usw.) vermittelt, die erst nach der Geschlechtsreife ihre eigentliche Funktion in der Verhaltenssteuerung erhalten und also erst in diesen Hinsichten verstehbar werden. Auf dieser Stufe liegt erst die eigentliche Sprach-Ebene, die hier auch soweit geschult wird, dass man in sozialer Hinsicht sprachlich vollgültig an der Kommunikation teilnehmen kann, auch wenn sich die Lebens-Erfahrung zunächst natürlich noch in Grenzen hält. Dennoch verknüpft sich mit dieser Stufe nach dem „Drachenkampf“ (s.u.) ein Niveau an kultureller Bildung und Ausbildung seiner Persönlichkeit, das (wie es sich in manchen Alten Kulturen belegt) beachtlich ist. Ich habe diese Stufe entsprechend als >**Master Grade**< bezeichnet.

„Alle Mythen sind, so kann man sagen, ungeachtet ihrer Unterschiedlichkeit darin gleich, dass sie sich auf verblüffende Weise an nahezu identische Muster halten.“ [133]

*Es zeigt sich,* „dass Mythen aus ganz verschiedenen, oft weit voneinander entfernten Kulturkreisen erstaunliche Übereinstimmungen zeigen - eine von den meisten Anthropologen und Religionswissenschaftlern anerkannte Tatsache (Lévi-Straus 1967, Jensen 1951, Eliade 1959, Campbell 1956).“ [134]

„Die Kunst der Anfänge [...] zeigt auf der ganzen Welt ähnliche Merkmale. Man hat angenommen, dass unser direkter Vorfahr nicht nur die Gewohnheit, Kunst zu produzieren, mit sich brachte, sondern auch eine bestimmte Art von Logik. Denn überall ist die Kunst nicht nur in ihrem Stil ähnlich, sondern auch in der Thematik und in der konstanten Assoziation von Ideogrammen und Bilderschriftzeichen, von Symbolen und Figuren, die eine Syntax bilden. Die einzelnen Figuren und Symbole sind die Grammatik, aber eine Sprache ohne Syntax kann man nicht entziffern. Deshalb war es eine visuelle Sprache, die auf der ganzen Welt ähnlich war. Wir finden bebilderte Wände mit den gleichen Bildern und den gleichen Assoziationen in allen Kontinenten. Im späten Pleistozän, das heißt vor

[133] Michael Jordan: Die Mythen der Welt, S. 9

[134] Wolfgang Schmidbauer: Mythos und Psychologie, S. 209

12.000 bis 15.000 Jahren [*d.h. seit dem >Ende der Eiszeit<*] gibt es die ersten großen Unterschiede […].“ [135]

„Dass zahlreiche jüngere Jägerkulturen mit wesentlichen Zügen auf eine gemeinsame alte Wurzelkultur zurückgehen, darf jedenfalls als ausreichend wahrscheinlich gelten, mag im Einzelfall der Nachweis oft schwierig oder noch nicht möglich sein.“ [136]

„Dennoch gibt es erstaunliche Ähnlichkeiten schamanischer Ideen und Praktiken zwischen so weit voneinander entfernten Gegenden wie der Arktis, dem Amazonas und Borneo.“ [137]

„Andererseits muss die menschliche Sprachfähigkeit älter als 40.000 Jahre sein, da die Sprachen Amerikas, der Alten Welt sowie Australiens über Gemeinsamkeiten verfügen, die nicht mehrfach unabhängig voneinander entstanden sein können.“ [138]

„Ein klassisches Beispiel für Einheitlichkeit und geringe Differenzierung sind die *Turksprachen.* Wenn auch die Monotonie der soziologischen Verhältnisse von entscheidendem Einfluss auf diesen sprachlichen Konservatismus sein wird, so ist die andere Bedingung für diese Erscheinung der Nomadismus, der seinerseits den weiten Raum zur Voraussetzung hat.
>In der Horde herrschen die zentripetalen, in den Dörfern die zentrifugalen Kräfte<. Man kann ruhig behaupten, die *Sesshaftigkeit* und die damit verbundene Kulturentwicklung *differenzieren* eine Sprache, der Nomadismus dagegen wirkt *vereinheitlichend.* [… ]. Die schärferen Dialektgrenzen scheinen sich erst durch das Sesshaftwerden herausgebildet zu haben.“ [139]

---

[135] Emmanuel Anati: Höhlenmalerei, S. 401 f.

[136] Karl J. Narr: Ursprung und Frühkulturen, in: Saeculum Weltgeschichte, Band 1, S. 76

[137] Piers Vitebsky: Schamanismus, S. 11

[138] Horst M. Müller: Arbeitsbuch Linguistik, S. 288

[139] Georg Soltz, in: Anton Scherer: Die Urheimat der Indogermanen, S. 340

Die Ausprägung der – lediglich etwa sechs – Laut-Wortwurzeln ist in gewisser Weise zuerst am besten mit der Logik unseres Dezimalsystems zu vergleichen. In dieser Konzeption können auf der Basis von lediglich 10 *Ziffern* beliebig viele *Zahlen* gebildet werden. Natürlich liegt dies hier im Sprachlichen etwas komplizierter. Doch ist es der entscheidende Sachverhalt zu sehen, dass die humanevolutionär entwickelte Sprache ganz offenbar auf dem Spiel mit den Lalllauten nach dem Schema *ama – MaMa = anna – NaNa, aba – BaBa, ada – DaDa, alla – LaLa, aga – GaGa* und *eia (Aya, Io) – EiEi* mit der Kern- und Ausgangsbedeutung >Mutter< aufbaut.

Diese Grundform(en) werden dann durch >Differenzierung< in der Aussprache (Betonung, Laut-Differenzierung in den Vokalen wie in den Konsonanten) zu Differenzierungen im Inhalt verwendet. Hinzu kommt die bei uns immer noch gängige Technik der Zusammensetzung (was auch einen Schlüssel für die etymologische Herkunft unserer Wörter bedeutete, so etwa *MaTa*$^{r}$ >Mutter< = *MaGa* > Magen >Kind< (*Maga – Magd, Mädchen, mac* >Sohn< usw.) = *BaGa* > Bauch, *Bache,* >Kind< (*Page,* dän. *pige* usw.) usw.

Mit diesem genial einfachen System konnte beliebig viel Wortmaterial ausgebildet werden, wie mit unseren 10 Ziffern beliebig viele Zahlen. Die Differenzierungen in Lauten und Bedeutung erfolgen in Verbindung mit der kindlichen Sprach- und Bewusstseins-Entwicklung, im Wesentlichen über Geschichten, die letztlich via Mythologie organisiert sind. Das am >Ende der Eiszeit< entstandene Problem, dass die Wörter zum Verwechseln ähnlich waren, war aber zuvor genau der entscheidende Sachverhalt: es blieben dabei immer die Ausgangsformen und der grundlegende Aufbau assoziiert und deutlich, so etwa in der Reihung *Ma – Mutter Mond – Mensch – Minne – mind* >Geist, Bewusstsein; Kultur<. Man lernte in dieser Sprache nicht auf die „Wörter" hören, sondern auf das, was **hinter den Lauten** stand: auf sein >Bewusstsein< und das, was die Anderen einem mitteilten. Erst das ist Sprach-Beherrschung.

Die Entwicklung einer Laut-Wortwurzel am Beispiel von *M - *ama – MaMa*

(von *unten* her zu verstehen)

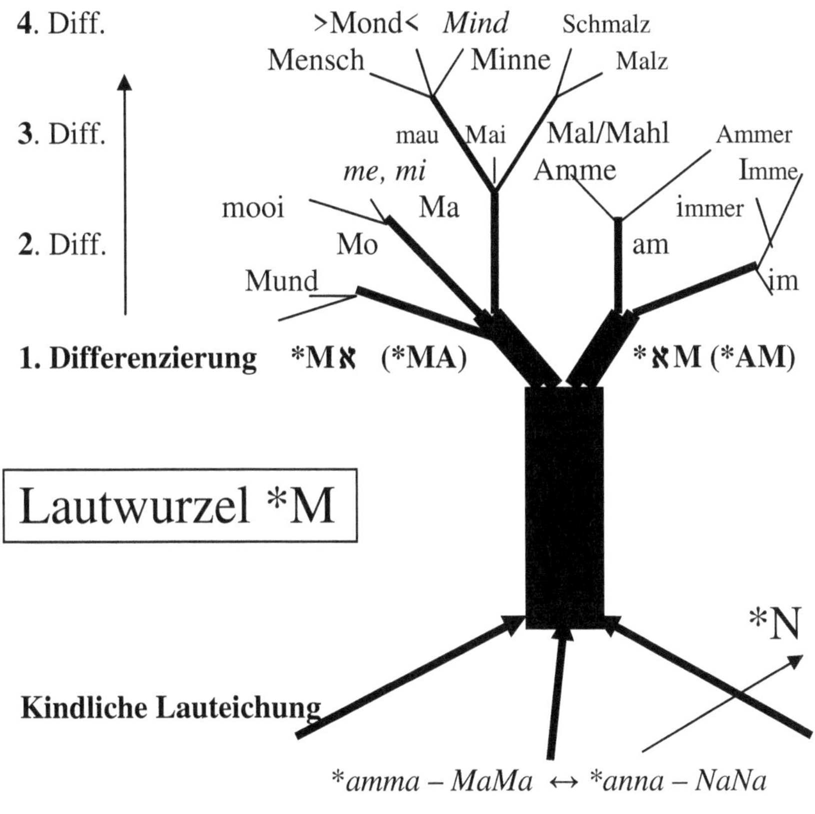


Lautformen **m* >lecker< *öm* *nanu, nee*

Lallformen *a-ma* *ma-ma-ma-ma* *na-na*

Weitere Aspekte und Formen der ursprachlichen Technik der Wort- und semantischen Entwicklung sollen hier im Beispiel an dem Gesamtbestand der Wortwurzel *Mא wie *Ma, MaMa* gezeigt werden, die hier genau wie ihre **direkte** Parallele *Nא wie *NaNa* = 9 (- *Monate*) für >schwanger<, *nah, neu (novo – Nabel)* usw. in *unseren* Sprachbestand noch besonders prototypisch liegt. Es handelt sich hier um das Inhaltsverzeichnis **aller** der Wurzel *Mא etymologisch zuzuordnenden **deutschen mit M beginnenden Wörter**.[140] Andere Sprachen und Mythologien sind hierbei ohne Anspruch (und Möglichkeit) auf >Vollständigkeit< einbezogen. Es lassen sich jedoch nicht sämtliche in Erscheinung getretenen Bereiche gut bzw. einfach mit deutschen Wörtern repräsentieren, weswegen ich an manchen Stellen bekanntere anderssprachliche Wörter (unkursiv) beigefügt habe.

## Beispiel: Der Aufbau des Wortmaterials unter der Wurzel *Mא wie *Ma*

einfache Beispiele (*im Deutschen*)

### M.3 Die Wortwurzel *Mא

| | |
|---|---|
| M.3.0.1 Laut-Formen und abgeleitete Wörter | *mähen, murren, murmeln* |
| M.3.0.3 Grammatische Elemente | engl. me, frz. ma – *mein, mit* |

**M.3.1 Die *Ur-Mutter - Mond*-Symbolik**

| | |
|---|---|
| M.3.1.1 Wörter für >Mond< | *Mai,* indisch mah >Mond< |

[140] auf der Basis der Wortliste des >Etymologischen Wörterbuch des Deutschen<, näher und weiter ausgeführt in meinem Werk Cûl Tura Band II

| | |
|---|---|
| M.3.1.2 Tier-Wörter und -Mythologien | *Meise, Motte, Schmetterling* |
| M.3.1.3 Wasser - Meer – Quelle - Fluss | *Meer,* Flüsse *Ammer, Jümme* |
| M.3.1.4 Die >Mutter-*Erde*<-Symbolik | *Moor, Modder,* frz. monde |
| M.3.1.5 >Werden und Vergehen< | *mausern, mutieren; vermodern* |
| M.3.1.5.1 >klein< | *mini, mau, Meise* >klein<; *Memme* |
| M.3.1.5.2 >groß< | *maxi-,* engl. much |
| M.3.1.5.3 >Null – Minus; schlecht, krank< | frz. mal, *miss-, Minus; Misere* |
| M.3.1.5.4 >sterben; Tod< | *matt, Mähr, Mord, morbid* |

## M.3.2 >Mutter< *MaMa, Mutter*

| | |
|---|---|
| M.3.2.1 >machen, mehren< | *Gemächte,* engl. to marry |
| M.3.2.1.1 MAKO >Kind< # | *Magen: Magd, Maid,* mac |
| M.3.2.2 >Maul – melden; singen – sprechen< | *Melodie* |
| M.3.2.3 >Brust, Mahl, Milch, munden< | *Mehl, Malz, mögen, schmecken* |
| M.3.2.4 >Heim, Heimat, Haus< | frz. mas, maison, *Mauer* |

## M.3.3 Die *Master Grade*-Stufe

| | |
|---|---|
| M.3.3.1 >Maß, Mitte, Moral< | *Maß, Meter, Mitte, Moral* |
| M.3.3.2 >Mensch, Menschheit< | *Mensch, man, Menge* |
| M.3.3.2.1 MANO >Mann< # | *Mann (mas-culin)* |
| M.3.3.2.2 Die mesolith. Symb. >Stamm, Volk< | *Menge,* lat. mille, *Militär* |
| M.3.3.3 Die Initiations-Symbolik | *Minne, Minotaurus, Mine* (Höhle) |
| M.3.3.4 *mind* >Bewusstsein< | engl. mind, *meinen, mental, Mut/Gemüt* |

# Bei den mit Großbuchstaben geschrieben Wörtern werden Theorien von >Urwörtern< mit Wortlisten aufgenommen und besprochen, auch wenn ich eine modifizierte Einschätzung dazu vertrete

## 5.4.1 Die Mond-Symbolik

*„Der Mond-Kult* [richtig: die Mond-**Mythologie**] *ist über die ganze Erde verbreitet.“* [141]

Ich möchte hier in einem kleinen Überblick einen Anhalt für meine Thesen bieten, dass die humanevolutionär entwickelte Mythologie = Sprache weltweit bestanden und hierbei auch grundlegend mit >Mond< verbunden war.

Es ist zu beachten, dass es humanevolutionär hierbei um *Bilder* und *Geschichten* für die Kinder ging und nicht um den Mond an sich. Es gab entsprechend auch keine geschlechtlich feste Aufteilung auf >*die* Sonne< und >*den* Mond< - das kam erst mit dem Geschlechts-Rollen-Denken am >Ende der Eiszeit< im Mesolithikum auf, und noch weniger wurden diese *Erzähl-Figuren* ursprünglich als >Götter< begriffen – dies entstand erst mit dem Neolithikum. Insgesamt bietet sich eine Reihe an Hinweisen, den ethnologischen Überlieferungsbestand zeitlich und kulturell zuzuordnen.

Der ursprünglichen Mythologie entsprechen – in Momenten - *in etwa* u.a.:

> „Den [indianischen] Tukano zufolge existierten anfangs nur Page Abe, die Sonne, und Nyami Abe, der Mond (oder die Nachtsonne).“ [142]

*Insgesamt heißt es über die südamerikanische Mythologie:*

> „In den Schöpfungsgeschichten geht es meist um Sonne und Mond sowie um den Aufstieg des Menschengeschlechts aus der Unterwelt.“ [143]

---

[141] Friedrich Heiler: Erscheinungsform und Wesen der Religion, S. 56
[142] D. M. Jones & B. L. Molynaux: Die Mythologie der Neuen Welt, S. 216
[143] D. M. Jones & B. L. Molynaux: Die Mythologie der Neuen Welt, S. 176

1. Amangamek makdopannek
*Die großen Fische die zahlreichen*

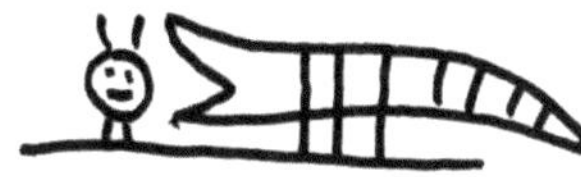

alendyuwek metsipannek
*einige fraßen sie*

2. Manitodasin mokol
*Die Mondfrau mit dem Boot*

witcemap >palpal!<
*sie half >komm!<*

*payat payat* wemitcemap
*sie kam sie kam half allen.*

3. Nanabuc nanabuc
*Nanabusch Nanabusch*

wemimokom wimimokom
*ist der Großvater aller der Großvater der Wesen*

linnimokom tulamokom
*der Großvater der Menschen der Großvater des Schildkrötenstamms.*

Interpretation: (Als die große Flut hereingebrochen war,) fraßen große Fische (die Menschen) auf. Aber die Mondfrau rettete die Menschen und nahm sie in ihr Boot. Nanabuc (>das große Kaninchen<) ist der Ahnherr und Kulturbringer (*culture hero)* der Algonkin-Indianer.

Nachzeichnung und Text nach: Harald Haarmann: Universalgeschichte der Schrift, S. 42

*Anfang der Stammeschronik (>Walam Olam<) der Delawaren*
*Hier geht die Sintflut aufgrund ihrer Bedeutung (bei der Besiedlung von Amerika) in die Schöpfungs-Mythologie ein. Auch* Nanabuc *ist vom Wort her und als >Hase< als Mond-Symbolik zu deuten (s. hier auch → S. 280)*

„**Tecciztécatl**, der legendäre >Alte Mondgott< Mesoamerikas, hatte sowohl eine männliche wie auch eine weibliche Erscheinungsform. Er war Fruchtbarkeitsgott und wurde in seiner männlichen Form als alter Mann dargestellt, der eine große, weiße Muschel – Symbol des Mondes – auf dem Rücken trägt.“ [144]

„**Wadd** war ein Mondgott, der in einigen Teilen Südarabiens zwischen dem 5. und dem 2. Jahrhundert v. Chr. verehrt wurde. Sein Name bedeutet >Liebe< oder >Freundschaft<, und sein heiliges Tier ist die Schlange.“ [145]

„**Sin** ist der sumerisch-babylonische Mondgott [...] geboren wurde er in der Unterwelt. Seine Gemahlin ist Ningal, die >Große Herrin<. Meist wird er, den man >Glänzendes Boot des Himmels< nennt, als alter Mann mit blauem Bart abgebildet. Jeden Abend steigt er in seine Barke, eine mit den Enden nach oben weisende Mondsichel und segelt über die Himmel.“ [146]

[Man beachte, dass er nicht nur in dem Mondsichel-Boot fährt, sondern dieses eigentlich auch *ist*]

Bei den Inuit (Eskimos): „Oberhalb der Welt der Menschen liegen die Mondstätten. Dorthin kommen viele Tote.“ [147]

Als *ein* originäres Motiv der ursprünglichen Mythologie kann folgender Beleg aus Sibirien gelten:

> „Die Seelen der Ahnen steigen nach einiger Zeit zum Mond empor, dann können sie noch einmal auf der Erde geboren werden. Denn der Mond bringt die Seelen der Kinder zu den Frauen, wenn sie Mütter werden.“ [148]

---

[144] D. M. Jones & B. L. Molynaux: Die Mythologie der Neuen Welt, S. 134
[145] Rachel Storm: Die Enzyklopädie der östlichen Mythologie, S. 82
[146] Rachel Storm: Die Enzyklopädie der östlichen Mythologie, S. 72 f.
[147] Hans-Jürg Braun: Das Jenseits, S. 77
[148] Helma Marx: Das Buch der Mythen, S. 388

# Die Mond-Symbolik unter der Laut-Wurzel *ʘ = *M/N

Entsprechend ihrer Stellung findet sich die Mond- oder Ur-MutterVater-Symbolik unter *sämtlichen* Grund-Wort-Wurzeln (*Io, Luna - Ulu/Lilit – Eule* usw.). Hier soll jedoch allein die Laut-Wortwurzel *ʘ = *M/N mit ihren vier Variationsformen (*M und *N jeweils an- und ablautend) aufgenommen werden.

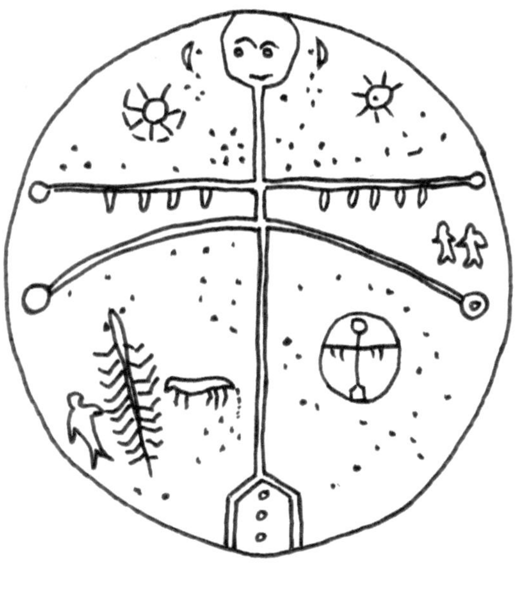

Nachzeichnung: „Trommel der Abakantataren“, nach: Hans Findeisen & Heino Gehrts: Die Schamanen, S. 123

*N א wie z.B. *na*$^{h}$, *neu, nee* :

zu *NaNa - neun - neu – novus – Nabel* s. auch → S. 280

Nana- Akan (Ghana) der >große Ahn< [149]

Nanna der sumerische Mondgott, besonders in Ur verehrt

Nandi der >milchweiße Stier< in der indischen Mythologie, der die „vier Ecken der Welt bewacht“ [150]

Nana die „Tochter eines Flussgottes“ und Mutter des Attis in der Attis-Kybele-Mythologie [151]

Nanna Gattin des altnordischen Gottes Baldr (der mit >Sonne< verbunden erscheint)

Ninni auch für ***Inanna***[152] [insofern auch *I-Nanna*],[153] der mesopotamischen Hauptgöttin

*Hába* **Ninu***lan*g die >Ur-Mutter< bei den Kogi-Indianern in den Nordanden [154] [*hába* >Mutter<]

Nene die erste Frau der Azteken [155]

Nanih Waiya der Hügel in Mississippi, USA, an dem die Choctaw und die mit ihnen verwandten Stämme der Erde entstiegen seien [156]

Nana*huatzin* „war der Gott aller Zwillingspaare und aller -Behinderten. In der aztekischen Schöpfungsgeschichte spielte er eine bedeutende Rolle.“ [157]

Nana die „Göttin der Liebe“ bei den afrik. Yoruba [158] =

Náná Búùkún „ist das Mutterprinzip im Kultkomplex von *Sònpònná* [der afrikanischen Yoruba…]. Auch sie ist die Erde, ist der Erde magische Potenz, die die Heilkunst durchpulst. Sie ist als Tier auch die Hyäne und somit dem Tod verwandt,

[149] John S. Pobee: Grundlinien einer afrikanischen Theologie, S. 91
[150] Rachel Storm: Die Enzyklopädie der östlichen Mythologie, S. 144
[151] Rachel Storm: Die Enzyklopädie der östlichen Mythologie, S. 15
[152] J. van Dijk: Sumerische Religion, in; Asmussen & Læssøe: Handbuch der Religionsgeschichte, Band I, S. 447
[153] insofern tatsächlich >Mond<-„Göttin“, vgl. dazu: Elisabeth Hämmerling: (Titel) Mondgöttin Inanna
[154] Geraldo Reichel-Dolmatoff: Das schamanische Universum, S. 39
[155] D. M. Jones & B. L. Molynaux: Die Mythologie der Neuen Welt, S. 126
[156] D. M. Jones & B. L. Molynaux: Die Mythologie der Neuen Welt, S. 56
[157] D. M. Jones & B. L. Molynaux: Die Mythologie der Neuen Welt, S. 126
[158] Joachim-Ernst Berendt: Nada Brahma – Die Welt ist Klang, S. 226

| | |
|---|---|
| | sie ist die den Tod ausschickende und ewig hungrige Erde, die die Leichen frisst und in ein neues Leben umsetzt.“ [159] |
| Nanabush | nordamerikanische Figur, die den Menschen schuf [160] [auch ***Manabush***; einige Merkmale einer ursprünglichen Mond-Symbolik] |
| nona | - deutsch ***neun*** **(9 Monde für >schwanger<**!) |
| nanus | lat. >Zwerg< (aus dem Griechischen), heute bedeutsam in ***Nano***- |
| nene | spanisch >Baby< |
| nana | spanisch >Gutenachtlied< |
| niño | spanisch >Kind< |
| **Ninne** | deutsch >Wiege< |
| **Nonne** | von kirchenlat. *nonna* mit der ältesten Bedeutung >Amme< (Duden 7, *Nonne*) |
| nanny | engl. >Kinderfrau, Kindermädchen< |

## mit + *Γא wie *Ku^h/co/ki/Gä* >Leben, Erde <:

| | |
|---|---|
| *Heng*-**ngo** | chinesisch: die Mutter der Monde, Mondgöttin [161] |
| Ngai | „Himmelsgott“ der afrik. Massai, schickt den Menschen den Regen und die Gewitter [162] |
| NGA | „gilt bei den samojedischen Jurak Sibiriens als Herr der Hölle und des Todes.“ [163] |
| Nangai | Gott der afrikanischen Mutwa-Stämme [164] |
| Nungui | die Erdgöttin der südamerik. Jiraro, die den Menschen die Maniokknollen schenkte [165] |
| naga | indisch >Schlange< = anguis lat. >Schlange< = |

[159] Gert Chesi: *Susanne Wenger* – Ein Leben mit den Göttern, S. 168
[160] D. M. Jones & B. L. Molynaux: Die Mythologie der Neuen Welt, S. 55 f.
[161] Helma Marx: Das Buch der Mythen, S. 329
[162] Helma Marx: Das Buch der Mythen, S. 422
[163] Rachel Storm: Die Enzyklopädie der östlichen Mythologie, S. 216
[164] Helma Marx: Das Buch der Mythen, S. 468
[165] Helma Marx: Das Buch der Mythen, S. 531

litauisch *angis*$^{\lambda}$ = früher deutsch ***Unke***

Enki einer der drei sumerischen „Hauptgötter“,[166] „Gott“ der >Wasser-Fruchtbarkeit<, entsprechend mit zwei Flüssen, auch als „Ziegenfisch“ dargestellt (vorne Ziege, hinten Fisch)

## * א N wie z.B. *an, Ahn* :

| | |
|---|---|
| *an(ɘ) | **indoeuropäisch** >atmen, hauchen<, gilt als Ursprung von *Odem, Atmen* |
| anne | türkisch >Mutter< |
| **an** | |
| an = **Ahn** | mittelhochdeutsch *an*(e) (EWD, *ahnden*) |
| anus | lat. >Greisin, Alte, alte Frau<, >alt, bejahrt< |
| | |
| An | sumerisch >Himmel<, personifiziert (ein) >Gott< |
| ***ur**anos* | griech. >Himmel<, personifiziert (ein) >Gott< |
| Anat | phönizische und kanaanäische Göttin (eine gewisse Parallele zu Inanna/Ischtar) |
| Inanna | sumerische Göttin [*In.Ana* >Herrin des Himmels<] |
| *Di*ana | lat. „Mondgöttin“ [***de* + *ana*; vgl. *TeTe-Ana* >] |
| *Teteo*innan | mexikanische „Mondgöttin“ und „Göttermutter“ [167] |
| Hannahanna | „war die Große Mutter der Hethiter und die Göttin der Geburt.“ [168] [***ana-ana*] |
| *J*anus | lat. „Gott“ des Anfangs und des Endes |
| | |
| ånd | dänisch >Geist, Gespenst< |
| oni | japanisch (Kun-Lesung) >Seele eines Verstorbenen, böser Geist< [169] |

---

[166] Mircea Eliade: Geschichte der religiösen Ideen, Band 1, S. 63

[167] Friedrich Heiler: Erscheinungsformen und Wesen der Religion, S. 56

[168] Rachel Storm: Die Enzyklopädie der östlichen Mythologie, S. 37

[169] Hadamitzky: Langenscheidts Handbuch und Lexikon der Japanischen Schrift, S. 283, Nr. 1523

anima lateinisch: >Lufthauch, Wind, Luft (als Element), Atem, Seele, Leben, Herz, Geist ...<, als Plural auch: >Seelen der Verstorbenen< (Stowasser)

animus lateinisch: >Seele, Geist, Denkkraft, Gedächtnis, Bewusstsein, Gefühl, Stimmung, Charakter, Mut, Verlangen, Leidenschaft, Trotz, Unmut ...<

**in, innen**

## *אM wie z.B. *am* :

am >Mutter< bei den sibirischen Jenesseiern (Keten) [170]

Am „der gute Gott“ der südamerikanischen Puruha-, Mantra-, und Huancavelica-Stämme [171]

ama sumerisch >Mutter< $^{\Sigma}$146 vgl. Deutsch ***Amme***

amma altisländ. >Großmutter< (vgl. unser *Oma*)

amë albanisch >Mutter; Quelle, Flussbett< [α]

Amm vorislamischer „Mondgott“ Südarabiens [172]

em אמ hebräisch >Mutter< = assyrisch *ummu* [א]

Amana die „Urmutter“ der südamerikanischen Kalina [173]

Uma indische „nicht-vedische Muttergottheit“ [174]

Umai „ist die Große Mutter in der Mythologie der sibirischen Turkvölker […] Sie verhilft kinderlosen Paaren zu Nachwuchs und ist die Patronin aller Neugeborenen.“ [175]

Omam „ist der Schöpfergott der Yanomami [Südamerika], eine wohlwollende Gottheit, welche die Erde, den Himmel, Sonne und Mond, die Menschen sowie alle Tiere und Pflanzen geschaffen hat.“ [176]

---

[170] RelMen 3: I. Paulson: Die Religion der nordasiatischen Völker, S. 44

[171] Helma Marx: Das Buch der Mythen, S. 520

[172] Rachel Storm: Die Enzyklopädie, S. 18, s. unter „Anbay“

[173] Helma Marx: Das Buch der Mythen, S. 527

[174] Eckard Schleberger: Die indische Götterwelt, S.114

[175] Rachel Storm: Die Enzyklopädie der östlichen Mythologie, S. 235

[176] D M. Jones & B. L. Molynaux: Die Mythologie der Neuen Welt, S. 209

Omouna „erschuf die Erde und alle Lebewesen“ in der<br>Mythologie der südamerikan. Waika-Stämme [177]

Omara der „erste Mensch“ der afrik. Schilluk, „er ist vom<br>Götterhimmel auf die Erde herabgekommen“ [178]

Amaterasu die japanische „Sonnengöttin“

Amaltheia Nymphe oder Ziege auf Kreta, die den Zeus nährte

Amma „Schöpfergott“ der afrikanischen Dogon [179]

Amon altägyptischer Gott, „mit Zeus gleichgesetzt“ [ℵ]

*Amalivaca* „Gott“ der südamerik. Guayana-Stämme, „der mit<br>seinem Bruder *Votchi* die Erde und den<br>Orinoko und dann die Menschen schuf [180]

Yama indisch „der erste Mensch“, „Totengott“

Yomi japanischer Begriff für die >Unterwelt< [181]

*Tsuki**yomi*** japanischer „Mondgott“ [182]

Yama Japan: >heilige Berge<, „die den Himmelspfosten<br>bzw. die Weltachse als >Mitte der Welt< und<br>Zentrum der vier Himmelsrichtungen<br>symbolisieren“ [183]

jam hebräisch >Meer<, akkadisch *tiamtu, tamtu* ($^{\Sigma}$163),<br>so: (vgl. dt. Flüsse *Ammer, Jümme*)

Jamm der altsyrische >Meer- und Wasser-Gott“ [184] und:

*Ti*ama*t* babylon. „Göttin“ und „Ur-Drache“, das „Ur-Meer“

---

[177] Helma Marx: Das Buch der Mythen, S. 528

[178] Helma Marx: Das Buch der Mythen, S. 426

[179] Marcel Griaule: Schwarze Genesis, S. 26

[180] Helma Marx: Das Buch der Mythen, S. 527

[181] Harenberg Lexikon der Religionen, S. 836

[182] Harenberg Lexikon der Religionen, S. 845

[183] Harenberg Lexikon der Religionen, S. 834

[184] RelMen 10,2: Hartmut Gese: Die Religionen Altsyriens, S. 134

| | |
|---|---|
| Ma | „die große Göttermutter“ der afrikanischen Pygmäen [185] und Mutwa-Stämme [186] |
| ma | altindisch >Mutter< [187] |
| | |
| In**mar** | „oberster Himmelsgott“ der Finnen [188] |
| ma | >Mutter< in *Ma Gä* griech. >Mutter Erde< [189] |
| mah | altindisch >Mond< [190] |
| mah | upers. >Mond, Monat< [191] |
| | |
| Maia | „Bei Homer wird sie […] einmal als Mutter des Hermes erwähnt.“ [192] *Arma* >Mond/gott< der Hethiter [193] |
| Mayim | „höchster Gott“ der sibirischen Jenessei-Tungusen, aus *ma* >geben< + *in* >Leben< [194] (> *אN) |
| Main | „der mythische Held der sibirischen Evenk.“ [195] Er jagt den Elch, der die Sonne aufspießt, wodurch es dunkel wird, und bringt die Sonne zurück. |
| Mahu | bei den afrik. Fon der weibliche Teil des „göttlichen Urzwillingspaares“. „*Mahu* ist die weibliche Urkraft, aus der alles Leben geboren wird. Sie herrscht über die Erde, den Mond und die Fruchtbarkeit.“ [196] |
| Muu | der „Geist der Gebärmutter“ der Kuna in Panama [197] |
| Mumuu | bei den australischen Ngarinyin der >heiliger Name für die Urmutter Jillinya< [198] |

---

185 Helma Marx: Das Buch der Mythen, S. 447
186 Helma Marx: Das Buch der Mythen, S. 465
187 Etymologisches Wörterbuch des Deutschen, *Mutter*, S. 903
188 Helma Marx: Das Buch der Mythen, S. 222
189 Etymologisches Wörterbuch des Deutschen, *Mutter*, S. 903
190 Etymologisches Wörterbuch des Deutschen, *Mond*, S. 885 f.
191 Julius Pokorny: Indogermanisches Etymologisches Wörterbuch, S. 731
192 Der Neue Pauly, Band 7, *Maia,* 707
193 in: Asmussen & Læssøe: Handbuch der Religionsgeschichte II, S. 14
194 RelMen 3: I. Paulson: Die Religionen der nordasiatischen Völker, S. 40
195 Rachel Storm: Die Enzyklopädie der östlichen Mythologie, S. 210
196 Helma Marx: Das Buch der Mythen, S. 439 f.
197 Piers Vitebsky: Schamanismus, S. 158
198 Jeff Doring: Gwion Gwion, S. 328

Moma — der „Urvater“ der südamerikanischen Vitoto-Stämmen. „Er wohnte auf dem Mond, doch dort wurde er getötet, jetzt lebt er in der Unterwelt. Er ist der Herr der Toten.“ [199]

Moan — mythol. Vogel der Maya, der bei der Wiedergeburt half [200]

mohan/a — zentrale männliche und weibliche Figur/Geister von Indianern in Kolumbien [201]

Moyang — „Titel“ zweier Ur-Figuren der Ma-Betisek in Malaysia *Moyang Mellur* lebt auf dem Mond und besitzt die Regeln der Kultur, während *Moyang Kapir* dafür sorgt, dass die Menschen diese erhalten. [202]

Manas — ind. der „Geist“, „aus dem der Mond geschaffen“ [203]

Manitu — „Begriff aus dem [indian.] Algonkin, der hauptsächlich von den Ojibwa benutzt wird. Diese bezeichnen damit das mächtigste geistige Wesen und die alles durchdringende spirituelle Kraft, über die es verfügt. Diese Form der Personifizierung des Großen Geistes […].“ [204]

Manito*dasin* — die >Mondfrau< der Delawaren (Algonkin) [205]

Monan — Schöpfergott des südamerik. Tupinambá-Stammes [206]

Manaman [207], Manannán [208] — „Seegott“ in der irischen Mythologie

Manat — vorislamische nordarabische „Göttin“, wird mit dem „Abendstern“ wie mit dem Todesgeschick in Verbindung gebracht [209]

manes — lat.: >Seelen der Verstorbenen; Unterwelt<

---

[199] Helma Marx: Das Buch der Mythen, S. 532

[200] P. Arnold: Das Totenbuch der Maya, S. 95 ff., s. Abbildung S. 64 II, 96

[201] Franz Xaver Faust: Totgeschwiegene indianische Welten, S. 141 ff.

[202] Rachel Storm: Die Enzyklopädie der östlichen Mythologie, S. 213

[203] Harenberg Lexikon der Religionen, S. 560

[204] D. M. Jones & B. L. Molynaux: Die Mythologie der Neuen Welt, S. 49

[205] Aus der Stammeschronik der Delawaren, nach: Harald Haarmann: Universalgeschichte der Schrift, S. 42

[206] D. M. Jones & B. L. Molynaux: Die Mythologie der Neuen Welt, S. 207

[207] Sylvia und Paul F. Botheroyd: Lexikon der keltischen Mythol., S. 272 f.

[208] Françoise Le Roux-Guyonware’H, in: Asmussen & Læssøe: Handbuch der Religionsgeschichte I, S. 257

[209] RelMen 10/2: Maria Höfner: Die vorislamischen Religionen Arabiens, S. 361 f., zu den Schreibformen von Manat MNT, MNH und MNWT S. 377

| | |
|---|---|
| Manu | Urmensch und Gesetzgeber der ind. Mythologie |
| Mannus | lat. für *man*, „der Urmensch nach german. Sage“ |
| **Mond** | |
| monde | franz. >Welt<, von |
| mundus | lat. >Toilettensachen der *Frau*[!]; Weltall, Welt, Erde, Himmel, Menschheit< |
| | |
| Manasâ | die „Kobragöttin“ in Indien [210] |
| Men | „phrygischer Mondgott, Herrscher über Himmel und Unterwelt, mit dem Beinamen Tyrannos oder >Meister<. Er war für das Gedeihen von Pflanzen und Tieren verantwortlich.“ [211] |
| Men | „der >Mond<, die >Weise< oder der >Adler<, war der 15. der 20 Tage des Maya-Monats. Er war mit einer alten Mondgöttin assoziiert, der Patronin des Webens. Bei der Azteken hieß dieser Tag Cuauhtli, bei den Zapoteken Naa.“ [212] [***Na*** > *NaNa*! s.o.] |
| Men Shen | „zwei chinesische Götter, die über Eingänge und Tore wachen. Einer von ihnen wird gewöhnlich mit rotem oder schwarzen, der anderen mit weißem Gesicht dargestellt.“ [213] [vgl. *Sin/Schin* semitische Bezeichnung für den „Mond“-Gott ש sowie deutschen >Scheinen< und >Sonne<] |
| | |
| Min | ägyptischer >Gott der Liebe< |
| **mein** | |
| **Minne** | |

usw.

---

[210] Hans Biedermann: Knaurs Lexikon der Symbole, S. 385
[211] Rachel Storm: Die Enzyklopädie der östlichen Mythologie, S. 52
[212] D. M. Jones & B. L. Molynaux: Die Mythologie der Neuen Welt, S. 123
[213] Rachel Storm: Die Enzyklopädie der östlichen Mythologie, S. 212

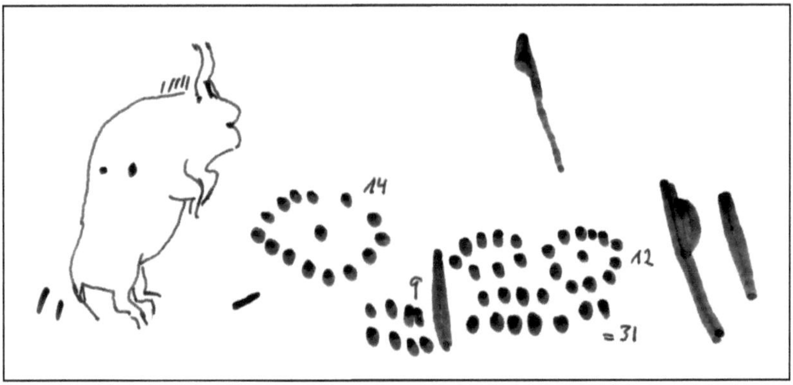


Dieses Szenario aus der Eiszeit-Höhle von Niaux (F) belegt Verschiedenes: der Bezug von Zeichen zu Zähl-Systemen, wobei die Zahlen-Angaben auf den Monats-Zyklus (14 = Vollmond – Neumond; 12 = Jahr) in Zeit wie auf Menstruation und Schwangerschaft (= 9, s. auch S. 279 f.) verweisen. Auch hier findet sich die „STier"-Symbolik (vgl. hier S. 275, 279). Bei dieser Bison-Darstellung ist der Code-Charakter unzweifelhaft.

Nachzeichnung aus: Emmanuel Anati: Höhlenmalerei, S. 400
Der Zusatz der Zahlen stammt von mir (CWR)

# Die humanevolutionäre Stufe II

## Die Ausprägung von Kultur und von Persönlichkeit

*„Aus dieser Perspektive betrachtet, erweist sich also die Fähigkeit von Menschen, bewusst zu handeln, sich ihrer selbst bewusst zu werden, ihr Bewusstsein zu schärfen und zu erweitern, als eine Kulturleistung.“* [214]

*„Unser Gehirn ist also ein soziales Produkt und als solches für die Gestaltung von sozialen Beziehungen optimiert. Es ist ein Sozialorgan. Erst in einer derartigen entwicklungsbezogenen Perspektive bekommt man in den Blick, dass menschliche Gehirne Organe sind, die ausschließlich in einem Netzwerk von anderen Gehirnen überlebens- und entwicklungsfähig sind.“* (ebd. S. 44)

*„Dieser >stumme< Hirnteil* [der Präfrontale Kortex], *der uns einige Milliarden Nervenzellen zu beliebiger Verfügung stellt, ist der materielle Grund für die unerschöpfliche Vielfalt menschlicher Verhaltensmöglichkeiten.“* [215]

---

[214] Gerald Hüther: Was wir sind und was wir sein könnten, S. 141
[215] Hoimar von Ditfurth, Der Geist fiel nicht vom Himmel, S. 254

**Der zentrale Sachverhalt der humanevolutionären Entwicklung ist die Aneignung der genetischen Verhaltenssteuerung zur Fähigkeit zur Selbststeuerung [216] seines Sozialverhaltens und seiner Sozialverhältnisse in gemeinschaftlicher Kommunikation zwecks eines fähigen Soziallebens. Mit dieser Aneignung =** ***der Evolution von >Kultur<*** **verknüpft sich die Transformation vom >Tier< zum >Menschen<.**

Diese Aneignung der zuvor genetischen Verhaltenssteuerung der Zwischenhirn-Ebene war in dieser Entwicklung mit einer außerordentlich hohen biologischen Mauer konfrontiert. Denn die um die Großhirn-Intelligenz erweiterte Verhaltenssteuerung durch das Zwischenhirn war schon das hoch komplexe Resultat der gesamten bisherigen Evolution.

Die besondere Größe der Großhirn-Entwicklung mit ihrer technologischen Intelligenz und Sprache unter den Hominiden hatte das Potential für die humanevolutionäre Entwicklung angelegt. Ohne diese Voraussetzungen wäre die humanevolutionäre Entwicklung nicht möglich gewesen. Dennoch bedeutet die humanevolutionäre Entwicklung einen substanziellen **Umbau** in dem **Verhältnis von Großhirn und Zwischenhirn** mit genetisch-neurologischen Konsequenzen in der Gehirnanlage. Vor allem bei dem etwa vergleichbar großen Gehirn des Neandertalers wird dies an der Form ersichtlich: der Umbau des Gehirns verlagert sich von dem hinteren Bereich zugunsten des Ausbaus in den vorderen Bereich, der nämlich mit der Verhaltenssteuerung verbunden ist. Äußerlich wird dies evolutionär an der Aufrichtung der Stirn ersichtlich. (Die Rückbildung im hinteren Gehirnbereich dürfte sich dadurch erklären, dass es aufgrund einer höheren Umwelt-Souveränität *aufgrund produktiver Sozialverhältnisse* nicht mehr so stark der optischen Wahrnehmung und Aufmerksamkeit bedurfte).

Im Ursprünglichen bedeutete die Evolution des Großhirn-Bereichs bis zur Humanevolution eine Erweiterung der Zwi-

[216] Einige Gesichtspunkte dazu enthält das neuere Buch >Selbststeuerung< von Joachim Bauer.

schenhirn-Anlage um die Lern-Entwicklungen in der Kindheit. Dieses Verhältnis wird nun umgekehrt. In der humanevolutionären Entwicklung verknüpfen sich das Leben und das Lernen nicht mehr *primär* mit Technischem und Handfertigkeiten. Vielmehr werden über die Spiele und die Geschichten die Personen, das Personale und das Soziale zum *Primat*. So erhalten die vom Großhirn-Bereich ermöglichten Lern-Entwicklungen nun auch Steuerungs-Funktionen für den Zwischenhirn-Bereich, bis hin zu dem evolutionären Resultat der Aneignung der genetischen Verhaltens-Steuerung (in den *evolutionär entscheidenden* Sachverhalten). Dies ist, wie gesagt, der zentrale Inhalt der Humanevolution mit ihrem Resultat unserer Art Homo sapiens. Durch diesen Sachverhalt wird der >Mensch< genetisch zum >Subjekt< = zum >kulturalen Wesen<.

Es ist also die substanziell neue Ausrichtung der Lern-Entwicklung, in der in der damit verbundenen neuen Nutzung des Großhirn-Bereichs der >Mensch< die entscheidende Hoheit über seine Zwischenhirn-Anlage erreicht. Dies war evolutionär nur infolge der Großhirn-Größe und durch Sprache möglich, wie es unter der Hominiden-Evolution entwickelt worden war. Doch unter diesen gegebenen Voraussetzungen konnte die humanevolutionäre Entwicklung nur durch eine substanziell neue Ausrichtung des Denkens, der Sprache und der Lern-Entwicklung entstehen. Nur durch die Evolution von Kultur als dem Primat des Gebrauchs von Sprache für Kommunikation und soziokulturelle Kognition wurde der Mensch zum Subjekt seiner Zwischenhirn-Anlage.

Freilich waren die über die Hominiden hinausgehenden Entwicklungen an kulturellem Spiel und einer nun kulturell fundierten Sprach-Entwicklung noch lange nicht dazu befähigt, diese biologische Mauer zu überwinden.
Alle die zunächst mit der Evolution der Kindheit verbundenen Entwicklungen änderten insgesamt noch gar nichts an der Arbeitsform der neurologischen Großhirn-Anlage. Wohl bedeuteten die neuen Entwicklungen auf der ersten Stufe der Humanevolution Veränderungen infolge ihrer Wirkungen in der Sozialisations-Prägung. Doch letztlich verblieb man auch hier

noch unter dem bisherigen Gesetz der Gehirn-Anlage, das eine Verhaltens-Freiheit zwecks Erfahrungs-Erwerbs *nur* im Rahmen der Kindheit ermöglichte. Der erreichte Stand wurde dann mit der Geschlechtsreife neurologisch fixiert (>myelinisiert<). Damit war mit dem inzwischen humanevolutionär entwickelten Stand wohl schon ein sozial fähigeres Verhalten entstanden. Doch ein Zugriff auf das Eigentliche der genetischen Verhaltens-Steuerung war damit noch nicht erreicht.

Dieser Zugriff konnte erst erreicht werden, als man humanevolutionär die inzwischen schon in Kommunikation und Rollen-Theaterspielen aktiv gesteuerte Sozialisations-Entwicklung über die Geschlechtsreife hinaus auszuweiten verstand. Damit erhielt man einen Einfluss auf die bislang genetisch fixierte Verhaltens-Steuerung. Erst mit diesem neuen Moratorium von Pubertät und Jugend wurde neurologisch der evolutionär entscheidende Schritt zum >Menschen< erreicht. Daraus entwickelte sich dann unsere Art Homo sapiens.

Mag dieser Schritt quantitativ in dem Gen-Bestand überaus gering liegen, sodass eine überaus enge Verwandtschaft mit den Schimpansen erscheint, so verknüpft sich mit diesem kleinen genetischen Unterschied doch ein **kategorialer** evolutionärer Umbruch, im Grunde gar mehr noch als vom Quastenflosser (Fisch) zur Echse.

Wohl *entstammt* der >Mensch< evolutionär den >Primaten< und entspricht er genetisch bis auf einen kleinen Unterschied den Primaten. Doch muss der >Mensch< in dem Erwerb der Nutzung seines Lern-Potentials zur Aneignung der genetischen Verhaltenssteuerung als eine evolutionär völlig neue eigene Kategorie begriffen werden. Das zielt nicht darauf, den Menschen für etwas „Besseres" zu halten, sondern diesen entscheidenden Unterschied verstehen zu lernen. Denn davon kann bislang noch nicht zureichend die Rede sein.

So kann Kultur nicht als Gegensatz zu Natur gesehen werden. Spricht man >Vom doppelten Ursprung des Menschen< (so ein Buchtitel von Karlfried Graf **Dürckheim**), kann dies nur bedeuten, beim Menschen neben der genetischen Abstammung von den Primaten (nun infolge von Sprache, Reflexion und Kommunikation) auch Geist: Persönlichkeit und Kultur als >Ursprung< des Menschen zu sehen.

Gegenüber den *eindimensionalen* Gegenüberstellungen von Natur – Kultur oder auch Geist – Körper war der vermeintlich primitive Homo sapiens-„Steinzeit-Mensch“ vor dem >Ende der Eiszeit< schon erheblich weiter.

> „Für ihn existiert ganz einfach kein solcher Gegensatz zwischen Seele und Körper, wie er das Resultat der gemeinsamen Anstrengungen der Griechen und Semiten ist, um die Wirklichkeit zu simplifizieren. Im primitiven [!] Denken gehört der Körper mit zum Leben, wir können sagen, er ist ein Teil der Seele [...].“ [217]

>Körper< und >Materie< sind in dem ursprünglichen Denken des *Homo sapiens* Teil von >Geist, Seele< = lat. *anima* („Animismus“), d.h. *Bewusstsein*, nicht umgekehrt wie seit dem neusteinzeitlichen magizistischen Denken, das die Sachverhalte von Bewusstsein und Sprache für objektivische >Realität< hielt, so etwa auch (bei) >Materie<, wie man in der Physik einsehen musste.

Natur ist kein so eindimensionaler Sachverhalt, dass man dem Kultur gegenüber stellen könnte. Richtig daran ist, dass der >Mensch< in seinem Verhalten *genetisch* nicht mehr *direkt* an die *biologische* Zwischenhirn-Steuerung angebunden ist, sondern das >Bewusstsein< zum Primat der menschlichen Existenz wurde. Mit der Entwicklung von >Persönlichkeit< und sozial von Kultur kann der Mensch die Gegebenheiten der und seiner Natur zu Lebens-Qualität nutzen - doch entstehen bei unzureichender Entwicklung dessen nunmehr unweigerlich soziale Probleme bis ggf. zu Gewalt, Krieg und Untergang.

---

[217] *Vilhelm Grønbach,* in: Asmussen & Læssøe (Hg.): Handbuch der Religionsgeschichte, S. 16

# 6 Die Evolution von >Persönlichkeit<

Der entscheidende Effekt der humanevolutionären Entwicklung entstand daraus, dass in Verbindung mit dem Komplex aus Sprache – Kultur in dem Erwerb der Fähigkeit zur Selbst-Steuerung analog zu >Bewusstsein< eine evolutionär völlig neue Art von >Persönlichkeit< entstand.

Anders als auf der Stufe der Zwischenhirn-Verhaltens-Programme der Tierstufe verknüpft sich dieser humanevolutionäre Sachverhalt von >Persönlichkeit< nicht mit einen möglichst hohen Rang und/oder damit, sich als Person und seine Interessen durchsetzen zu können.

Wohl gibt es infolge des evolutionären Erbes Persönlichkeits-*Anlagen*, die stärker zu Dominanz, zu einem Durchsetzungs- oder auch zu einem Führungsverhalten neigen. Aber sie haben deswegen nicht mehr von dem, worum es beim Menschen bei >Persönlichkeit< (= Kultur) geht. Tatsächlich erweist sich häufig, dass das so genannte >Selbstbewusstsein< gerade auf einem Mangel an Bewusstheit und Persönlichkeit im menschlich eigentlichen Sinn basiert. Gerade mit „Erfolgen“ kann man sich leicht selbst um wesentliche Erfahrungen an Leben und also an Entwicklungen an Persönlichkeit bringen.

Im Historischen zeigt sich, dass die (auch erst historische) Entwicklung von „Macht“ immer auf einer kollektiven Projektion bei tatsächlichen Ohnmachts-Problemen basiert. Sie mündet immer, wenn auch nicht unbedingt innerhalb einer Generation, in Scheitern. Die – auch sprachlichen – Zusammenhänge zeigen, dass >Macht< (= >Magie<) ihren Ursprung in Eros hat („Gemächte“, „Magen“, *machen* = $^{er}$*zeugen,* in *magad – Magd = Mädchen, mac* >Sohn< usw.). Die Unfähigkeit zu *wirklicher* >Macht< und >Magie< als Liebe und Kultur führt menschlich unabdingbar in sozial ruinöse Macht- (kampf-) Verhältnisse und in geistige Verworrenheit.

## 6.1 Die humanevolutionäre Entwicklung der >Pubertät<

**Die spezifisch menschlichen Sachverhalte >Pubertät< und/oder >Jugend< begründen sich nicht etwa durch die Geschlechtsreifung als solche, sondern dadurch, dass die humanevolutionäre Entwicklung zwischen Geschlechtsreife und dem nun erst eigentliches Erwachsensein ein neues Moratorium zwecks Entwicklung von Kultur und Persönlichkeit einfügte.**

Ganz in diesem Sinn ist hier unter >Pubertät< nicht einfach die bei Tieren übliche >Geschlechtsreife< als solche zu verstehen, sondern die von der Geschlechtsreife beim Menschen ausgelöste Verhaltens-Entwicklung auf der Stufe der >Pubertät<. In diesem Sinn wird der Begriff >Pubertät< hier im Folgenden gebraucht, und in diesem Sinn ist festzustellen:

- Erst mit der Entwicklung der >Pubertät< erreicht die humanevolutionäre Entwicklung in der Transformation vom >Tier< zum >Menschen< die entscheidende Stufe.

- Erst mit der Ausbildung der Pubertät erreicht die kulturelle Evolution über die Entwicklung der Kindheit, von Spiel und Kulturellem hinaus die entscheidende neurologische, existenziale und also evolutionäre Konsequenz der besonderen Großhirn-Entwicklung.

Die Pubertät war die biologische Konsequenz der Evolution von Kultur. Mit der Pubertät begründet sich *genetisch* der entscheidende Prozess der *Überwindung* der genetischen Verhaltenssteuerung, nämlich durch die mit >Pubertät< bezeichnete Anlage einer neuen Stufe der Bewusstseins-Entwicklung.

Denn erst auf der Stufe der Geschlechtsreife kann der Lern-Prozess neurologisch die genetische Anlage der erwachsenen Existenz erreichen. Bei der bisherigen Großhirn-Anlage ist die Kindheit eine Verzögerung der neurologischen Reifung, damit die Verhaltensanlage auf die konkreten Verhältnisse hin geprägt werden kann. Die Entwicklungen der Kindheit erreichten hierbei lediglich die einzelnen Prägungs-Bereiche *innerhalb* der Verhaltens-Anlage, nicht aber diese als solche.

Dieser Sachverhalt ändert sich erst mit der evolutionären Entwicklung der Pubertät/Jugend als Moratorium zwischen Geschlechtsreife und Erwachsenheit. Er entstand als Effekt aus der weiteren kulturellen Evolution der Kindheit im humanevolutionären Prozess. Mit der Pubertät erreicht diese Entwicklung die endgültige neurologische Verhaltensstruktur, um sie nun seiner eigenen Verhaltenssteuerung unterstellen zu können: erst damit wird der Durchbruch aus der evolutionären Sackgasse der höheren Großhirn-Anlage in der genetischen Verhaltenssteuerung erreicht.

Dieser Schritt war alles andere als einfach und auch als unproblematisch, und er ist nicht ohne Grund in der historischen Entwicklung weitgehend unterbunden und der menschlichen Disposition entzogen worden (was de facto den Rückgang hinter die Humanevolution bedeutete, ohne dass dies biologisch möglich wäre). Denn er bedeutete quasi den Schritt vom Gehen zum Auto- oder eher zum Flugzeug-Steuern. Dieser Schritt war evolutionär und in der individuellen Sozialisations-Entwicklung *ausschließlich* durch ein gutes Maß an Schulungen und Trainings zu erwerben und zu sichern. Daraus folgte die evolutionäre Entstehung der Pubertät + Jugend als Moratorium zwischen Geschlechtsreife und Erwachsenheit.

Offenbar brauchte es einer solchen ganzen Lern-Phase, um die Anforderungen der genetischen Verhaltenssteuerung – vor allem in Bezug auf das Sozialleben – auf der Basis der selbst zu verantwortenden Selbststeuerung übernehmen zu lernen. Auch die Zulassung zum Autofahren ergibt sich nicht über das Alter an sich, sondern durch Üben im Fahrschul-Unterricht. Wenn ansonsten Unfälle entstehen, braucht man sich nicht zu wundern. Aber dies bedeutet nicht, dass der Mensch zum Auto-Steuern nun mal nicht gemacht oder gar >schlecht< wäre, sondern dass die entscheidenden Lern-Entwicklungen vernachlässigt sind. Das aber hat nichts mit Evolution zu tun und kann weder der >Natur des Menschen< noch der humanevolutionär entwickelten Kultur zugerechnet und unterstellt werden.

Angesichts der Schwierigkeiten und Gefahren kann der humanevolutionäre Schritt zur Selbststeuerung nicht als Nebenbei und vor allem nicht als eine Ausweitung des Technologischen und der materiellen Kultur begriffen werden, wofür es auch im Äußeren gar keine Anhalte gibt. Eine evolutionäre Ausweitung des Technologischen und der materiellen Kultur hätte auf der Ebene der Persönlichkeit eine Ausweitung der von Erikson als >Werksinn< (s.u.) bezeichneten Stufe mit ihrer Einmündung auf die Erwachsenheit ergeben, wie diese Entwicklung de facto in unserer Kultur und in der gängigen Beschreibung der humanevolutionären Entwicklung gesehen wird. Das aber war die Stufe der Hominiden. Die humanevolutionäre Entwicklung verknüpft sich demgegenüber *eindeutig* mit *der erst* ***nachfolgenden*** Sozialisations-Stufe mit *Pubertät – Identität* und mit *Kultur.*

Auch die evolutionäre Entwicklung der Hominiden mit ihrem >Werksinn< und ihren technologischen Fähigkeiten bedeutete sehr wohl einen Fortschritt von evolutionärem Ausmaß und also eine bedeutsame und mitnichten selbstverständliche Leistung. Doch bleibt bei diesen evolutionären Prozessen festzustellen, dass diese Leistung gegenüber der erst humanevolutionären Entwicklung der Selbststeuerung noch verhältnismäßig einfach lag. Die Entwicklung des Technologischen geht als solche noch nicht über die Tier-Stufe hinaus, und es brauchte für sie auch noch nicht die besondere und ausdrückliche Entwicklung von Pubertät zwecks Identität, Persönlichkeit und Kultur. Von den Arbeiten kann heute Vieles sogar Maschinen überlassen werden.

M.E. lassen sich die humanevolutionären Prozesse ausschließlich in der Form deuten, dass eine effektiv evolutionäre Problematik hinter dem so schwierigen und gefährlichen Schritt der Übernahme der genetischen Verhaltenssteuerung zur selbst zu verantwortenden Selbststeuerung stand. Doch erst damit wurde die soziale Problematik der genetischen Verhaltenssteuerung bei der höheren Großhirn-Anlage gelöst.

Im Unterschied zu der Evolution der Hominiden stand hinter der humanevolutionären Entwicklung nicht die Notstands-Problematik eines geologischen Umbruchs. Die hier nun aufkommenden evolutionären Probleme verknüpften sich nicht mit den Natur-Verhältnissen, sondern mit der evolutionär entstandenen Sackgasse in der Großhirn-Entwicklung: nämlich dem zu Unfähigen seiner Sozialverhältnisse aufgrund der genetischen Verhaltensstereotypen. Die Entwicklungen der Kindheit und dann auch einer mythologischen Utopie hatten schon einen Weg der Möglichkeit eines fähigen Soziallebens in den Raum gestellt, und mit den Theater-Rollenspielen hatte man auch eine Methode entwickelt, Verhaltensformen auszuprobieren, trainieren und schulen zu können. In Form der >Jugend-Initiation< erreichte man nun den entscheidenden Effekt in Bezug auf die Persönlichkeits- und Kultur-Entwicklung.

Aus diesen Entwicklungen entstand evolutionär die Phase von Pubertät und Jugend als Moratorium zwischen Geschlechtsreife und dem nun erst eigentlichen Erwachsen-Sein. Diese Phase von Pubertät und Jugend war erst der entscheidende evolutionäre Schritt des Erreichens von Selbststeuerung in Persönlichkeit und Sozialleben: von Kultur.

Dieses Moratorium ist evolutionär für die Entwicklung der Persönlichkeit und der Schulung der Verhaltensfähigkeit für ein qualifiziertes Sozialleben angelegt. Auf den früheren Stufen der Sozialisationsentwicklung kann dies lediglich vorbereitet werden, und dies muss es auch. Die durch die Entwicklung von Pubertät und Jugend nun erst eigentliche humanevolutionäre kulturale Anlage hatte natürlich Konsequenzen für die gesamte neurologische Entwicklung von Geburt an. Doch die eigentliche Selbststeuerung kann erst mit dem Erreichen der Geschlechtsreife erreicht werden. Erst hier werden die genetischen Programme des erwachsenen Verhaltens wirksam - die es sich nun zwecks Selbststeuerung und einer fähigen Mitbestimmung und Gestaltung des Sozialleben anzueignen gilt.

Diese Entwicklung verknüpft sich neurologisch mit Prozessen im Frontallappen-Bereich, dessen Ausmaß an Entwicklung eine spezifische Entwicklung seit dem archaischen *Homo sapiens* darstellt, wie es sich äußerlich an der Aufrichtung der Stirn belegt:

> „Der frontale Kortex ist dasjenige kortikale Areal, dessen Verbindungsfasern zu anderen Arealen im Laufe des Lebens als letzte mit Myelin ummantelt werden. Diese Myelinisierung der Fasern zum und vom frontalen Kortex ist erst zur Zeit der Pubertät oder teilweise sogar noch später abgeschlossen (Nelson & Luciana 2001). Damit geht dieser Teil des Gehirns als letzter […] *on-line* […].“
>
> Manfred Spitzer: Lernen, S. 352

> „Dies hat den Vorteil, dass Erfahrungen mit den Folgen bestimmter Handlungen eine aktuelle Handlung steuern bzw. beeinflussen können. Je besser im frontalen Kortex Kontexte und frühere Bewertungen repräsentiert sind, desto eher ist es möglich, dass Handlungen nicht durch Lust und Unlust oder durch äußere Belohnung und Bestrafung [*wie auf der Tier- oder Kinder-Stufe*], sondern durch Erfahrung geleitet werden.“ (ebd.)

> „Einen freien Willen kann auch niemand entwickeln, dessen präfrontaler Cortex nicht mehr richtig funktioniert oder noch nie funktioniert hat.“ [218]

Doch ist dieser Bereich auch für eine hinreichende Wahrnehmung seiner Gefühle von Bedeutung:

---

[218] Gerald Hüther: Was wir sind und was wir sein könnten, S. 139

„[… Der Neurowissenschaftler] Damasio führte diese Gefühlsblindheit darauf zurück, dass mit dem Hirntumor ein Teil von Elliots Präfrontallappen entfernt worden war.“ [219]

Diese durch den Erwerb von Erfahrung eigene und selbständige Verhaltensbestimmung ist die Identitäts- oder Ich-Entwicklung in Übernahme von Es und Über-Ich, d.h. der genetischen Verhaltenssteuerung und in Überwindung seiner durch die Erwachsenen (oder historisch gar von einer alten Vergangenheit) bestimmten Sozialisation.

Da es hier anders als auf der Hominiden-Stufe im Eigentlichen nicht um das Erlernen von Techniken, sondern um den Erwerb der Fähigkeit zur Selbststeuerung ging, bedeutet die Anlage der Pubertät zuerst *notwendigerweise* ein Krisen-Phänomen. Sie verknüpft sich mit der Erkenntnis, dass das Verhalten nunmehr nicht mehr den (ursprünglich) geschützten Rahmen der Kindheit hat und auch kein Automatismus mehr ist (wie bei der genetischen Steuerung), sondern dass man nun selbst am Steuer des Flugzeuges sitzt und der Flug von der eigenen Steuerung abhängt. Dabei gerät hier auch vor die >Qual der Wahl<, in so manche Ambivalenzen, Konflikte und Dilemmata, nicht zuletzt bei der Frage der Partnerwahl und den möglichen Folgen von Sex.

Die pubertäre Krise schafft, computertechnisch formuliert, eine Art *Neustart* nach den ganzen Lern-Installationen der Kindheit, um sie zwecks Befähigung zur Selbststeuerung durch Verstehen und Bewusstheit auf die Ebene von Erwachsenheit zu bringen. Für diesen überaus anspruchsvollen Prozess stellte die Evolution das volle Moratorium zwischen Geschlechtsreife und Erwachsenheit zur Verfügung. Einfacher war offenbar die Übernahme der genetischen Verhaltenssteuerung zwecks Schaffung produktiver Sozialverhältnisse nicht zu erreichen.

---

[219] Daniel Goleman: Emotionale Intelligenz, S. 75

Die Pubertät und Jugend sind der biologische Beleg für den fundamentalen Unterschied zwischen >Tier< und >Mensch<. Die menschliche Erwachsenheit ergibt sich nicht mehr wie bei den Tieren durch die Geschlechtsreife und Paarung, den Erwerb praktischer Fähigkeiten und von Fakten-Wissen. Die Entwicklung der Pubertät zeigt, mit was für einer Schwelle der Schritt zum >Menschen< und zu Kultur verbunden war und *ist*.

Nachzeichnungen:

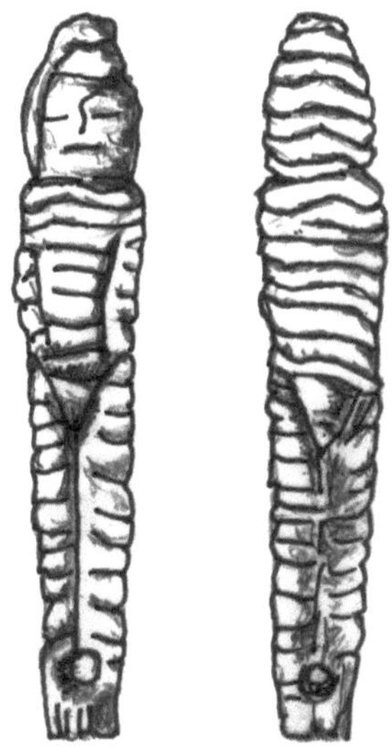

„Zeichnung, die die beiden Seiten einer weiblichen Figur aus Elfenbein zeigt (Mal'ta, Sibirien), mit einem Durchbruch für einen Anhänger und 27 Kerben, vor etwa 30.000 Jahren entstanden. Die ersten 5 Stufen sind auf dem Kopf, im Genitalbereich finden sich die Kerben 14 bis 17. Man nimmt an, dass die Statuette, als Anhänger eines Mädchens, an den Monatszyklus erinnern sollte."

E. Anati: Höhlenmalerei, S. 33

„Kandansana bei Neno. Malereien aus der >schematischen< Zeit, vor der Ankunft der Bantuvölker. Man beachte das Motiv der Treppe, die hinaus- und hinabführt. Normalerweise haben solche Treppen 28 oder 29 Stufen und werden als Kalender für den Monatszyklus betrachtet. Daneben befinden sich neun große Kerben, die die Monate der Schwangerschaft bedeuten könnten."

E. Anati: Höhlenmalerei, S. 220

(unten reduzierte Nachzeichnung)

## 6.2 Die Phänomene >Identität< und >Personalität<

*„Aber erst nachdem ein einigermaßen sicheres Gefühl der Identität erreicht ist, ist eine wirkliche Intimität mit dem anderen Geschlecht (wie übrigens auch mit jedem anderen Menschen und sogar mit sich selber) möglich.“*
Erik Erikson S. 114

**Der Inhalt des menschlich neuen Moratoriums besteht auf der ersten Stufe (Pubertät) in der Entwicklung von >Identität< und auf der zweiten Stufe (Jugend) in der von >Personalität<. Die Entwicklung von >Identität< und >Personalität< in der Persönlichkeit ist die Grundlage für die Befähigung zur Selbststeuerung als der Grundlage von Kultur.**

Es ist hier nicht der Ort, die ganzen Einsichten aus der Psychologie näher aufzunehmen. Doch ist zu sagen, dass, soweit die von der Psychologie entdeckten Sachverhalte *tatsächlich* anthropologischer Art sind, sie auch für das Verständnis der humanevolutionären Entwicklung heranzuziehen sind.

Für einen ersten Anhalt können hier die entsprechend entwickelten Forschungen von **Erik H. Erikson** in Bezug auf den Sachverhalt >Identität< aufgenommen werden. Völlig zu Recht sieht er die Identitäts-Entwicklung als zentralen Sachverhalt der menschlichen Persönlichkeits-Entwicklung und hierbei die **entscheidende** Grundlage der Identitäts-Ausbildung im Zusammenhang der Pubertät.

Er beschreibt diesen Prozess der Identitätsentwicklung in der Sozialisation u.a. in folgenden Stufen (das Erstgenannte nennt, was im positiven Fall entsteht, das Zweite das, was entsteht, wenn die Entwicklung nicht erreicht wird):

I - Unipolarität gg. vorzeitige Selbstdifferenzierung
II - Bipolarität gg. Autismus [*Ego, Narzissmus*]
III - Spiel-Identifikation gg. (ödipale) Phantasie-Identitäten
IV - Arbeitsidentifikation gg. Identitätssperre
**V - Identität gg. Identitätsdiffusion** [*Eingeborenen-, Untertanen- und Mitläufertum*]
VI - *Personalität* # und Solidarität gg. soziale Isolierung
VII - Generativität gg. Selbstabsorption
VIII - Integrität gg. Verzweiflung

Aspekte (der Phasen) [220]

1 - Zeitperspektive gg. Zeitdiffusion
2 - Selbstgewissheit gg. peinliche Identitätsbewusstheit
3 - Experimentieren mit Rollen gg. negative Identitätswahl
4 - Zutrauen zur eigenen *Aktivität* gg. *deren* Lähmung
**5 - Identität gg. Identitätsdiffusion**
6 - Sexuelle Identität gg. [...] *Unfähigkeit zu echten, d.h.* ***personalen*** *Beziehungen* #
7 - Führungspolarisierung gg. Autoritätsdiffusion
8 - Ideologische Polarisierung gg. Diffusion der Ideale

[# *kursive Formulierungen von mir = CR*]

Der genauere Inhalt dieser Punkte wird in dem zitierten Buch ausgeführt.

# Erikson spricht von >Intimität<. Es geht aber nicht um das Sexuelle, das als solches auch keine Intimität ist, sondern um die Fähigkeit, das Personale zu verstehen und Anderen anbieten zu können

[220] Erik H. Erikson: Identität und Lebenszyklus, S. 214 f., S. 60

Auf Entsprechendes verweisen u.a. auch Freud, C.G. Jung mit >Individuation< oder Carl R. Rogers:

> „Das Ziel, das der Einzelne am ehesten erreichen möchte, der Endzweck, den er wissentlich und unwissentlich verfolgt, scheint zu sein, sich zu finden, er selbst zu werden.“ [221]

Die Literatur von Carl Rogers ist sehr zu empfehlen.

Der eigentliche Sachverhalt >Identität< besteht jedoch gerade **nicht**, wie seit dem Mesolithikum gemeinhin gedacht, in **Rollen,** sozialen Gegebenheiten wie etwa Beruf, Besitz, Leistung oder Zugehörigkeiten wie Nationalität, einem Stand, einer Religion oder einem Fußballverein usw. Bei all diesem handelte es sich in dem Fall einer mentalen Funktion als Identität um Ersatz *mangels* Identität.

Auch >Frau< und >Mann< sind keine Sachverhalte von Identität, sondern Sachverhalte, die *in Hinsicht auf die Entwicklung* von Identität und Kultur zu **verarbeiten** sind. Die Rollen als Identitäten zu bezeichnen, stellt also im geistigen Kurzschluss den eigentlichen Sachverhalt der Entwicklung von Identität mit entsprechend bösen Folgen auf den Kopf.

Wo diese Auseinandersetzung und Verarbeitung nicht erfolgt, entsteht auch keine Identität = Fähigkeit zur eigentlichen Selbststeuerung. Die Persönlichkeit und auch eine ganze Gesellschaft bleiben dann Objekt der kindlichen Sozialisation, der Vergangenheit und von Verhaltens-Mechanismen. Es handelt sich dabei tatsächlich um eine entscheidende Problematik der historischen Entwicklung als Folge der gigantischen Naturkatastrophen am Ende der >Eiszeit< (s.u.). Damals entstand das kulturgeschichtliche Problem der >selbst verschuldeten Unmündigkeit< und von >kultureller Verwahrlosung<. Die Entwicklungen von „Macht“, Herrschaft, Ökonomismus, Gewalt, Sklaverei und sonstige Barbarei haben darin ihren Ursprung.

[221] Carl R. Rogers: Entwicklung der Persönlichkeit, S.115

Dies lässt sich heute in einem guten Maß in der historischen Entwicklung studieren.

Der Sachverhalt >Identität< verknüpft sich genau damit, dass der Mensch gerade nicht mehr wie die Tiere einfach >eins< ist. Tiere haben aufgrund der genetischen Verhaltenssteuerung nicht das, worum es bei >Identität< geht. Sie bilden keine Ich – Struktur aus, die sich *bewusst* und gestaltend *selbst* = ihr *Selbst* steuert. Im Grundlegenden zu meinen, mit „sich eins zu sein", ist (jenseits besonderer Momente) zumeist eher ein Anhalt für den Mangel an Identität (für den >Autopilot-Modus< und ein heteronomes Bewusstsein) als einer schon effektiven Identität, die ja weiß, diese Einheit durch ständige Steuerung *herstellen* zu müssen. Freilich kann man wie beim Autofahren in diesem Steuern bei ruhigen Strecken eine gute Routine erreichen, dass dies nicht wie am Anfang der Identitäts-Entwicklung in der Pubertät mit ständigem Chaos und Kampf assoziiert werden muss. Allerdings gibt es nicht nur ruhige Strecken.

Die Krise der Pubertät rührte evolutionär in der neurologischen Entwicklung daraus, nun selbst für seine Steuerung verantwortlich zu sein; in dem entsprechenden Verlust seiner Einheit und der Erkenntnis der Endlichkeit und Bedingtheit seiner Existenz. Diese Krise muss sich individuell nicht unbedingt in drastischen Formen äußern. Dies ist nicht zuletzt auch davon abhängig, wie gut man mit dem, was man ist (incl. dem Sachverhalt Sexualität) anerkannt ist und wie sehr eine Kultur seiner Individuation behilflich ist oder einem entfremdete Tradition aufzuzwingen versucht.

Doch besteht hier ein bestimmtes Krisen-Problem von Natur aus, nicht nur aufgrund des hormonellen Umbaus. Es beschreibt auch eine sehr entscheidende Krise in der humanevolutionären Entwicklung. Doch gerade diese war es, die mit entsprechenden Auseinandersetzungen erst Persönlichkeit, Identität, Bewusstsein und Bewusstheit erbrachte. Erst die Gewahrung des Nicht-Selbstverständlichen und des Nicht-Eins-Seins (z.B. von Ich, Selbst, Es, Über-Ich mit den verschiedenen Repräsentanzen) erbringt den Impuls, diese Verbindungen zu erforschen, um sie zu begreifen und dann auch herstellen und steuern zu lernen.

Mit der Entwicklung von Identität konnte die humanevolutionäre Entwicklung die Entwicklung des ***Kulturellen*** der Kindheit auf die Ebene des Existenzialen und von Erwachsenheit bringen. Bis dahin war bei aller kulturellen Aktivität in der Kindheit die genetische Verhaltensanlage der Tier-Stufe noch nicht transzendiert: nur eine entfaltetere Kindheit und nur Freizeitgestaltung. Allein damit war evolutionär die Tier-Stufe noch nicht wirklich überwunden, und soweit wäre es nur eine entwickeltere Form der Kindheit auf der Hominiden-Stufe geblieben, die das Überlebens-Problem nicht gelöst hätte.

Die Entwicklungen der Kindheit stellten wohl die *Voraussetzung* für diesen erst eigentlichen humanevolutionären Schritt. Ohne diese Entwicklung wäre dieser Schritt kaum denkbar - den Einsichten nach: *gar nicht möglich* - gewesen. Doch die eigentliche Schwierigkeit bestand darin, diese Entwicklung auch zur vollen existenzialen Konsequenz zu bringen. Die damit verbundene Schwierigkeit und Anforderung sind nicht gering. Es ist wie ein Flugzeug steuern zu lernen. Damit kann eine neue Dimension erreicht werden – aber hier wird es effektiv gefährlich. Mit der menschlichen Anlage der Selbststeuerung sind Anforderungen und sozial Probleme verbunden, wie sie in der Tier-Welt nicht bestehen und weder im Guten noch aber auch im Schlechten entstehen können. Aber sie war evolutionär die einzige Alternative zum Aussterben.

Der Mensch *kann* und *muss* lernen, was es heißt, >Mensch< zu sein und wie der Zugang zu dem eigenen >Selbst< in den verschiedenen Aspekten seines Mensch-Seins funktioniert. Erst darin bearbeitet und überwindet man das *Objekt*-Sein seiner Biologie bzw. Mechanismen („Es“) und Sozialisation („Über-Ich“). Erst damit wird man tatsächliches Subjekt, und erst damit entwickelt man >Identität< als dem Schlüssel zur Selbst-Steuerung als dem tatsächlichen Zugang zu Freiheit, Kreativität, Beziehungs-Fähigkeit und Sozialität. Ohne dieses Lernen und ohne dieses Verstehen ist dies nur eine scheinbare Möglichkeit: Fantasma und/oder Ideologie. Wo dies die gesellschaftliche Anlage bestimmt, wird es gefährlich. Es ist wie Autofahren ohne Fahrschulunterricht oder gar im Rausch.

In Hinsicht auf >Identität< gibt es anthropologisch nur **zwei** *tatsächliche* Kategorien. Die **erste** und grundlegende Kategorie verknüpft sich mit dem Sachverhalt >**Mensch**< als einer spezifischen biologischen **Art** unter den Arten mit ihren jeweiligen spezifischen Gegebenheiten (>Anthropologie<). Erst wo man sich als >Mensch< erkennt und mit all seinen entscheidenden Gegebenheiten begreift (insbesondere die Bereiche der Dimensionen des Geschlechtlichen, von Sprache und der allgemeinen menschlichen Bedürfnisse), kommt man über seine Sozialisation und >Vorstellungen< hinaus und erhält einen vollen Zugang zur existenzialen Realität, auch in Hinsicht auf sich selbst = sein Selbst. Es ist die Prämisse, auf der existenzialen Ebene eine wirkliche Verbindung und Empathie zu Anderen entwickeln zu können. Denn es ist dieses Mensch-Sein, was uns Menschen gemeinsam ist. Ohne dieses Verstehen ist eine wirkliche Beziehung und Gemeinschaft keine wirkliche Möglichkeit (lediglich ein Relikt von Tradition und Vergangenheit).

Die **zweite** Kategorie verknüpft sich mit dem Sachverhalt seiner spezifisch **individuellen** Gegebenheit *als Mensch.* Auf dieser Ebene erreicht die Identitäts-Entwicklung Individualität und **Personalität** als dem erst Eigentlichen in der Entwicklung von Persönlichkeit und Kultur. Erst hier wird das kindliche Verhalten, was >man< tut und denkt, überwunden hin zu einem Subjekt, das sich (nicht nur funktionell, sondern auch) als *Person* in die Beziehungs- und Sozialverhältnisse einbringen kann.

Wo der Begriff >Mensch< nicht die konkreten Individuen und Individualitäten erreicht und anzuerkennen vermag, verfällt er der Abstraktion und damit sein eigentlicher Inhalt. Der Begriff >Mensch< enthält aufgrund des evolutionären Prozesses *notwendigerweise* den unbedingten Respekt vor der Identität und Individualität: der Selbst-Steuerung der *Subjekte.* Kultur ist aufgrund des evolutionären Prozesses ausschließlich auf der Basis auf der gemeinschaftlichen Kommunikation und Interaktion erwachsener Subjekte möglich. Darin unterscheidet sich der >Mensch< von dem Sozialverhalten der Tierstufe.

Wer man als >Mensch< im Eigentlichen ist, *kann* jeder nur selbst wissen. Doch *muss* dies jeder in seiner Entwicklung in, mit und für sich selbst herausfinden und bzgl. in seiner Verhaltens-Steuerung *bestimmen* lernen (genau wie ein Autofahren). Wo das Individuelle nicht die Dimension >Mensch< erreicht, verbleibt es Objekt der Sozialisation. Dann verkommt dies zu Eingeborenentum, Individualismus, zur Atomisierung und zum Zerfall des Sozialen und all dem, was am >Ende der Eiszeit< exakt aus diesem Grund sozial die großen Probleme aufwarf.

In der Personalität erreicht die Identitäts-Entwicklung die notwendige Grundlage der Fähigkeit zur Selbststeuerung und der sozialen Mitbestimmung. Die zu Personalität entfaltete Identitäts-Entwicklung ist die Entsprechung zu Kultur auf der Ebene der Persönlichkeit. Persönlichkeit und Kultur sind erst da erreicht, wo der Mensch das Primat über seine Funktionen und Aktivitäten (Arbeit, Ökonomie usw.) hat. Alles Andere ist entweder ein Mangel an Entwicklung oder gar eine Fehlentwicklung.

> „Wenn die Rolle die Persönlichkeit beherrscht, wenn das Ganze in der Rolle untergeht (wenn die Rolle sich verselbständigt), wenn man […] den Menschen nicht mehr hinter Maske und Kostüm sehen oder fassen kann, ist die Diagnose >schizoide Persönlichkeit< gerechtfertigt.“ [222]

Insgesamt lässt sich diese Problematik ausschließlich über die Folgen des Notstands am >Ende der Eiszeit< erklären.

---

[222] Alexander Lowen: Der Verrat am Körper, S. 36

Einfach und selbstverständlich war und ist das Erreichen von Persönlichkeit und Kultur jedoch nie, gerade auch in dem humanevolutionären Prozess nicht. Doch erreichte die humanevolutionäre Entwicklung mit der Ausbildung von Identität und Personalität ihr Ziel in der Bewältigung der evolutionären Problematik: in der Aneignung der genetischen Verhaltenssteuerung = den Durchbruch aus der evolutionären Problematik der besonderen Großhirn-Intelligenz. Erst mit dieser Persönlichkeits-Entwicklung kann nun das Sozialleben auf der Basis von Reflexion und Kommunikation gesteuert werden. Es war auf dieser Großhirn-Stufe die **einzige neurologische** Alternative zu >Affentheater< mit „Macht“, Gewalt und Mumpitz bis hin zum sozialen Selbstruin.

Wirkliche Reflexion, Kommunikation und Interaktion setzen Identität und Personalität bei den Erwachsenen voraus. Nur mit einer bewussten, konfliktfähigen und kulturell geschulten Erwachsenheit wurde es evolutionär möglich, ein fähiges Sozialleben: Kultur und wirkliche Beziehungs-Verhältnisse zu erreichen. **Diese Entwicklung ist der evolutionär entscheidende Sachverhalt der Humanevolution und ontogenetisch entsprechend auch der der Sozialisation.**

## 6.3 Bewusstsein und Bewusstheit

Der humanevolutionäre Prozess der Aneignung der genetischen Verhaltens-Steuerung war in sich mit Bewusstheit und einem evolutionär völlig neuartigen Phänomen von >Bewusstsein< verbunden.

Hierbei erweisen sich die Zusammenhänge zwischen Sprache, Identität und Verhaltens-Steuerung, die in einer gegenseitigen Wechsel-Entwicklung den entscheidenden evolutionären Durchbruch erreichten und damit unsere Anlage als Mensch ergaben. Auf diese Weise entstand evolutionär eine völlig neuartige Dimension sowohl in Hinsicht auf das >Bewusstsein< als auch auf >Bewusstheit<, wie es sich äußerlich in der kulturgeschichtlichen Entwicklung niederschlägt. Diese Entwicklung des >Bewusstseins< erbrachte >Bewusstheit<, die es ermöglichte, über >Affentheater< hinauszukommen und das Leben unter Einbeziehung seiner persönlichen >Bedürfnisse< sozial fähig gestalten zu können.

Es war erst die Verbindung von Identität und Verhaltens-Steuerung, die Sprache wirklich zu dem machte, was in Teilen bis in die Wissenschaft hinein fälschlicherweise schon per se mit Sprache verbunden wird. Doch es versteht sich von selbst, dass Sprache erst mit der evolutionären Aneignung der Verhaltenssteuerung *richtig* zu *dem* Instrument der Verhaltens-Steuerung wurde und hierbei auch entsprechend genetisch für diese und in dieser Funktion angelegt wurde. Dieser Zusammenhang ist neurologisch kein Zufall und hat entsprechend evolutionäre Vorstufen, schon von Anfang der Evolution von Sprache an, also bereits unter den Hominiden (→ 2.3). Dennoch sind hier die fundamentalen Unterschiede zu beachten. Nicht die Sprache macht die Verhaltens-Steuerung, wie das magizistische Bewusstsein meint. Sprache wurde erst in dem humanevolutionären Prozess mit der Aneignung der Verhaltens-Steuerung in der für diesen Zweck entwickelten Form das Mittel für diese Steuerung, die gelernt werden muss und dann persönlich aktiv und gezielt zu betreiben ist.

In dieser Verbindung wurde Sprache auch zu einem Mittel der Entwicklung von Bewusstheit, und dies nicht nur partiell in einigen Teilbereichen des Lebens wie auf der ersten humanevolutionären Stufe, sondern auch in Bezug auf das Eigentliche der Existenz. Erst dies ermöglichte die Aneignung seiner Verhaltens-Steuerung und damit die volle Erschließung seines Potentials an >Lebens-Qualität<.

Die Ziele, die den Erwerb der Verhaltens-Steuerung wirklich von Interesse werden ließen, entstanden überhaupt erst durch eine bestimmte Entwicklung an Sprache wie an Reflexionen, wie auch dieses Steuern nur mittels Sprache möglich wurde. Sprache war also in Teilen die Prämisse für diese Entwicklung. Umgekehrt war in anderen Teilen das, was humanevolutionär neurologisch und was praktisch an Sprach-Anlage entstand, das Resultat dieser Entwicklung. Dies ist als eine wechselseitige evolutionäre Entwicklung (von Individuen und Sozialem) zu begreifen, die auch erst ihre Zeit brauchte, bis sie im Ergebnis ausgereift und dann auch korrelierend zur kulturalen Anlage des >Menschen< wurde.

Der Sachverhalt >Bewusstsein< verknüpft sich mit diesem evolutionär beim Menschen entstandenen neurologischen Komplex der Anlage auf die eigene Verhaltens-Steuerung. Das Verhalten wird hier im Eigentlichen nicht mehr genetisch gesteuert, und insofern liegt der neurologische Komplex >Bewusstsein< beim Menschen auch *grundlegend* anders als bei den Tieren. Immer schon wirkt das >Bewusstsein< genetisch von vorne herein auf die gesamte Bewusstseins- und Gehirn-Entwicklung von klein auf an, erst recht, wo die kindliche Entwicklung explizit unter den Einfluss von Sprache gerät.

Dieser Sachverhalt ist in seinem substanziellen Unterschied zu der Sozialisations-Prägung bei den Tieren zu erfassen. Genetisch-neurologisch ist das Kind immer schon >Subjekt< seines >Bewusstseins<, doch praktisch nur so weit, wie dem sozial und kulturell in seiner Entwicklung entsprochen wird. Das Kind ist auf diese Unterstützung ebenso angewiesen wie in Hinsicht auf Ernährung und fähige Beziehungsverhältnisse. Eine effektive Selbständigkeit kann die Subjekt-Entwicklung neurologisch erst ab der Pubertät mit der Entwicklung von Identität erreichen. Wird den Anforderungen dieser Subjekt-Entwicklung in der Sozialisation nicht entsprochen und der Prozess der Identitäts-Entwicklung nicht hinreichend >installiert<, dann ist nämlich die kulturale Anlage des Menschen leicht eine höchst gefährliche Falle.

Denn infolge der genetisch-neurologischen Anlage *fühlt* man sich wohl irgendwie immer als Subjekt. Dies bedeutet aber anders als auf der Tier-Stufe nicht per se schon irgendwie, dass die damit verbundenen genetisch-neurologischen Anforderungen an die Lern- und Sozialisations-Entwicklung in Bezug auf die Verhaltens-Steuerung auch erfüllt wären. Auf der Ebene des Individuums kann dies sozusagen bedeuten, sein Leben auch bei allen Aktivitäten im Eigentlichen in einer Art Hypnose zu verbringen. Gesellschaftlich führt dies jedoch zu einer der Diskrepanz entsprechenden Verwahrlosung und sozialen Problematik, wie es am >Ende der Eiszeit< aufkam und etwa im 3. Reich in konzentrierter Form zum Ausdruck kam.

> „Wessen Bewusstheit nicht geweckt ist, der handelt so, wie ihn die beiden [*evolutionär*] älteren Gehirnsysteme [*der Tierstufe*] handeln heißen, nämlich nach ihrer Art, obwohl die Absicht zu handeln vom höheren, dem dritten System ausgegangen war. Und nicht genug damit; die Handlung erweist sich oft als das gerade Gegenteil der ursprünglichen Absicht.
> […]
> In solchen Fällen also bewirkt die schnellere, automatische Tätigkeit der unteren Gehirnsysteme, dass der Teil der Handlung, der mit stärkerem Gefühl verbunden ist, fast unverzüglich ausgeführt wird, während der Teil, der vom Denken, also von dem höheren System herkommt, langsamer und daher erst dann einwirken wird, wenn die Handlung schon fast zu Ende oder sogar vorüber ist.
> […]
> Nicht einmal zum gesellschaftlichen Leben, so hoch es beim Menschen auch entwickelt sein mag, bedarf es des supralimbischen Systems: Bienen, Ameisen, Affen, Herdentiere leben in Gesellschaftsordnungen und haben doch keine Bewusstheit. Einige dieser gesellschaftlichen Systeme sind ziemlich weit ausgebaut und haben mit menschlichen Gesellschaftsordnungen die meisten grundlegenden Funktionen gemeinsam: so die Betreuung des Nachwuchses, die Herrschaft eines Oberhauptes, Kriege mit Nachbarn, Verteidigung des eigenen Reviers oder Gebietes, die Ausbeutung von Sklaven u.a.m. […]
> Das obere System, das im Menschen höher als in allen anderen Tieren entwickelt ist, ermöglicht die Bewusstheit.“ [223]

---

[223] Moshé Feldenkrais: Bewusstheit durch Bewegung, S. 75 f.

„Mein Frontalhirn sorgt dafür, dass ich nicht immer gerade das tue, was ich von meinen körperlichen Bedürfnissen her jetzt und hier unmittelbar eigentlich am liebsten tun würde. Ich kann die Zeit zwischen Input und Output überbrücken, etwas einschieben oder aufschieben, *mich also von der Unmittelbarkeit des Augenblicks in meinen Handlungen lösen.* [...]
Im Frontallappen ist der, wie man heute allgemein gern sagt, *Kontext* meines Handelns repräsentiert. Dieser Kontext ist ganz konkret diejenige hierarchisch geordnete Struktur von Fakten, Zielen, Gefühlen und Randbedingungen, die meine Handlungen leiten. Ein wichtiger Teil dieses Kontextes sind die *Mitmenschen* und meine Einschätzung von *deren* Gedanken, Zielen und Bedürfnissen. [...] Daher ist das Frontalhirn wesentlich für funktionierendes *Sozialverhalten* und das Sich-in-andere-Hineinversetzen, die Empathie.“ [224]

- sprich: die Prämisse für Kultur.

Im Grundsätzlichen ist zu diesem neurologischen Komplex beim Menschen zu sagen, dass erst mit der Entwicklung von Identität zu Personalität das Eigentliche an Bewusstsein: Bewusstheit und der eigentliche Sachverhalt der Aneignung seiner Selbst-Steuerung erreicht wird.

Identität ist: den biologischen Sachverhalt >Homo sapiens< und das existenzial Gegebene durch entsprechende Auseinandersetzung und Bewusstmachung auf die kulturelle Ebene zu bringen und dort halten zu können. Der Sachverhalt Identität ergibt sich aus der Evolution der Verhaltens-Steuerung: sie **ist** diese Steuerung ganz in der Art, mit seinem Auto die anvisierte Strecke zu verfolgen: sich nicht endgültig zu verfahren und nicht mit Vollruin von der Fahrbahn abzukommen (einige Irrwege und Beulen lassen sich oft nicht vermeiden). Die Jugend-Initiation war in der humanevolutionär entwickelten Kultur sozusagen der >Fahrschul-Unterricht< und die entscheidende

---

[224] Manfred Spitzer: Lernen, S. 331

Übungs-Phase, sich selbst (in seinem Verhalten und seiner Lebens-Gestaltung) steuern zu lernen.

Wenn man erst einmal sozusagen gelernt hat, sein Auto zu fahren, dann eröffnen sich viele großartige Optionen. Die Menschen der humanevolutionären Entwicklung haben dies in dem biologisch notwendigen Ausmaß gelernt. Anders lässt sich die humanevolutionäre Entwicklung und unsere kulturale Anlage als Homo sapiens mit den ganzen Gegebenheiten nicht erklären.

# 7 Die Jugend-Initiation

*Der **Min$^{n}$eTauros** oder **Cerberus (>Hörnerträger<)***

Nachzeichnung nach:

GEO 2/2001, S. 160: Der Tiermensch von Fumane:

„Forscher entdeckten in einer norditalienischen Höhle die vermutlich ältesten Felszeichnungen Europas"
Alter zwischen 32.000 und 36.500 Jahre geschätzt

(Dort auch Foto. Nachzeichnung nach der Vorlage schwierig, da Oberfläche nicht intakt. Das Original scheint mit Ocker gemalt).

## 7.1 Die Jugend-Initiation als Ursache des humanevolutionären Durchbruchs in der Begründung von Persönlichkeit und Kultur

Wenn es sich bislang auch archäologisch nicht nachweisen lässt, so spricht doch m.E. alles dafür, dass die humanevolutionäre Entwicklung der Pubertät mit der Entwicklung von Formen der >Jugend-Initiation< in direkter Verbindung steht. Die Anfänge einer Jugend-Initiation sind vermutlich die Grundlage gewesen, in der das humanevolutionäre Aufkommen der Pubertät Ursache, Form und Inhalt hatte.

Wenn sich also die hier anzunehmende Höhe des Alters der >Jugend-Initiation< bislang nicht greifen lässt, so bleibt doch festzustellen, dass die Hinweise auf diese Praxis zu den ältesten archäologischen Befunden von *Homo sapiens* gehören und als *integraler* Bestandteil der ursprünglichen Mythologie (*Weltberg* [*Tauros, Tauern* usw.] - *Höhle* = $^{S}$*Tier-Kuh* = *DraChe* usw.) zu sehen sind. Sie findet sich – auch archäologisch - weltweit in den Alten Kulturen, und es gibt von hier her einige bedeutsame Anhalte, die die theoretischen Überlegungen bestätigen und ausmalen. Allerdings ist zu beachten, dass in der großen Krise unter den gigantischen Naturkatastrophen am >Ende der Eiszeit< (s.u.) viele Kulturen nicht die notwendige Zeit für die >Jugend-Initiation< fanden, sodass sie in Teilen verfiel und sich in Teilen verdrehte, mitunter gar bis ins Perverse – mit entsprechenden Folgen für den Kulturbestand. Das erklärt sich, wenn man die evolutionäre Bedeutung der >Jugend-Initiation< für die Ausbildung von Persönlichkeit und Kultur begreift. Von diesem Hintergrund darf der ursprüngliche Hintergrund der >Jugend-Initiation< nicht einfach und unreflektiert mit den ethnisch überlieferten Formen in eins gesetzt werden.

Es ist von der evolutionären Entwicklung gut *vorstellbar,* dass die Praxis der >Jugend-Initiation< im Vorfeld vor *Homo sa-*

*piens* in entsprechenden Übungen einzelner Personen begann, die sich in ihrer pubertären Krise aus dem üblichen Sozialleben in unzugängliche Gebiete wie in eine Höhle oder auf Berge zurückzogen, um dort eine neue >Idee< über sich selbst und seinen Lebens-Weg zu erhalten (>vision quest<). Es wäre entsprechend gut vorstellbar, dass diese Entwicklung in einer Art Schamanismus begann, zeigt die Grundausbildung der Schamanen einige Ähnlichkeiten mit der Jugend-Initiation. Später wäre eine Grundform dessen zu einer tendenziell allgemeinen Praxis geworden, die für eine schamanische Ausbildung und evtl. auch Anderes um eine eigene Stufe weitergeführt worden wäre.

Von der Sache her wäre demnach diese Entwicklung im ***Vorfeld*** vor *Homo sapiens* zu verorten, hatte diese Entwicklung noch weitere Rückwirkungen sowohl in dem genetischen Bestand als auch in der Kultur-Anlage:

- Es dürfte erst die Entstehung der Praktiken der Jugend-Initiation gewesen sein, die eine sichere Trennung zwischen Kindheit und Erwachsenheit und damit auch den weiten Freiraum für die Kindheit ermöglichte.

- Erst die Jugend-Initiation erlaubte die Sprach-Technik, die Sprach-Anlage (wie gezeigt) insgesamt auf der Basis von Geschichten in der Struktur der Mythologie aufzubauen und damit die Selbststeuerung umfassend zu erschließen.

- Diese Entwicklung der Identitäts-Entwicklung als dem Fundament des Erwerbs der Selbststeuerung verlangte eine ***bedeutsame*** **weitere** Sprach-Entwicklung. Mit diesem **hier** erst vollgültigen Erwerb der Selbststeuerung entstand auch erst die substanziell neuartige Anforderung an die Sprach-Anlage wie auch ein völlig neuartiger Anspruch in Bezug auf die Sprach-Beherrschung. Die Schulung für eine wirkliche Sprach-Beherrschung ist entsprechend ein entscheidender Teil der ursprünglichen >Jugend-Initiation<.

- Erst mit dieser Entwicklung ist auch die entscheidende Transformation in Bezug auf Eros und damit auch erst in Bezug auf das Sozialleben verbunden. Erst mit der Entwicklung von Identität und Personalität war es biologisch überhaupt möglich, seine Sozialverhältnisse auf die Basis von Kommunikation in Alternative zu Macht, Imponiergehabe und Gewalt zu stellen. Bis dahin war Eros bei weitem nicht das, was wir mit >Liebe< und >Beziehung< assoziieren. Erst mit der Entwicklung von Personalität wurde eine wirkliche Lebens-Qualität in Beziehungen und im Sozialleben erschließbar und entwickelbar. Entsprechend ist die >Jugend-Initiation< auch wesentlich mit dieser Auseinandersetzung verbunden. So ergibt sich für die eigentliche Humanevolution etwa folgendes Modell (nächste Seite).

Als die zentralen Bereiche der ursprünglichen >Jugend-Initiation< stellen sich dar:

- der Erwerb der **Sprach-Beherrschung** incl. der für die Steuerung der Sozialverhältnisse notwendigen Begriffe (wie heute u.a. ein Jura- und Psychologie-Studium);

- der Erwerb von **Identität** in Selbständigkeit, Personalität, Verantwortungs-, Konflikt- und Liebesfähigkeit; und

- eine Befähigung im Umgang mit Eros, Sexualität und dem **Geschlechter-Verhältnis**.

## Überblick: Die Etappen der humanevolutionären Entwicklung

Stufe A Übergangsfeld Hominiden – *Homo archaicus*
Stufe I *Homo archaicus* (I A) – B: **Übergangsfeld** zum *Archaischen Homo sapiens*
Stufe II *Archaischer Homo sapiens*

↓

### Stufe — Inhalte der humanevolutionären Entwicklungen

| | | |
|---|---|---|
| A | | - Neurologisch unreiferer Nachwuchs bei Geburt evolutionär gesteigerte und qualifiziertere Spiel-Aktivität |
| I | A<br><br><br>B | - Die integrale Einbindung des Sprachlichen in das neurologische System<br>- Die Entwicklung von Geschichten und Rollen-Spiel-Lernen<br>- Die Entwicklung der Mythologie<br>- ausgeprägte Rollen-Spiel-Kultur in der Kindheit; kulturelle Begriffe |
| II | A<br>B | - Die Entwicklung der Jugend-Initiation<br>- Die Entwicklung der Pubertät = **Die Entwicklung von Identität, Personalität und Kultur =** Die Fähigkeit zur Selbststeuerung bei ***einigen*** Persönlichkeiten → |

→ Die Ausbildung der **allgemeinen** genetischen Anlage zur Ausbildung der Fähigkeit zur Selbststeuerung
=

**Homo sapiens als unsere Art**

„Unter zahlreichen traditionellen Völkern unserer Tage, einschließlich der australischen Aborigines und der südafrikanischen Buschleute, besitzen die Höhlenbilder einen direkten Bezug zu diesen Pubertätsriten. Beinahe immer dienen diese Riten auch dazu, Kenntnisse der mythologischen Welt zu vermitteln. Tiere spielen in der Mythologie der meisten traditionellen Völker [...] eine entscheidende Rolle, und häufig dienen sie zugleich als Symbole der Geschlechtlichkeit und der Fruchtbarkeit.“ [225]

In Australien: „Die früheren Bilder zeigen fast immer eine deutlich sakrale Bedeutung [...]. Sie finden sich häufig an heiligen Orten und dienten im Rahmen von Initiationsriten als sichtbare Hilfsmittel, um den Initiierten die Traditionen des Stammes zu vermitteln. Viele Bilder durften Nicht-Initiierten gar nicht gezeigt werden; manche wurden zwar gezeigt, ihre Bedeutung durfte jedoch nicht erklärt werden. Viele Fundorte der Felskunst sind heute noch den Initiierten vorbehalten: kein anderer darf sie betreten.“ [226]

In Afrika: „Den Nyau-Gesellschaften kommt bis heute eine enorm wichtige Rolle bei der Sozialisation zu, die mit geheimen Praktiken und Initiationsriten zusammenhängt. Einige der verwendeten Symbole gleichen denen der Felskunst. [...]
Als wir gerade eine weitere Höhle besichtigen wollten, wurden wir von einer Gruppe bewaffneter Männer davon abgehalten, die uns mit Schreien erschreckten und vertreiben wollten. Später erfuhren wir, dass dieser Clan glaubte, der Geist von Namalenga, der Muttergöttin, die auch Göttin der Fruchtbarkeit ist, wohne in dieser Höhle, weshalb man Nicht-Initiierten den Zutritt verwehrte. Viele Höhlen gelten noch heute als heilige Orte, deren Betreten verboten ist. Hier werden Initiationsriten

[225] Göran Burenhult (Hg.): Illustrierte Geschichte der Menschheit I, S. 116
[226] Emmanuel Anati: Höhlenmalerei, S. 395, s. auch die Abb. S. 80, S. 232

gelehrt, hier treffen sich Geheimgesellschaften des Nyau-Stammes, oder sie gelten als der Wohnort von Geistern, die niemand ungestraft betreten darf.“ [227]

„Aus der mündlich überlieferten Erzähltradition ist uns bekannt, dass viele dieser kleinen bemalten Höhlen heilige Orte waren (und es heute noch sind), an denen Initiationsriten, Treffen von Geheimbünden oder Kulte um die Urgeister der Bantuvölker stattfanden.“ [228]

*Es handelt sich hierbei in Teilen bereits um historisch verdrehte Formen der Initiation als Form der Organisation eines Soziallebens mit Status („Staat“) und Rängen*

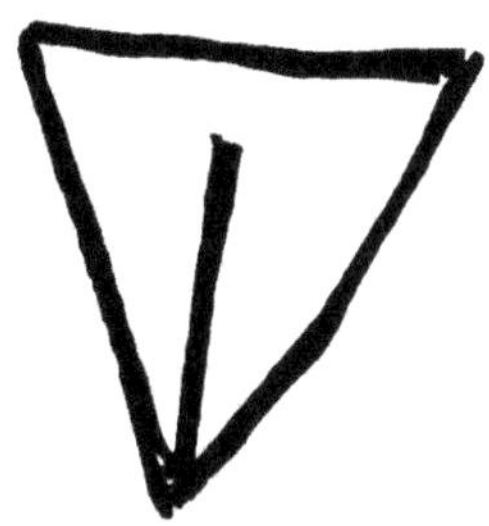

Die erste Form des sumerischen Schriftzeichens für >Frau< (Nachzeichnung) hat ihren Ursprung in der mit Homo sapiens verbreiteten Kultur und belegt sich in weltweiter Verbreitung, häufig in Verbindung mit der gleichbedeutenden Höhlen-Symbolik (als Ort der initiatorischen Neugeburt zum nun eigentlichen = kulturell entwickelten Menschen). Die ursprüngliche Kultur zeigt sich nicht als sexuell verklemmt, doch ist sie auch nicht in der pubertären Form der nacheiszeitlichen Geschlechtsstereotypie und Fruchtbarkeits-Ideologie zu sehen. Die Initiation hat genau den Hintergrund, ein erwachsenes Verhältnis zu Sexualität und dem anderen Geschlecht zu entwickeln (→ 7.2.2).

[227] Emmanuel Anati: Höhlenmalerei, S. 235

[228] Emmanuel Anati: Höhlenmalerei, S. 200/217, s. die Abb. S. 61 und 63

## 7.2.1 Die Jugend-Initiation als die erst eigentliche Sprach-Adaption

Sprache war die Grundlage dafür, dass im Verlauf der humanevolutionären Entwicklung die genetische Verhaltenssteuerung überwunden und das Verhalten der Selbststeuerung unterstellt werden konnte. Daraus resultiert der eigentliche Unterschied zwischen >Tier< und >Mensch<.

Die vorausgehende Sprache verknüpfte sich ebenso wie ein Speer und ein Messer soweit lediglich mit der *Erweiterung* der genetischen Verhaltenssteuerung. Doch solange das Verhalten genetisch gesteuert blieb, bedeutete Sprache nicht die Gefahr, dass man das Verhältnis zur Realität verlieren konnte.

Mit der humanevolutionären Entwicklung der Übernahme der Verhaltenssteuerung entstand hierbei eine völlig neue Sprach-Anlage. Es verhält sich hier wie in dem Verhältnis von Laufen und Autofahren. Die Entwicklung fahrtüchtiger Autos eröffnete völlig neue Möglichkeiten in Mobilität und Transport, aber auch völlig neuartige Gefahren. Diesen Gefahren wird damit begegnet, dass die Zulassung zum Autofahren mit einem entsprechend hinreichendem Fahrschulunterricht verbunden ist und das Auto der technischen Prüfung unterliegt. Entsprechendes gilt bei der menschlichen Anlage in Bezug auf Sprache. Es ist daher quasi von vorne herein anzunehmen, dass jenseits der Pioniere die Entwicklung der Sprache *für die Selbst-Steuerung* mit einer entsprechenden Schulung verbunden war.

Die Sprach-Adaption beginnt schon auf der Stufe des Säuglings, und mit der Entwicklung einer reichhaltigen Kultur an Sprach-Spielen und Erzählen wurde in der humanevolutionären Entwicklung die Sprach-Fähigkeit in der Kindheit schon bestens gefördert. Doch es versteht sich bei der Funktion der Sprache für die Selbststeuerung von selbst, dass die eigentliche

Sprach-Beherrschung erst nach der Kindheit = der neurologischen Reife = Geschlechtsreife, nämlich erst im Verbund mit der Identitäts-Entwicklung erworben werden konnte. Hierbei hat der Erwerb der erst eigentlichen Sprach-Beherrschung **zwei** Dimensionen.

**1)** Die eine Dimension verknüpft sich mit dem Beherrschen der **kulturellen Begriffe**. Es bedeutet gar nichts, kulturelle Zentral-Begriffe wie etwa >Gerechtigkeit< lediglich als Vokabeln zu kennen. Wirkliche Sprach-Beherrschung meint nicht bloß, dass die kulturellen Steuerungsbegriffe auch inhaltlich, sozial und kulturell klar entwickelt und darin allgemein bekannt sein müssen. Sie meint mehr noch, auch die Aufstellung seiner Sprach-Anlage und seines Begriffs-Systems insgesamt zu überblicken und ihre Steuerungs-Funktionen im Verhältnis zur Realität zu verstehen. Kultur wurde humanevolutionär allein deswegen möglich, weil man dahin kam, eine auf seine Selbststeuerung und seine Kommunikations-Praxis abgestellte Sprache zu schaffen. Die Sprache selbst wurde via Mythologie zur Kulturverfassung und Rechtsordnung, was auch der Hintergrund der Wörter *Mär, Moral, Mythos,* >logos< und *Wort* = dänisch *ord* >Wort< - lat. *ordo – Ordnung* usw. ist. Nur wo eine Sprache die notwendigen kulturell geklärten Begriffe bereitstellt, ist eine Sozialsteuerung auf der Basis von Kommunikation: also *Kultur* im eigentlichen Sinn möglich.

Die hierzu notwendigen kulturellen Begriffe müssen in der Sozialisationsentwicklung entsprechend angeeignet werden. In diesem Sinne bedeutete die Sprach-Schulung der Jugend-Initiation so etwas wie Jura-, Psychologie- und Philosophie-Studium sowie eine Selbsterfahrungs-Schulung. Es ging um ein grundlegendes Verstehen seines Selbst, vom >Leben< und seiner Sozialverhältnisse. Denn allein auf dieser Grundlage war eine wirkliche >Demokratie<, d.h. die Selbststeuerung seiner Verhältnisse auf der Basis von Kommunikation als der einzige effektiven Alternative zum >Affentheater< möglich.

**2)** Die andere Dimension verknüpft sich mit dem Sachverhalt, dass – anders als Ausführen von Vorgegebenem – eine wirkliche Selbststeuerung sprachlich nur auf der Basis von Bildern und Geschichten möglich ist. Allein auf der Basis von Bildern und Geschichten lässt sich der neurologische Sprach-Sektor auf die existenziale Ebene ausweiten und eine tatsächliche Selbststeuerung durchführen. Doch hat dieser Sachverhalt auf der Erwachsenen-Stufe auch die **Forderung**, diese Bilder und Geschichten als *Bilder* und *Geschichten*: Sprache als *Sprache* in Unterscheidung zur *Realität* zu begreifen. Sonst geraten Sprache und Denken und dadurch Kultur und seine Sozialverhältnisse aus der Steuerung, und es gibt beim Menschen nicht mehr die Biologie, die das Realitäts-Verhältnis sichert.

Eine zumindest in Ansätzen *konstitutive* Technik, *Sprache* als *Sprache* und neurologischen Vorgang in ***unserem*** Gehirn begreifen zu lernen, ist die nichtsprachliche Meditation, wie sie bei uns insbesondere als >Zen< bekannt ist. Auch wenn auch die nichtsprachliche Meditation noch längst keinen Zugang zur vollen Realität z.B. des Menschen erreicht, so schafft sie doch eine wichtige Erfahrungsbasis bzgl. der ja nichtsprachlichen Realität, gerade auch im neurologischen Bestand des Menschen selbst. Es spricht einiges dafür, dass Trance und Meditation Bestandteile der ursprünglichen Jugend-Initiation und Sprach-Schulung waren. Darauf verweisen diverse Sachverhalte in den entsprechend gebrauchten paläolithischen Höhlen (das zentrale Bild der Höhle von Lascaux deutet mit der Figur und dem Vogel auf Trance), wie auch entsprechende Traditionslinien wie z.B.:

> „**Die Höhle: Der Schoss der Buddhas**
> [...] Die beschriebene Höhle heißt Dorje Drubphuk (>unzerstörbare Meditations-Höhle<). Zwar wurde sie wahrscheinlich zuerst von Bön-Schamanen bewohnt [...]. Dorje Drubphuk könnte jede der zahlreichen Höhlen in den Tälern von Tibet sein. Selbst kleine Täler rühmen sich, eine Guru-Rinpoche-Höhle zu besitzen. Für den Yogi, der dort in Buddhas visionärem Reich lebt, ist eine solche Höhle der Ort, der seine Meditationspraxis unterstützt, ein Ort, der förderlich ist für die Erlangung von spiritueller Verwirklichung und Macht.

Für den Laien und Gläubigen, der aus einem profanen Milieu stammt, ist sie ein Fenster in das Reich der Vision.“ [229]

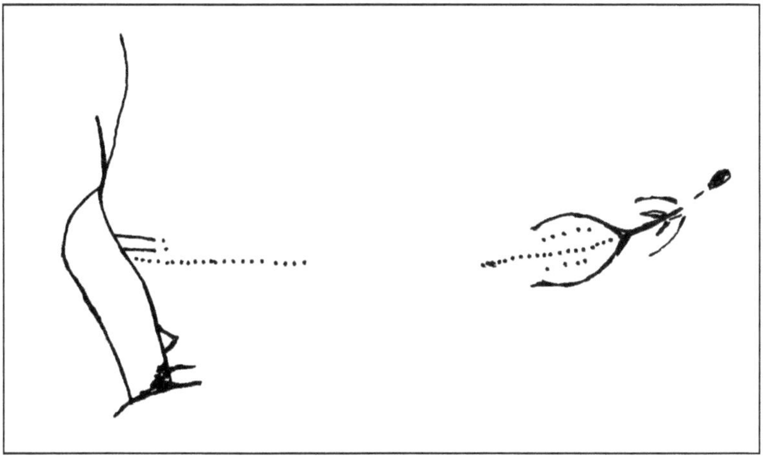

*Nachzeichnung des wohl dem Sinn des Schachtbildes von Lascaux entsprechenden, ebenfalls zentralen, größten und mit gut 13.000 Jahren ähnlich alten Deckengemäldes im* ***schwer*** *zugänglichen „Endsaal“ der Ignatievka-Höhle im* ***Ural****.* [230] *Es belegt den Zusammenhang zwischen >Frau< und der ca. 2,30 m großen StierKuh-Symbolik. „Zwischen den Beinen der Frau sind drei Punktreihen aus insgesamt 28 Punkten eingetragen […].“ Dieser Sachverhalt dürfte so zu deuten sein, dass er den weiblichen Mond/Monat-Zyklus formuliert und damit vermitteln will, dass Geschlechtsverkehr Folgen haben kann. Man beachte auch die besondere Neuner-Zahl zwischen den Beinen. Wenn dieses Werk auch etwas ungeschickt erscheint, so sind hier freilich auch die Umstände dieses Deckengemäldes tief in einer dunklen Höhle zu bedenken…*

[229] Keith Dowman: Geheimes, heiliges Tibet, S.230

[230] Vjačeslav E. Ščelinkij & Vladimir N. Širokov: Höhlenmalerei im Ural, S. 112. Dort auch die Abbildung und Fotos

### 7.2.2 Die Jugend-Initiation als Erlernen des erwachsenen Umgangs im Geschlechter-Verhältnis

„Charakteristisch für den frühesten [!] Horizont der PRIMITIVEN JÄGER sind Ideogramme, Abdrücke der Hände und Darstellungen meist großformatiger, monochromer Tiere, die höchstens mit einer roten Umrisslinie versehen sind. Im selben Stilbereich finden sich tief eingeritzte Gravierungen, bei denen stilisierte Vulven vorherrschen. [...] Dieser Stil ist auch im Südwesten der Vereinigten Staaten weit verbreitet." [231]

„Zu den ersten Ausdrucksformen europäischer Kunst gehören die Symbole weiblicher Sexualität. Schon vor 35.000 Jahren ritzen die Cro-Magnon-Menschen Bilder weiblicher Vulven auf Steine und andere Oberflächen. Einige Jahrtausende später, vor etwa 29.000 Jahren, tauchten die ersten beweglichen Kunstwerke in Form der berühmten Venusfigurinen auf, kleinen weiblichen Figuren mit einer typischen stilisierten Gestalt. Sie sollten die künstlerischen Aktivitäten beinahe 10.000 Jahre beherrschen.
Bei den meisten dieser Figuren sind die Brüste und das Gesäß übertrieben dargestellt, wogegen der Kopf und die Beine in eine weniger deutliche Form auslaufen. [...] Ähnlich gestaltete Venusfigurinen wurden in großer Zahl von Südrussland im Osten bis zur Atlantikküste im Westen, also über eine Entfernung von mehr als 2000 Kilometer, nachgewiesen. Zu den wichtigsten Fundstellen gehören Dolní Vestonice (in der ehemaligen Tschechoslowakei), Kostenki (Russland), Willendorf (Österreich) sowie Brassempouy und Lespugue (Frankreich).
Es gibt zwei Ansätze, mit denen man erklären kann, warum die Cro-Magnon-Menschen die weiblichen Genitalien in ih-

[231] Emmanuel Anati: Höhlenmalerei, S. 346 f. S. dort weitere entsprechende Vulva-Abbildungen u.a. S. 71 (China), S. 335 (Argentinien)

> rem künstlerischen und rituellen Leben so stark betonten und wie die eindeutigen Merkmale dieser Venusfigurinen zustande kamen. [...]“ [232]

Halten wir uns nicht mit merkwürdigen Überlegungen auf. Die Initiation begründet sich nicht darin, dass man Sexualität noch nicht verstanden hätte. Diese Problematik und der Fruchtbarkeits-Kult entstanden erst im Mittleren Mesolithikum in Verbindung mit der Begründung seiner „Stämme“-Bildungen als Heirats-Bündnis-Politik und in voller Form mit dem neolithischen Fruchtbarkeits- und Götter-Kult.

Humanevolutionär hatte die Entstehung der Pubertät und Jugend-Initiation vielmehr genau darin seinen Grund, dass man den *Gesamtkomplex* Eros – Gender - Sexualität ***wirklich*** begriff. Denn in diesem Bereich lag das Kernproblem der genetischen Verhaltenssteuerung als die Ursache der Kämpfe um Ränge, Macht, >erotische Attraktivität< und seine Durchsetzung bei der Paarung. Der Durchbruch aus der Tier-Stufe ließ sich ausschließlich dadurch erreichen, dass man insbesondere in *diesem* Bereich *Persönlichkeit* und *Kultur* erreichte, was alles Andere als >ohne< ist – wie es auch mit >Drache< formuliert ist.

Man beachte hier die ganz offensichtlichen Wirkungen dieser evolutionären Entwicklung. Denn bei allem Kampf um Macht und „erotische Attraktivität“ *gegen die eigenen* Geschlechtsgenossen erschöpfte sich die ganze „Beziehung“ zum anderen Geschlecht jenseits des allgemeinen Soziallebens bei den höheren Primaten ggf. lediglich auf Geschlechtsakte, die zudem nur kurz waren (z.T. nur Sekunden). Mit dem Moratorium der Pubertät wurden in der humanevolutionären Entwicklung Eros und Sexualität zu einer Form der *Personalität*: einer Beziehung von *Person zu Person*. Damit verwandelte sich die *Konkurrenz* gegen das eigene Geschlecht zu *Zuwendung* und *Liebe* zu einem Du, wo das Eigentliche einer Beziehung u.a. aus der

[232] Göran Burenhult: Illustrierte Geschichte der Menschheit I, S. 100

Kommunikation miteinander erwächst.[233] Leider ist gerade auch dieser Bereich zum Opfer der Notstands-Probleme am >Ende der Eiszeit< geworden. In dem damaligen Aufkommen kriegerischer Disflikte entstand das >Heiraten< als *Politik* seiner Bündnis-Bildungen, wo das Personale keine eigentliche Rolle mehr spielte. Hier kam erst mit der Psychologie wieder ein Verstehen der anthropologischen Verfassung von >Beziehung< im eigentlichen Sinn auf. Es gibt hier nicht den geringsten Grund, die historischen Barbareien im Geschlechter-Verhältnis (von *beiden* Seiten her) auf die ursprüngliche Kultur zurück zu projizieren. Sie sind effektiv *historische* Entwicklungen.

Es gilt hier zu sehen, dass die >Jugend-Initiation< die explizite Form war, das Moratorium zwischen Geschlechtsreife und dem Erwachsein-Sein zunächst anzuleiten, bis der Nachwuchs Identität ausbildete und seine Selbststeuerung trainieren konnte, bis man das Niveau von Personalität: von Kommunikations- und Konflikt-Fähigkeit erreichte. Es versteht sich dabei, dass sich dies nicht auf die Information beschränken konnte, dass Geschlechtsverkehr Folgen haben kann – was freilich auch der Fall war (s.u.). Die Anlage der ursprünglichen Mythologie in diesem Bereich bedeutet nicht, dass man diesen Sachverhalt noch nicht verstanden hätte,[234] sondern dass man verstanden hatte, dass gerade dieser Gesamtkomplex auf eine wirklich kulturelle und personale Ebene zu bringen war. Es kann hier nicht bloß um ein >technisches Verstehen< von Nachwuchsproduktion gehen, wie dies im Mittleren Mesolithikum im Kontext der Heirats-Politik aufkam, was bezeichnenderweise auch die Tierzucht begründete.

---

[233] S. hierzu die Literatur von Michael Lukas Moeller wie etwa >Die Wahrheit beginnt zu zweit<, die in dieser Sache unbedingt zu empfehlen ist

[234] „Alle Natives wissen, dass Geschlechtsverkehr die Ursache für die Empfängnis von Kindern ist.“ Åke Hultkrantz: Schamanische Heilkunst, S.307

*„Auch die Neunzahl ist indogermanisch. Zwar kommt sie als Zahl der Vollendung ebenfalls bei Ägyptern und Chinesen vor, aber die allermeisten typischen Beispiele finden sich bei den Iraniern, Griechen, Kelten und Germanen.“*[235]

*In den paläolithischen Höhlen finden sich in bezeichnenden Zusammenhängen Zahlzeichen mit >neun< (Striche oder Zweige) [STier = STern = UTerus* >Ur(sprung< = *Ku*$^h$ *-Quelle]*

*Links aus der Höhle von El Castillo (Nordspanien), rechts aus der Höhle von Lascaux (wobei das Zeichen meine Deutung ist, ist es nicht völlig eindeutig zu erkennen)*

*s. Beides in: Göran Burenhult, Illustrierte Geschichte der Menschheit I, S. 108*

[235] Hans-Jürg Braun: Das Jenseits, S. 198

Der Komplex ***Men**struation – neun Monate* = >schwanger< ist *integraler* Bestandteil der ursprünglichen *Mond*-Symbolik und Mythologie, auch wenn dies für Kinder anders erklärt wird als in der >Jugend-Initiation<.

***NoNa* = *neun* 9** für >schwanger, Geburt<
**nah** = engl. *near* - **nähren**
**neu**

**Nanna** sumerischer.Mondgott, besonders in Ur verehrt
**Nana-** bei den afrik. Akan (Ghana) der >große Ahn<
**Nanabush** nordamerik. Figur, die den Menschen schuf
**Ninni** auch für ***Inanna,*** mesopotamische Hauptgöttin
**Nene** die erste Frau der Azteken

*(s. Belege und mehr → **Mond**-Symbolik)*

**Nonne** von kirchenlat. *nonna* mit der ältesten Bedeutung >Amme< (Duden 7, *Nonne*)
*nanny* engl. >Kinderfrau, Kindermädchen<
*nene* spanisch >Baby<
*niño* spanisch >Kind<
*nana* spanisch >Gutenachtlied<
*nēnia* lat. >Lied; Zauberlied [!]; Trauerlied<
**Ninne** deutsch >Wiege<
*ñu-ñu* (*n'yoo-n'yoo*) Quechua (Inka) >Milch<

*novus* lat. >neu<, >Neumond<, >der jüngste, letzte; äußerste, hinterste; höchste<
*nave* engl. = **Nabe, Nabel**
*nūbō* lat. >heiraten<, *nūpta* lat. >Braut, Frau<
*nepos* lat. >Enkel(kind), Neffe< = *nápāt* altindisch >Enkel, Nachkomme<
**Neffe** (Duden 7, *Neffe*)

usw.

Es ist schon bemerkenswert, dass die Begriffe >kennen< und >wissen< mit Eros und Sexualität – und damit ursprünglich auch mit der Initiation – verbunden waren:

- *men* >**Mond**<- >**Mensch**< - *_men_ indoeuropäisch für
  >**erinnern**< [236] (vgl. engl. *mind*) – ***Minne*** >Liebe<
  \- *Min* der altägyptische „Gott der Liebe" – *mein, Menstruation,* >Minotauros< (Höhle! - *Mine*) – ursprünglich sicher ein Initiations-Mythos

- hebräisch ***jada'*** >erkennen, geschlechtlich miteinander verkehren< - dazu parallel indoeuropäisch griech. *oida* (> **Idee**), lat. *video* (von hierher auch ***Vision***) - ***wissen***
  Die Grundform hebräisch *jad* steht für >Hand<

- *_ge(n)_ wie in griech. ***gn****osis* entsprechend deutsch ***Ken****nen /Kenntnis/Kunde/Bekannte/r* und lat. *gens/generare* >Geschlecht, erzeugen< entsprechend deutsch ***Kön****nen*

Es versteht sich, dass das Thema Sexualität ursprünglich notwendigerweise in der >Jugend-Initiation< in einen umfassenderen Komplex der Persönlichkeits-Entwicklung eingebunden war.

Felsgravierung in Alaska (9 Felder!), Nachzeichnung nach Anati S. 402

[236] nach: Julius Pokorny: Indogermanisches Etymologisches Wörterbuch, S. 726 - 728

### 7.2.3 Die Jugend-Initiation als Entwicklung von Persönlichkeit als der Begründung von Kultur

*„Die Vorstellung der Wiedergeburt ist ursprünglich die eines geistig-seelischen Wandlungsvorgangs.“* [237]

*„Liebe ist die Antwort des Ichs auf das Bewusstsein vom Tod.“* [238]

Die Entstehung von >Bewusstheit< als dem unabdingbaren Bestandteil der Selbststeuerung hatte durchaus auch ihre schwierige und auch betrübliche Seite. Mit ihr verknüpfte sich nicht bloß die Erkenntnis seiner Sterblichkeit, sondern – in manchem noch weit schwieriger – auch der Qual der Wahl und der Folgen seiner Handlungen und Entscheidungen. Mit dem Aufkommen von >Bewusstheit< entstand auch die Einsicht in das >Einmalige< (die positiv das Personale begründete) und in den Sachverhalt der >Lebenszeit<: sie läuft. Mit dem Verlust der genetischen Verhaltenssteuerung war man nicht mehr einfach in die Gegenwart eingebunden. Die Entstehung von Bewusstheit und Subjekt-Sein bedeutete zunächst die pubertäre Krise der völlig neuartigen Fragestellung: „Was will ich eigentlich vom Leben?“ Und nur, wo und wie weit man durch diese Fragestellung und Krise hindurch gegangen ist, kann man sich das Potential des >Lebens< erschließen und aneignen.

*„Wir sollten festhalten, dass wir uns vor dem Schmerz, uns selbst ins Gesicht zu blicken, nicht drücken dürfen, wenn wir an unserem Leben Freude haben wollen.“* [239]

---

[237] Peter Schellenbaum: Nimm Deine Couch und geh! S.66

[238] Alexander Lowen: Liebe und Orgasmus, S. 82

Das Folgende gilt in ihrer gesteigerten Form für die schamanische Ausbildung, doch wohl in der Grundform für die allgemeine ursprüngliche >Jugend-Initiation<:

> „Die bekannteste Form schamanistischer Initiation ist die so genannte >Suche nach Visionen< (*vision quest*). Wenn ein junger Indianer in Amerika Schamane werden möchte oder er den Eindruck hat, die Geister beriefen ihn hierzu, dann begibt er sich an einen entlegenen Ort, oft an den Rand einer hohen Klippe über der Steilküste oder in eine Höhle. In vielen Fällen wählt er eine Stelle mit Felsmalereien, die für diesen Zweck besonders geeignet ist. Die wichtigste Bedingung ist, dass dieser Ort für andere unzugänglich ist. Dort fastet und meditiert der Novize, fernab von seinen Angehörigen und abgeschnitten von den Annehmlichkeiten, die ein Leben in der Gemeinschaft bietet [...]. So bringen ihn Hunger, Schmerz, intensive Konzentration und Abgeschiedenheit schließlich vielleicht dazu, dass er in Trance verfällt. Genau zu diesem Zeitpunkt erscheint ihm ein Tiergeist, der ihn sein Leben lang begleiten und ihm beistehen wird, ihn mit seinen übernatürlichen Kräften erfüllt. [...] Ein langer Weg liegt vor ihm, aber er hat die entscheidende Schwelle überschritten.“ [240]

Es scheint, dass die Grundform der schamanischen *vision quest* ursprünglich eine Praxis war, die tendenziell jeder Jugendliche (männlich *und* weiblich) unternahm.

> „Da der Weg der Visionen […] bei den [indianischen] Küsten-Salish fast von jedermann beschritten wurde, war die Grenze zwischen einem gewöhnlichen Visionär und einem Anwärter auf die Position des Medizinmannes relativ fließend. [...] Für die Puyallup-Nisqually im Südosten des Pugetsunds ist es selbstverständlich, dass überhaupt jeder Mensch über besondere Kräfte verfügt, die sich in seiner Persönlichkeit ausdrücken.“ [241]

---

[239] Alexander Lowen: Lust – Der Weg zu einem kreativen Leben, S. 84

[240] Jean Clottes & David Lewis-Williams: Schamanen, S. 20

[241] Åke Hultkrantz: Schamanische Heilkunst, S. 124

Eine Idee, wie der Kern dieser ursprünglichen Jugend-Initiation verlaufen sein könnte, könnte folgende Erfahrung einer Trance – im Übrigen von einer Frau – darstellen. Sie hat diese Erfahrungen auch in Zeichnungen beschrieben (in der zitierten Quelle abgebildet). In dieser Trance erlebt sie ein >Sterben<. Sie „fühlt sich hinuntergezogen in einen wirbelnden Tunnel, vorbei an skelettartigen Symbolen des Todes und der Vernichtung, der Unterwelt entgegen." Nach einer Phase des völligen Verfalls entstehen wieder Lebensimpulse. Sie sieht einen **Vogel** (vgl. das Schachtbild von Lascaux) „und ruft ihn um Beistand an". Zum „Erlebnis der Wiedergeburt" heißt es: „Der Körper ist wieder ganz und heil, und sie ist von Vögeln umgeben. Es erfüllt sie ein ekstatisches Gefühl, geläutert, verjüngt und gestärkt zu sein und eine Erfahrung von lebensverändernder Kraft und Bedeutung gemacht zu haben. Zwanzig Jahre später hält die Zeichnerin dieses Erlebnis immer noch für eines der bedeutendsten Ereignisses ihres Lebens." [242]

Nachzeichnung: das Vogel-Symbol
von dem Schachtbild in Lascaux
S. z.B. Wikipedia; *Die Höhle von Lascaux*

Einen Blick auf die psychische Thematik eröffnet folgender Therapie-Bericht:

> „Seine [*des Patienten*] Assoziation zu dem griechischen Helden Perseus war insofern bemerkenswert, als er diesen mit Theseus verwechselt hatte. Diese Verwechslung wurde dadurch bedeutungsvoll, dass er entdeckte, was beide gemeinsam hatten. Beide mussten ihre Furcht von unbewussten, dämonischen, mütterlichen [!] Mächten überwinden und eine einzelne jugendliche weibliche Gestalt von diesen Mächten befreien.

[242] aus: Roger N. Walsh: Der Geist des Schamanismus, S. 85 - 89

Diese Rettung symbolisiert die Befreiung der Animafigur von dem verschlingenden Aspekt des Mutterbildes. Erst wenn dies erreicht ist, wird ein Mann zu echter Verbindung mit Frauen fähig [*was analog für Frauen gilt*]. Die Tatsache, dass dieser Mann versäumt hatte, die Anima von der Mutter zu trennen, wurde in einem andern Traum betont, in dem er einem Drachen begegnete, einem symbolischen Bild für den >verschlingenden< Aspekt seiner Anhänglichkeit an die Mutter. Dieser Drache verfolgte ihn, und weil der Mann keine Waffen hatte, zog er in diesem Kampf bald den Kürzeren.
Bezeichnenderweise erschien jedoch seine Frau in dem Traum, und ihr Auftreten ließ den Drachen irgendwie kleiner und weniger bedrohlich werden. Diese Veränderung im Traum zeigte, dass der Träumer in seiner Ehe verspätet die Anhänglichkeit an seine Mutter überwand. Der Held-Drachen-Kampf war der symbolische Ausdruck für sein >Erwachsenwerden<.
Aber die Aufgabe des Helden hat ein Ziel, das über die biologische und eheliche Anpassung hinausgeht. Es ist die Befreiung der Anima als jene innere Komponente der Psyche, die für jede wahre schöpferische Tat notwendig ist." [243]

Auch folgende Erfahrung eines Experiments einer *Frau* erinnerte mich dabei an die initiatorische Höhlensituation:

„Den Schlüssel zum Verständnis der sexuellen Magie fand ich nicht, wie man annehmen könnte, im ekstatischen Liebesspiel, sondern in einer Einsamkeit, wie ich sie vorher und nachher in meinem Leben nie wieder erlebt habe.
Auf die Anregung eines indischen tantrischen Mystikers hin nahm ich mit einer Gruppe weiterer Psychologen an einem Versuch zur sensorischen Deprivation teil. Ich wurde sieben Tage und sieben Nächte lang mit einer Augenbinde und Ohrenstöpseln in einem stillen Raum auf dem Lande allein gelassen. Wir bekamen nichts als Wasser und ein halbes Kilo-

[243] J. L. Henderson, in: C.G. Jung: Der Mensch und seine Symbole, S. 126

gramm Trauben täglich. Die ganze Zeit gab es keine Kommunikation mit anderen Menschen.

In dieser Isolation, von allen äußeren Reizen abgeschirmt, begann ich bald, mich nach innen zu bewegen und Schicht um Schicht meiner eigenen Seele zu durchdringen. Dabei begegnete ich all den Menschen und Stimmungen meiner Vergangenheit, die in irgendeiner Weise meiner Persönlichkeit Gestalt und Substanz gegeben hatten. Ich hatte die Empfindung durch überfüllte Räume mit Verwandten, Freunden, Lehrern, Priestern, Liebhabern zu gehen, die sich alle zu einer gewaltigen, chaotischen Cocktailparty versammelt hatten und mich mit ihren einander widersprechenden Meinungen überschütteten, wie ich mein Leben zu gestalten hätte.

Als ich durch diese Räume ging, versuchte ich ein meditatives Bewusstsein aufrechtzuerhalten, so dass ich all diese Menschen hören konnte, ohne mich bei einem von ihnen aufzuhalten oder etwas davon zu glauben, was sie sagten. Dadurch konnte ich meine Reise immer tiefer und tiefer in mein innerstes Selbst fortsetzen.

Nach einigen Tagen kam ich an einen Ort tiefer Stille und Ruhe. Es war eine eigenartig paradoxe Empfindung, denn ich spürte eine ungeheuere Energie durch meinen Körper fließen, die mich normalerweise in höchste Aktivität versetzt hätte (umherlaufen, lieben, eine Party veranstalten, irgend etwas, um die überschießende Energie zu verbrauchen), während ich mich jetzt völlig entspannt fühlte, von allem abgelöst, in einem Zustand der Hinnahme und des Vertrauens.

Ich hatte das Gefühl, dass ich jetzt endlich an den Grund meines Seins gelangt war. Es war ein Bewusstseinszustand, der mir nicht nur eine authentische Wahrnehmung des Selbst, des essentiellen >Ich< vermittelte, sondern zugleich weit darüber hinausging, indem ich mit dem kollektiven Bewusstsein aller lebenden Wesen, der Erde und des ganzen Universums verbunden war. Es war ein luzider, ekstatischer, universeller und friedlicher Zustand. Ich hatte schon davor solche Zustände kurzzeitig bei der sexuellen Vereinigung und in der Meditation erlebt; diesmal aber spürte ich zum ersten Mal eine andere Qualität. Ich begann mich in diesem Raum mit einer Quelle großer Weisheit und Klarheit zu verbinden. Ich konnte

> die tiefsten Fragen über Sinn und Zweck meines Lebens stellen und empfing die tiefsten Antworten. Ich sah, wie sich Schritte meines Lebens in den vor mir liegenden Jahren entfalteten, und ich sah, wie ich meine Wünsche ändern, wie ich Zukunftsalternativen schaffen, alte, lang ersehnte Ziele erreichen konnte. Ich hatte, kurz gesagt, die Wahrnehmung, dass ich unter dem *Kalpataru* saß, dem legendären Wunsch erfüllenden Baum der indischen Mythologie.“ [244]

Man beachte, dass auch der Orgasmus eine Form der Trance darstellt und dass also eine wirkliche *Hingabe* sowohl in der *Liebe* an eine Person als auch im Sexuellen eine entsprechende Befreiung von Ängsten und Erwachsenheit und die Entwicklung von Identität voraussetzt, denn:

> „Aber erst nachdem ein einigermaßen sicheres Gefühl der Identität erreicht ist, ist eine wirkliche Intimität mit dem anderen Geschlecht (wie übrigens auch mit jedem anderen Menschen und sogar mit sich selber) möglich.“
> (Erikson: S. 114)

Das spezielle, zweifelsfrei als Mythologie erkennbare Motiv und *Wort* für das, was es dieser Jugend-Initiation zu verarbeiten gilt, ist >**Drache**<.

> „Drachen sind also oftmals Herren über Geburt und Tod, da sie die Quellen der Flüsse, die das Leben spenden, ebenso hüten wie deren Mündungen, die ins Totenreich führen. Drachen stehen am Anfang aller Dinge in vielen Schöpfungsmythen. Als Verschlinger von Menschen und Vieh, als Vernichter der Ernten bringen sie Tod und Verderben.
> Von daher gesehen ist es nur noch ein kleiner Schritt zu den Initiationsritualen vieler Kulturen, die den Übergang vom Jugend- zum Erwachsenenalter als ein Verschlingen und Ausspeien deuten. Auf Borneo verschwindet beispielsweise der junge Mensch symbolisch im weiten, dunklen Rachen eines

[244] Margo Anand: Magie des Tantra, S. 27 f.

Krokodilungeheuers, um zu einer höheren Existenz neu geboren zu werden.“ [245]

„>V.J. Propp sieht im Drachentötermärchen den Prototyp aller Zaubermärchen überhaupt. Und in der Tat sind die Märchenhelden und -heldinnen alle irgendwie Drachentöter, Retter, Erlöser oder aber Opfer von >Drachen<, Gerettete, Befreite<. [...] M. Lüthi: „>Der Drache ist ein Bild für die ungestaltete und gefährliche Natur wie für das eigene Unbewusste.<“ [246]

Diese Symbolik ist im chinesischen Daoismus noch gegenwärtig, nur wird sie hier geschlechtlich differenziert formuliert: mit >Drache< für die >männliche Energie< und mit >Tiger< für die >weibliche Energie< (die *Katzen*-Symbolik als Schmusekatze *und Raubtier* findet sich weit für das >Weibliche< verbreitet, so auch im Alten Ägypten in *Hathor*). Hier also werden Leben und Liebe nicht nur mit den entsprechenden Folgen regressiv und domestikativ aufgenommen, sondern in der Verarbeitung seiner Ängste das erst Spannende des Lebens wie auch der Liebe erschlossen: [247]

„Die Vereinigung von Drachen und Tiger […ist…] ein wichtiger Prozess in der *inneren Alchemie.*“ [248]

„In alledem liegt aber nunmehr eine ethische Komponente, ein Bewusstwerden der seltsamen seelischen Kräfte, über die der Mensch verfügt. Die schreckliche Realität, die uns in diesen rituellen Phantasien entgegentritt, ist die Realität der menschlichen Seele selbst. Ihre Kräfte sind Verderben bringend, aber auch heilend, erlösend. Diese Menschen sind gegen die Kleinlichkeiten des Daseins gewappnet, denn sie ha-

[245] Sigrid Früh: Märchen von Drachen, S. 22; 24

[246] R.W. Bredrich: Enzyklopädie des Märchens, Sp. 815

[247] s. dazu in speziell weiblicher Hinsicht das sehr empfehlenswerte Buch >Die Wolfsfrau< von Clarissa Pinkola Estés

[248] Harenberg Lexikon der Religionen, S. 814

ben nicht nur das Schicksal in der zermalmenden Kraft des Todes erkannt, sondern auch alle Verlangen der menschlichen Seele erfahren, die sie in personifizierenden Bildern gestaltet und erlebt haben. Das Geheimnis des schöpferisch-drängenden Unbewussten ist in dieser Formensprache greifbar. Für diese Menschen kann es keine Schrecken mehr geben, nachdem sie sich so Furchtbarem unterworfen haben, zunächst widerwillig, dann aber doch überwältigt von der schöpferischen Macht, die der Seele innewohnt.“ [249]

## 7.3 Das Integrale Bewusstsein

*„Als ein menschliches Wesen zu leben war in den ältesten Kulturen schon an sich ein religiöser Akt, denn Nahrung, Sexualität und Arbeit hatten eine sakramentale Bedeutung. Mit anderen Worten, Mensch sein oder, besser: werden heißt >religiös< sein.“* [250]

*„Liebe ist nicht in erster Linie eine Bindung an eine bestimmte Person. Sie ist eine* Haltung, *eine* Charakter-Orientierung, *welche die Bezogenheit eines Menschen zur Welt als Ganzem und nicht nur zu einem einzigen >Objekt< der Liebe bestimmt.“* [251]

Infolge der sprachlich aufgebauten Bewusstseins-Anlage des Menschen kommt es bei der Entwicklung von Identität, Bewusstsein und Kultur zu einem integralen oder *ganzheitlichen* Empfinden von >Leben<, oft auch als >spirituell< bezeichnet. Es geht um das Empfinden der Lebendigkeit der >Welt<, der >Würde< des >Lebens<, von Integrität und einer >Verbundenheit< mit der Welt und der Menschheit usw.

---

[249] Hans Findeisen & Heino Gehrts: Die Schamanen, S. 72 f.
[250] Mircea Eliade: Geschichte der religiösen Ideen I, S. 7
[251] Erich Fromm: Die Kunst des Liebens, Großdruck S. 75

Das Umgekehrte ist in der Psychologie etwa als >schizoide Störung< bekannt.

> „Wer nicht spürt, dass er Teil eines größeren Ganzen ist, wer nicht merkt, dass sein Leben Teil eines natürlichen Prozesses ist, der weit über ihn hinausreicht, von dem kann man sagen, er sei seelenlos. [...] Ohne Seele hockt er im Gefängnis seines Geistes, und seine Lust bleibt auf Ego-Befriedigung beschränkt.“ [252]

Positiv ist diese Auffassung etwa in einer indianischen Kultur formuliert (die dem Motiv der >Venus<-Figuren entspricht):

> *„Wir sind ein Teil der Erde, und sie ist ein Teil von uns. Die duftenden Blumen sind unsere Schwestern, die Rehe, das Pferd, der große Acker sind unsere Brüder. Die felsigen Höhen, die saftigen Wiesen, die Körperwärme des Ponys und des Menschen – sie alle gehören zur gleichen Familie. [...] Was wir unsere Kinder lehren: Die Erde ist Eure Mutter. Wenn Menschen auf die Erde spucken, bespeien sie sich selbst. Denn das wissen wir: Die Erde gehört nicht den Menschen, der Mensch gehört der Erde. Der Mensch schuf nicht das Gewebe des Lebens, er ist darin nur eine Faser. Was immer Ihr dem Gewebe antut, das tut Ihr Euch selber an.“* [253]

Im Alten China hieß es:

> „**Wahrer Mensch** [...*ist* ] derjenige, der das *Dao* in sich selbst vollendet hat, der es verkörpert und durch sein Handeln, das ein *absichtsloses Handeln* [*] ist, bekundet. Er stellt ein von allen Daoisten angestrebtes Ideal dar.“ [254]

---

[252] Alexander Lowen: Lust, S. 132

[253] Aus der Rede des Häuptlings Seattle vom Stamm der Duwamish 1855. Die Authentizität der Überlieferung ist umstritten. Das Zitierte dürfte jedoch die dortige Philosophie zutreffend wiedergeben.

[*] unter >absichtslosem Handeln< dürfte insgesamt das >nicht Ego-

In der ursprünglichen Sprache des Homo sapiens findet sich diese Verbindung u.a. in der begrifflichen Reihung *Ma - Mond – Mensch – Minne – mind* >Geist, Bewusstsein< (= *anima*). So sehr die ursprüngliche Mythologie Bilder und Geschichten bzgl. des >Transzendenten< liefert - nämlich für die kindliche Bewusstseins-Entwicklung -, so geht es auf der Erwachsenen-Stufe doch darum, das Transzendente als tatsächlich transzendent zu begreifen: seine Grenzen in Zeit und Verstehen anzuerkennen und seine gegebene Lebens-Chance im *Immanenten* zu verwirklichen: Kultur und Persönlichkeit zu entwickeln.

Sibirische Trommel (mit dem Mond-Boot, hier mit 8 verbunden)
Nachzeichnung nach: Mihály Hoppál, Schamanen, S. 131

motivierte Handeln< zu verstehen sein

[254] Harenberg Lexikon der Religionen, S. 814

# Teil III

## Homo sapiens, Geschichte und Zukunft

*„So führten die wenigen Menschen, die nomadisierend das Land durchzogen, wahrscheinlich ein fröhliches Jägerleben, unbeschwert und glücklich, allen guten Dingen dieser Erde zugetan. Daher auch die Vermutung, dass sich in der Paradieslegende die Erinnerung an diese letzte Epoche der Eiszeit erhalten habe."* [255]

[255] Rudolf Pörtner: Bevor die Römer kamen, S. 101 f.

# 8 Von der Herkunft des Menschen aus dem >Paradies<

*Mit Dank an Felix und Renate*

*Über die Felsmalereien in der Sahara in der Zeit vor über 10.000 Jahren:*

„Das Epos der Sammler, wie es auf wunderbare Weise von ihren häufig surrealistischen Bildern erzählt wird, ist voller Halluzination, hermetischer Botschaften und einem Sinn für Harmonie, der beim Betrachter Betroffenheit auslöst. Noch immer strahlen sie eine geheimnisvolle Kraft aus. [...] Man hat den Eindruck, dass diese nach ihrem ersten Erforscher Henri Lhote >Têtes rondes< genannten Menschen in einer Art irdischen Paradieses lebten […].“ [256]

*Bei den früheren Mongolen:*

„Formulierungen wie >die glücklichen Waldvölker< (Geheime Geschichte, § 239) deuten wohl darauf hin, dass den höher entwickelten Steppennomaden die Waldleute ob ihrer ungebundenen Lebensweise und geringeren sozialen Differenzen in einer Art >Goldenem Zeitalter< zu leben schienen; andererseits erachteten auch die Waldleute selbst ihre relative Freiheit als wertvoller als das etwas stärkeren Bindungen unterworfene Leben der Viehzüchter.“ [257]

*Das folgende Zitat muss leider gegen den Strich gelesen werden:*

„Die Holländer stellten fest, >dass die Javaner so faul waren, dass sie sich nur so viel erwirtschafteten, wie sie selbst brauchten<. Am patzigsten argumentierten die Deutschen in Ostafrika. Sie kritisierten das >Eingeborenenschlaraffentum<, ihr >Schmarotzen und Herumlungern<, und begründeten die Besitznahme fremden Landes ausdrücklich damit, diesen >Menschenzweigen, die von den unsrigen ganz divergent sind, eine Erziehung zur Arbeit< zu ermöglichen.“ [258]

---

[256] Emmanuel Anati: Höhlenmalerei, S. 180 - 182

[257] Erika & Manfred Taube: Schamanen und Rhapsoden, S.19 f.

[258] Ronald Daus: Die Erfindung des Kolonialismus, S. 175

# 8.1 Ein Modell-Szenario des humanevolutionären Kontextes

**Adäquate Bilder können helfen, von *abstrusen Bildern* bzgl. der „Eiszeit" und primitiver „Steinzeit"-Verhältnisse wegzukommen, und deswegen sollen sie hier für eine treffendere Vorstellung der ursprünglichen Verhältnisse der Humanevolution und des Homo sapiens auch entworfen sein.**

„Eiszeit" bedeutete *im Kontext der Humanevolution* nicht, dass die Menschen es mit arktischen Verhältnissen zu tun bekommen hätten. Mochten sich im Norden die Gletscher ausdehnen, so berührte dieser Sachverhalt wohl etwa die Neandertaler, nicht aber die humanevolutionären Entwicklungen zu *Homo sapiens,* die ja in Afrika lagen.

In Wirklichkeit stellte sich das Problem genau umgekehrt. Wenngleich die Abkühlung der Erde auch Afrika betraf, dass der Bestand der tropischen Regenwälder schrumpfte, so bedeutete dies vielmehr aufgrund des Verlusts von Schatten, nun ganz anders mit Hitze konfrontiert zu sein. Ganz in diesem Sinne zum Zwecke der Abkühlung ging damit die Umbildung des Fells zur Haut mit einem Schweißdrüsen-System einher.

Mochte der technologische Entwicklungsstand einfach gewesen sein, so ergibt sich für den eigentlichen humanevolutionären Kontext doch ein Szenario, das den idealsten Camping-Urlauben entspricht. In Wirklichkeit entwickelte sich der Mensch in Verhältnissen, mit denen heute (u.a. in Reise-Katalogen) „Urlaubsparadiese", „Oasen" und „Naturparadiese" assoziiert werden, und diese Assoziationen kommen nicht von ungefähr. Wir lieben bestimmte Verhältnisse deswegen im Besonderen, weil wir evolutionär diesen Verhältnissen entstammen und diese unserer evolutionären Konstitution entsprechen. Offenbar sind im Ruhezustand eine Temperatur von ca. 28° C und eine relativ *trockene* Luft für uns optimal,[259] und ich sehe keinen Grund, diese Vorliebe nicht mit der tatsächlich gegebenen evolutionären Situation in Verbindung zu bringen. Ich glaube, dass die realen ursprünglichen Verhältnisse jedoch *insofern* besser als die angeblichen heutigen „Urlaubsparadiese" waren, als dass sie nicht bloß eingehegte künstliche Stätten für eine vorübergehende Erholung waren, sondern die Ausgangsbasis für *Kultur* und sein *Leben* überhaupt.

Das entscheidende Motiv sehe ich darin, dass man in dem humanevolutionären Kontext Orte aufsuchte, die den Ansprüchen der Kinder entsprachen. Dafür dürften insbesondere Strand- und Uferplätze mit Sand in Frage gekommen sein. Aus solchen

[259] s. R. von Bredow, in: GEO Wissen „Die Evolution des Menschen", S. 95

>Kinderwelten< entstand die kulturelle Evolution als dem Sachverhalt der Humanevolution.

Es dürfte unzuzutreffend sein, die *humanevolutionäre* Entwicklung zu sehr mit >Savanne< zu assoziieren. Savanne ist ein Stichwort in Bezug auf die *Hominiden*-Evolution. Doch schon bei den Hominiden entstand mit der Entwicklung des Schweißdrüsen-Systems „eine größere Abhängigkeit von Wasserstellen.“ [260] So könnte es mehr und mehr zur Gewohnheit geworden sein, an Flüssen und Stränden zu lagern.

Ich hatte vor Jahren den Hinweis auf eine Anthropologin gelesen, die die Auffassung vertrat, dass die Struktur der Haut des Menschen darauf verweise, dass es in der Humanevolution eine Phase gegeben habe, in der der Mensch, quasi wie die Delphine, wieder zurück ins Wasser gestrebt hätte.

Einen neuen Sinn erhielt für mich diese Auffassung, als für mich von der Auseinandersetzung mit der Humanevolution das Szenario in den Blick kam, dass die Lagerplätze des Menschen idealer Weise am Wasser und auf Sand liegen. Dieses ergab sich nicht nur aus dem Trinken, sondern auch als eine Möglichkeit zum Abkühlen wie aus dem Bedarf zum Säubern aufgrund der neuen Anlage der Schweißbildung. Nicht auszuschließen ist, dass auch eine Ernährung von Wassertieren eine Rolle spielte, [261] was ich aber nicht als primäres Motiv einschätzen würde.

Tatsächlich liegen auch die Stellen der evolutionären Funde insbesondere in der Nähe zum Wasser, so am Omo-Fluss, am Turkana-See (ehemals Rudolf-See, Kenia) und am Malawi-See (oder Njassa genannt).

---

[260] Dietrich Mania, in: Die ZEIT Welt- und Kulturgeschichte I, S. 53

[261] Alister Hardy veröffentlichte 1960 eine Theorie, die aus diesem Zusammenhang die Bipedie zu erklären versuchte. „Zeitungsüberschriften fassten die Theorie gelegentlich als >Der Mensch ist ein Meer-Affe<, und >Der Mensch stammt vom Delphin ab<, während sie Elaine Morgan inspirierte, *The Aquatic Ape* zu schreiben.“ Frans de Waal: Wilde Diplomaten, S. 187

Dieser Grabenbruch liegt mitten in dem Gebiet, in dem die Hominiden- und Humanevolution angesiedelt wird (von daher auch in der Erforschung als „Hominiden-Korridor-Projekt“ gedacht),[262] und es wäre zu vermuten, dass auch die anderen Seen dieses Grabenbruchs als evolutionäre Siedlungsplätze in Betracht kämen. Leider sind dort die Verhältnisse z.T. politisch recht schwierig, dass sie bislang nicht entsprechend archäologisch erforscht wurden.

Von dem Verbreitungsgebiet her kommen jedoch grundsätzlich auch Siedlungsplätze in Afrika am pazifischen Ozean (bei Mündungen von Süßwasser) in Betracht, m.E. theoretisch sogar in besonderer Weise, übrigens auch als Seeweg in der Verbreitung des Menschen. (Die nautischen Fähigkeiten belegen sich auf jeden Fall bei der Besiedelung von Australien seit vor 50.000 Jahren, und auch bei der angenommenen Auswanderung der Homo sapiens aus Afrika von Äthiopien über die Südküste der arabischen Halbinsel bestünde ein durchaus tückischer Seeweg von min. 27 km über das Rote Meer). Allerdings besteht hier das besondere archäologische Problem der unterschiedlichsten Meeresspiegel im Lauf der Zeit. Der Anstieg des Meeresspiegels in den heißesten Zeiten kann sehr leicht die einstmals geringen Überbleibsel am Strand wegspülen, und die Siedlungsplätze der niedrigeren Meeresspiegel der Eiszeit-Kaltphasen liegen heute bis zu 130 m unter Wasser und sind entsprechend schwierig zu entdecken und zu erforschen.

Ich denke, dass Strände und Flussbett-Ränder das für Menschen idealste Szenario des gemeinschaftlichen Aufenthaltsortes darstellt. Nicht ohne Grund sind Städte durchweg am Wasser und an Flüssen angelegt.
Wenn ich mir vorstelle, dass der Strand das idealste Szenario gemeinschaftlicher Aufenthaltsorte darstellte, denke ich dabei insbesondere an die Kinder (vgl. S. 185). Hier findet sich ganz natürlich ein „Sandkasten“ zum Spielen - und damit ein Mate-

[262] s. auch die Karte: GEO Wissen „Die Evolution des Menschen“, S. 39

rial, mit dem man ursprünglichste kreative Erfahrungen sammeln kann, im „Baggern“, im Matschen, Formen und in Sandmalereien (Zeichnungen). Flache Sandstrände bieten die Möglichkeit, im Wasser zu plantschen, wozu Kinder eine Tendenz zu haben scheinen. Doch sind sie auch für die Kleinkind-Hygiene praktisch.

Ein Sandboden ist relativ ideal für das Sitzen und Liegen auf dem Boden. Es wäre zu sehen, wie hier Krokodile und Haie verbreitet sind. Eingebuchtete flache Sandstrände haben auf jeden Fall den großen Vorteil, dass sie gewisse Einfriedungen bilden und recht gut überschaubar sind.

Von solchen Bade-Stränden her ließe sich die Tendenz >zurück zum Wasser< gut verstehen, nicht in der Absicht, wieder wie die Delphine insgesamt in das Wasser zurückzukehren, sondern in einem ausgebreiteteren Baden. Zu der Vorstellung eines solchen Szenarios passt, dass die Haut der Frauen besser darauf eingestellt zu sein scheint als die der Männer, die evolutionär demgegenüber stärker von Mobilität geprägt zu sein scheinen.

*Somit kämen wir also zu einem Szenario der ursprünglichen anthropologischen Lebensform, wie wir es, etwa am Mittelmeer, als Bade-Strandurlaub kennen, in Gemeinschaften, nur ohne Massenbetrieb.*

Die Kinder spielen am Strand, wo auch einige Frauen, vielleicht insbesondere die jungen Mütter und die alten Frauen, verbleiben. Manche älteren Kinder ziehen zum Entdecken und Nahrungssammeln mit eher Frauen in das umliegende Terrain, während die erwachsenen Männer und die evtl. daran interessierten Frauen und älteren Kinder nach Lust, Laune und Bedarf das weitere Terrain erkunden, auf Jagd gehen und Materialien wie Holz und bestimmte Steine für die Werkzeuge besorgen. Von diesem Szenario am Strand wäre auch anzunehmen, dass das Sammeln von >Meeresfrüchten< und das Fischen eine gewisse Rolle gespielt haben könnte. Da es zunächst keine großen Populationen gab, hatten die Menschen genügend Räume, sich die günstigsten Terrains zu suchen. Wenn selbst die !Kung, die in unwirtlichste Wüstengebiete abgedrängt wurden, lediglich ca. 4 Stunden pro Tag für ihre Versorgung brauchen, dann haben wir hier in diesem humanevolutionären Kontext nicht den geringsten Grund für die Annahme, dass der Aufwand höher gelegen hätte, im Gegenteil. Vgl. dazu hier einen Bericht über Aborigines:

> *„Während die Männer ihre Jagd und die damit verbundenen Riten mit wichtigen Mienen und großem Ernst umgeben, machen sich die Frauen mit den Kindern in natürlicher Gelassenheit und mit Frohsinn auf die Suche nach Nahrung. Im Gegensatz zur Ernte bei Ackerbau treibenden Völkern ist das Sammeln kein Kampf gegen die Zeit oder die Naturereignisse. Selbst in außerordentlichen Trockenzeiten verbringen die Frauen nicht unverhältnismäßig viel Zeit mit der Nahrungssuche; selten sind es mehr als drei bis vier Stunden am Tag.“* [263]

Ich stelle mir von der evolutionären Vorgeschichte her vor, dass Frauen eine stärkere Tendenz zu mit Kindern verbundenen Interaktionen und Sozialleben hatten, während Männer auf eine höhere Mobilität angelegt waren. Die konkrete Praxis ergab sich jedoch aus den jeweilig authentischen Persönlichkeiten und ihren Bedürfnissen. Weil es hier *im Grundsätzlichen* keine Notstandsprobleme gab, bestand hier auch kein Bedarf an Geschlechtsrollenstereotypie, im Gegenteil, da alles Stereotype, A-Personale und Unauthentische auf Kosten der Lebens-Qualität gehen und beim Menschen nur bei Not aufkommen.

Die Bedeutung der Jagd wird gemeinhin gleichzeitig über- wie unterschätzt. Es ist in der Ethnologie längst deutlich, dass die praktische Bedeutung der Jagd für die Nahrungsversorgung im Allgemeinen gar nicht so hoch liegt. Der Auszug auf die Jagd hatte weit mehr die Bedeutung wie hier heute bei uns Fußball,

---

[263] Robert Lawlor: Am Anfang war der Traum, Die Kulturgeschichte der Aborigines, S. 334

was im Grunde die Jagd [264] nachahmt. Die Suche nach einer interessanten Beute war vielleicht das rationale Motiv, das zu Streifzügen und Unternehmungen motivierte. Doch wenn man dabei eine bislang unbekannte Tierart oder einen interessanten Stein entdeckte, war das genauso gut. Der tatsächlich wichtigste Beitrag der Männer war wahrscheinlich ihr „Jägerlatein“ samt entsprechenden schauspielerischen Vorführungen der Jagd oder der Tiere.

Es ist dieses „Jägerlatein“, das eine der fundamentalen Grundlagen der Entwicklung von *Kultur* darstellte. Es fällt auf, dass die ursprüngliche/paläolithische Mythologie neben den anthropomorphen Motiven wesentlich von Tier-Motiven geprägt ist, wie dies auch die Felskunst und die Höhlenmalereien belegen.

Bei kleinen Kindern ist ein starkes Interesse an Tieren zu beobachten. Evolutionär ließe sich das von dem Interesse an Essbarem ableiten, doch ist auch dieses Interesse an sich bei *Homo* (*sapiens*) zu einem kulturellen Interesse erwachsen. Von daher lässt sich dieses Interesse nicht auf bloße Beute reduzieren, was umgekehrt deswegen dieses Interesse nicht aufhebt. Insofern sind hier das Interesse an der Welt, Neugier und (Er-) Forschung, die Lust am Abenteuer, die Suche nach Herausforderung, der Spaß an körperlicher Betätigung und ein praktischer „ökonomischer“ Effekt überhaupt kein Gegensatz, sondern eine integrierte Betätigung und insofern erst tatsächlich ökonomisch.

Das Motiv der „Jagd“ war – wie etwa Fußball – ein Motiv von erregenden Abenteuern und Herausforderungen, etwa auch von „strategischen Planungen“, wie das auch bei Fußball von „so immenser Bedeutung“ ist. Die Jagd war hier wie bei uns Fußball für manche „die herrlichste Nebensache der Welt“. Das „Jägerlatein“ brachte Abenteuer und den Horizont der großen

---

[264] „Ein charakteristisches Beispiel: Die Desana Kolumbiens behaupten von sich, Jäger zu sein, obschon 75 % ihrer Nahrung aus Fischerei und Gartenbau herrührt; aber in ihren Augen ist nur das Leben eines Jägers lebenswert.“ Mircea Eliade: Geschichte der religiösen Ideen, Band 1, S. 44 (Anmerkung 17)

weiten Welt in die beschauliche Szenerie am Strand. Das weitete das Bewusstsein und entwickelte es bei den Kindern.

Doch weit mehr als von den Umweltbedingungen kann von dem Sozialen her von einer >Herkunft aus dem Paradies< gesprochen werden. Die humanevolutionäre Entwicklung ist nur von einer wirklichen Liebe zu den Kindern und dann insgesamt von einem wirklichen Beziehungs- und Sozial-Interesse erklärbar.

Es ist hier also anzunehmen, dass die Kinder hier, so gut es nur möglich war, ihnen gerechte (= kindgerechte) Verhältnisse gestellt bekamen, in denen sie sich in aller Freiheit selbst bestimmt entwickeln konnten, ist die *Autonomie*-Erfahrung und –Entwicklung als ein entscheidender Sachverhalt der menschlichen Entwicklung und des Lernverhaltens einzuschätzen. Sie konnten etwa am Strand spielen, es gab eine Reihe von Spielkameraden, von und mit denen man lernte, und immer waren einige vertraute Bezugspersonen in der Nähe, die sie jederzeit nach Bedarf aufsuchen konnten. Der Gemeinschaftsverband ermöglichte allen einen hinreichenden Freiraum, Authentizität und gleichzeitig Nähe, Kontakte und Interaktionsmöglichkeiten, gleichberechtigt im Verhältnis zwischen den Kindern und Erwachsenen und zwischen allen. Wenn ein Erwachsener gerade nicht offen war für eine kindliche Kontaktaufnahme, dann war dies hier kein äußeres Problem, weil sich die Kinder hier ohne weitere Probleme andere Bezugspersonen suchen konnten. Die Verhältnisse gestalteten sich hier nicht nach Status Quo-Fragen und Rechtsverhältnissen, sondern als *Kultur*: in authentischen positiven emotionalen Beziehungsverhältnissen. Wo es nicht gelang, Probleme miteinander in den Griff zu bekommen, war es ethnologisch bei entsprechenden Kulturen Sitte, dass sich die Gruppe teilte oder dass sich Personen einer anderen Gruppe anschlossen, und so wird es auch einstmals gewesen sein.

Insbesondere auch das Verhältnis zwischen den Kindern und den Erwachsenen muss in dem evolutionären Verhältnis überaus produktiv gewesen sein. Denn die kulturelle Evolution entstand durch die Entwicklung der Kindheit. Die Kinder boten den kreativen Impuls, die Erwachsenen die Erfahrung. Die kulturelle Evolution kann nur, insbesondere in dem Bereich Sprache, in einem wirklich dialogischen Verhältnis zwischen Erwachsenen und Kindern gedacht werden. Wenn es auch die besondere Hilflosigkeit der Kinder war, die die Erwachsenen zu Zuwendung und unterhalterischen Tätigkeiten wie Erzählungen und Feiern anregte, so förderten doch auch die emotionalen Reaktionen der Kinder solche Aktivitäten, die entsprechend motivierten. Hier waren die Beziehungen keine Geschäfts- oder aber abhängigen Privat-Burg-Verhältnisse („my home is my castle"). Hier waren die positiven Gefühle die Währung: eine, die Werte schuf statt verbrauchte und deswegen währte und bewahrte, und dies über Jahrzehntausende.

Als der entscheidende Pass in der humanevolutionären Entwicklung ist die Situation einzuschätzen, wo das Ausmaß der kulturellen Aktivitäten das Ausmaß an Energie und Zeit für die Existenzbewältigung überschritt, denn darin liegt die „materielle" Basis für das neue Bewusstsein, das den >Menschen< vom >Tier< unterscheidet.

Wir haben hier also nicht bloß eine Situation, in der die Kinder reichlich und qualifiziert spielten, sondern wo auch die Erwachsenen dieses Ausmaß an kulturellen Aktivitäten pflegten, weil sie als Kinder die darin bestehenden Lebens*qualitäten* entdeckt und erfahren hatten.

**Die Humanevolution bedeutete den Schritt vom Existieren, Überlebens-Verhalten und den Reproduktionslogiken hin zu *Kultur* und einer Sicht vom Leben als Chance, Wunder und Abenteuer.**

Es ist grotesk, diese Verhältnisse, die effektiv von *Kultur* bestimmt und angefüllt waren, als „Naturvölker" zu bezeichnen.

*Sie* waren die „Kulturnationen“, nicht die Industrienationen, die kaum über Arbeit und Ökonomismus hinauskommen und selbst „Kultur“, „Bildung“ und Soziales zu Markt machen.

Oder sie bloß als >Jäger und Sammler< = Wildbeuter zu begreifen. Wildbeuter waren schon die Affen und nicht erst diese. So sehr das >Wildbeutertum< kulturanthropologisch als Vergleich für ökonomische und soziale Aspekte in Hinsicht auf die späteren Entwicklungen von Bedeutung ist, so wäre doch mit diesem Stichwort von dem Eigentlichen der Alten Kulturen, der Humanevolution und *dem Menschen* noch *gar nichts* gesehen und begriffen.

Wir haben uns die ursprünglichen Verhältnisse des *Homo sapiens* effektiv als Gemeinschaften entwickelter, lebendiger, kreativer, kommunikativer und liebender Persönlichkeiten vorzustellen. Äußerlich war diese Kulturform wohl schlicht, menschlich dafür umso entwickelter und anspruchsvoller. S. dazu etwa die wohl soweit aus dem Paläolithikum stammenden Verfassung (>*Wunan*<) der Ngarinyin-Aborigines:

„Alle teilen alles miteinander, Kinder ... Frauen ... Männer
Keiner ist ausgeschlossen ... alle gehören dazu,
Vögel ... alle Tiere ... Hunde
niemand bleibt draußen, alle gehören immer zum *Wunan* dazu
jeder ... auch die Tiere, die gehören alle zum *Wunan*
jedes lebendige Geschöpf gehört zum *Wunan* [...]
alle gehören zum *Wunan*, egal welche Sprache,
keiner bleibt draußen beim *Wunan*
es ist allen gemeinsam ... das ist das *Wunan*
Nach dem *Wunan* wird alles geteilt,
alles hat seine Ordnung ... keiner bleibt draußen
alle ... das *Wunan* ist eine einzige große Familie
Oh ja! Ein *Wunan* für alle“ [265]

[265] Nyawarra, in: Jeff Doring: Gwion Gwion, S. 182 f.

## 8.2 Zur paläolithischen Kultur des Homo sapiens

*„Reisen heißt: leben lernen.“*
Sprichwort der Tuareg [266]

In Wirklichkeit sind die Verhältnisse auch unter den günstigsten Umständen objektiv natürlich niemals ein Paradies gewesen.

Wenn hier dennoch im Ernst von der „Herkunft des Menschen aus dem Paradies“ gesprochen werden soll, so nicht aufgrund der Auffassung, dass die Verhältnisse jemals so idyllisch gewesen seien, wie es sich nicht erst seit Gauguin die hiesigen projektiven Fantasien ausmalen und es die Bilder von den Urlaubs- und Natur-Paradiesen vorgaukeln. Selbst wenn die Naturverhältnisse ziemlich günstig waren, so werden sie doch mit der Zeit >Alltag< und also ein Stück weit zu langweilig für die höhere Großhirn-Anlage. Insofern entstand schon unter den Hominiden das Bedürfnis herumzuziehen und >die Welt kennen zu lernen<.

Die „Herkunft des Menschen aus dem Paradies“ erklärt sich völlig anders. Sie erklärt sich vom Sozialen und Beziehungen her, aus der hinreichenden Zuwendung zu den Kindern und einem Aufwachsen in dieser Zuwendung. Sie erklärt sich letztlich aus der Mythologie. Es waren diese für die Kleinkinder geschaffenen Geschichten von z.B. >MutterVater Mond<, die die Welt und das Leben als extra für die Kinder geschaffen erklärten. Mit dieser Sicht erlebten die Kinder in der Zuwendung erst ihr volles Glück, und dieses kindliche Glück machte das Leben auch für die Erwachsenen zu einem >Paradies<.

---

[266] nach: Désirée v. Trotha: Heisse Sonne Kalter Mond, S. 151

Natürlich verhält es sich mit dem Leben, wie sich das >Paradies< in den Geschichten für die Kleinkinder dargestellt hat, nicht so einfach und auch gar nicht so unproblematisch. Doch wo die Kultur und die Bewusstseins-Entwicklung richtig angelegt sind, lassen sich auch die Probleme, die Konflikte und auch die Grenze seiner Lebenszeit als Herausforderung begreifen und also, dass das Leben in *Wirklichkeit* noch besser: noch spannender und noch wertvoller ist.

Es ist völlig abstrus, die humanevolutionär entwickelte paläolithische Kultur des Homo sapiens bis zum >Ende der Eiszeit< in irgendeiner Form für primitiv zu halten. Unsere Anlage als Homo sapiens ist höchst anspruchsvoll – wir könnten sagen: leider. Denn sie ist im Wesentlichen mit sozialem Lernen, mit Verhaltens-Training, mit dem Erwerb wirklicher Sprach-Beherrschung und kulturellem Know How und der Entwicklung von Identität, Kommunikations- und Konflikt-Fähigkeit – insbesondere im Geschlechter-Verhältnis – verbunden.

Unter dieser Voraussetzung wird alles möglich, was man an >Leben< in sich empfindet, und davon zeugen auch die Spuren der damaligen Kulturen: die reichen kulturellen und künstlerischen Betätigungen, die Abenteuerlust in kühnen nautischen Unternehmungen (wie es sich u.a. in der Besiedelung von Australien sicher belegt) und in dem Durchdringen tiefster Höhlensysteme, wie man es erst in jüngster Zeit mit bester speläologischer Ausrüstung erst wieder gewagt und erreicht hat. Doch wäre es ein Missverständnis, darin das schon entscheidende Eigentliche zu begreifen.

Das infolge der humanevolutionären Entwicklung entscheidende Eigentliche der menschlichen Anlage ist die Entwicklung von Kultur und Persönlichkeit: von Bewusstheit, Identität, Personalität und der Steuerung seiner Sozialverhältnisse auf der Basis von Reflexion und gemeinschaftlicher Kommunikation.

Es verhält sich hier wie beim Auto. Das Auto eröffnet völlig neue Möglichkeiten, doch praktisch erst wirklich produktiv, wenn man das Steuern gelernt hat. Sonst wird es bald gefährlich. Doch mit der fähigen Lern-Entwicklung kann man sich Lebens-Qualitäten und Abenteuer ganz entsprechend seinen Bedürfnissen eröffnen, wie es sich in der Kultur der Eiszeit auch belegt.

Neben der Seefahrt nach Australien und den Südsee-Inseln dürften die Befunde in den eiszeitlichen Höhlen sicherlich die besten, da deutlichsten Anhalte aus dieser Ära dafür bieten. In manchen Höhlen finden sich Hinweise, dass in ihnen getanzt und Musik gemacht wurde. Dazu bieten sie sich mit ihren akustischen Eigenschaften z.T. gar von selbst an. Es gibt auch Anhaltspunkte, dass Stalaktiten usw. zur Klangerzeugung genutzt wurden. S. zu diesem Thema mehr in Richard Rudgley, Abenteuer Steinzeit, Kapitel 15: „Der Gesang der Stalaktiten".

Folge Zitate können vielleicht einen kleinen Eindruck von Momenten der paläolithischen Kultur des Homo sapiens bieten:

> „Die Höhle Pergouset (Lot) ist ein verborgenes Universum. Nachdem man sich durch endlos scheinende schmale Zugänge gewunden hat, die die Vorstellung von einer Art rituellem Durchgang auslösen, gelangt man in sehr kleine Säle oder Kammern, in denen man sich gerade noch hinsetzen kann oder auf den Rücken legen muss. Dies zwingt den Körper zur Unbeweglichkeit und den Geist zur Sammlung. In der völligen Isolierung, in der undurchdringlichen Stille, in der nicht einmal das Tropfen von Wasser zu hören ist, hat man das Gefühl, in einer anderen Welt wiedergeboren worden zu sein. Die empfindlichen, mit Lehm bedeckten Wände, die den Prähistoriker umgeben, sind mit feinen und verschlungenen Gravierungen bedeckt. [...] Diese vor Leben sprühenden Reliefs kann man nicht während eines einzigen Besuchs oder bei einem schnellen Durchschreiten der Höhle wahrnehmen;

man muss in diesem ganz besonderen Universum >wohnen<, die Atmosphäre auf sich wirken lassen.“ [267]

„Beim Betreten einer Höhle, deren Wände mit Jahrtausende alten Malereien bedeckt sind, gewinnt man den Eindruck, in eine großartige imaginäre Welt einzutreten. [...] Noch heute vermittelt uns die Bilderwelt der prähistorischen Felskunst eine unbeschreiblich sakrale Bedeutung, und für die Mentalität der westlichen Welt sind die Orte der Höhlenmalerei am ehesten den Kathedralen vergleichbar, die in den letzten tausend Jahren auf den Plätzen großer Städte errichtet wurden. Diese Bilderhöhlen sind früheste Orte geistiger Sammlung, an denen Erinnerung und Identität zelebriert wurde. Es sind >Kathedralen der Wüste<. Auf dem Planeten Erde gibt es viele solcher unbekannter Kathedralen.“ [268]

„Einer der seltsamsten Kultplätze unter den tief liegenden Heiligtümern ist wahrscheinlich Etcheberriko-Karbia, das verloren in den Gebirgen des Baskenlandes liegt. Der Eingang ist sehr groß, und man könnte meinen, dass er sich für die Ausführung einer Felsbildkomposition angeboten hätte. Der Kultplatz liegt jedoch so weit im Innern, dass man ihn nur mit einer guten speläologischen Ausrüstung erreichen kann. Über eine Stunde muss man kleine Seen überqueren, Felssimse entlang klettern, glatte, meterhohe Stalagmitenhänge erklimmen, um schließlich durch ein schmales Loch in einen schmalen Gang zu gelangen, der abrupt endet und 2 m senkrecht abfällt. Dort beginnt die Kultstätte.
Nun wird es jedoch keineswegs einfacher, denn nach der ersten Bildkomposition muss man an einem Stalagmiten 5 m hinab gleiten, einen Abgrund umgehen und durch einen engen Spalt 8 m hochklettern, um Fortsetzung und Abschluss der Malerei im Spaltende zu finden. Das letzte Pferd ist so nah am Rande des Abgrunds angebracht, dass man sich den Künstler nur vor-

[267] Michel Lorblanchet: Höhlenmalerei - Ein Handbuch, S. 138 ff.
[268] Emmanuel Anati: Höhlenmalerei, S. 9

stellen kann, wie er von einem Begleiter am Pelzkleid festgehalten wurde.“ [269]

> „Eines der typischsten Merkmale dieser [eiszeitlichen Höhlen-] Bilder ist ihre beinahe unzugängliche Lage. Wenn überhaupt, erscheinen die Bilder nur selten an den Eingängen der Höhlen [...]. Stattdessen muss man auf Knien und Ellenbögen gehen und kriechen, ja manchmal sogar reißende unterirdische Flüsse und Seen durchschwimmen, um - manchmal unter Lebensgefahr - die innersten Bereiche jener Zufluchtsstätten zu erreichen. Man stelle sich nur den Gedanken vor, dass man den Weg nicht wieder zurückfindet oder in einem der nahezu unpassierbaren Gänge stecken bleibt. Nicht selten stößt ein Forscher, der nach Höhlenbildern sucht, auf eine Sackgasse, die zu eng ist, als dass er sich umdrehen könnte. Dann bleibt ihm nichts anderes übrig, als über Hunderte von Metern rückwärts zu kriechen. Die Gefahr und die Erregung müssen ein wesentlicher Teil des paläolithischen Rituals gewesen sein. Die Lampen jener Zeit, die mit Tierfett gespeist und mit Dochten aus trockenen Fasern versehen waren, brannten vielleicht fünf oder sechs Stunden lang. In zahlreichen Höhlen wurden Steinlampen gefunden. Einige davon waren elegant geformt, während andere lediglich aus einfachen Kalksteinplatten bestanden, in die Löcher für den Brennstoff gebohrt waren. Niemals jedoch wurde das Skelett eines Menschen gefunden, der es nicht mehr geschafft hatte, die Höhle lebend zu verlassen.
> Tief im Inneren der am wenigsten zugänglichen Höhlen schufen diese paläolithischen Künstler ihre Kunstwerke. Aber selbst hier mieden sie die leicht einsehbaren Oberflächen. Stattdessen wählten sie häufig eine abgelegene Stelle in einem engen Gang, die von den günstigsten Positionen aus nicht sofort zu sehen waren.

Ganz eindeutig suchten diese Künstler mit ihren flackernden Lampen nach einem besonderen Blickwinkel für die Höhlenwände. Er sollte dem Bild aus der realen Welt, das sie vor ih-

[269] Mario Ruspoli: Die Höhlenmalerei von Lascaux, S. 82

rem geistigen Auge hatten, Leben einhauchen - etwa einem rennenden Pferd oder einem angreifenden Wisent. Aus den Unregelmäßigkeiten der Felsoberfläche suchten sie jene natürlichen Bildungen heraus, die sie in ihre Darstellungen integrieren konnten. Dies ist ein Erkennungsmerkmal vieler Höhlenbilder, einschließlich der großartigen Mammute von Rouffignac und der lebensecht wirkenden Löwin von Les Combarelles, deren Augen aus natürlichen Feuersteinkernen bestehen, die im Kalkstein eingebettet sind.
Es ist häufig schwierig, den Winkel zu bestimmen, den der Künstler für den Anblick eines bestimmten Bildes vorgesehen hatte, geschweige den Winkel, von dem aus er selber das Bild gesehen hatte. Häufig entsteht der Eindruck, dass der Künstler für den Betrachter ein Überraschungsmoment eingebaut hat, der sich erst nieder ducken muss, ehe das Bild für ihn zum Leben kommt. Wir können uns kaum vorstellen, wie diese Künstler es schafften, lebensgroße Bilder mit korrekten Proportionen dazustellen, ohne dass sie imstande waren, zurückzutreten und das Werk als Ganzes zu betrachten. [...].“
270

Alles in allem ist zu sagen, etwa wie später historisch noch bei einer Alten Kultur:

„Die Jenissejer lieferten, als Vertreter der [*alt*-] sibirischen Völkerschaften, dem Forscher das entschiedene >Beispiel für ein sinnhaftes Dasein, das aus einer uralten, seelisch bis an den Rand mit Erleben angefüllten Inspirationskultur gespeist wird.< […]
Dass diese Nordvölker aber trotz so zahlreicher, ihr Dasein aufs ernsteste bedrohender Naturgegebenheiten ein fast unvorstellbar reichhaltiges Geistesleben geschaffen haben [...], zwingt uns nicht nur zur Anerkennung, sondern geradezu zu Hochachtung und Bewunderung einem Menschentum gegenüber, das sein Heil nicht in Technik, sondern in der Vielfalt von naturphilosophischen Mythen, Riten, Dichtungen

[270] Göran Burenhult: Illustrierte Geschichte der Menschheit I, S. 106

und Gesängen gefunden hat. [...] Nordasien bietet dagegen ein Bild des genauen Gegensatzes zu unseren Zuständen: eine Technik, die auf denkbar einfachster Stufe stehen geblieben ist, wogegen die Künste absolut Wert bestimmend sind [...].“ [271]

„In der Tat berichten Wissenschaftler, die Gelegenheit hatten, einige der letzten primitiven Völker auf dieser Erde kennen zu lernen, wie zufrieden diese Menschen mit ihrer Lebensweise waren.“ [272]

Sibirische Trommel, Nachzeichnung [273]

[271] Hans Findeisen & Heino Gehrts: Die Schamanen, S. 12, 25, 150
[272] John McCrone: Als der Affe sprechen lernte, S. 214
[273] nach: Mihály Hoppál: Schamanen und Schamanismus, S. 130

„In jüngster Zeit hat eine Serie neurobiologischer Beobachtungen ein neues Bild entstehen lassen. Es beschreibt des Menschen als ein Wesen, dessen zentrale Motivationen auf Zuwendung und gelingende menschlichen Beziehungen gerichtet sind." (S. 9)

„Wir sind – aus neurobiologischer Sicht – auf soziale Resonanz und Kooperation angelegte Wesen. Kern aller menschlichen Motivation ist es, zwischenmenschliche Anerkennung, Wertschätzung, Zuwendung oder Zuneigung zu finden und zu geben." (S. 23)

aus: Joachim **Bauer**: Prinzip Menschlichkeit. Warum wir von Natur aus kooperieren

# 9 Zur historischen Entwicklung

## 9.1 Die „Vertreibung aus dem Paradies“

*„Die biblische >Vertreibung aus dem Paradies< wird zu einer sehr wirklichkeitsnahen Umschreibung der Vorgänge. Mit dem Ende der Eiszeit begann die >schlechte Zeit< für den Menschen* [...].“ [274]

*„Wir sind Gruppenwesen, keine Gesellschaftswesen [...]. Unser Ursprungsmilieu war weniger die Savanne als die kleine Gemeinschaft von 25 bis 29 Personen, von denen die Hälfte Kinder waren. Die Kleingruppe ist unser angemessenes Urmilieu. Erst seit der neolithischen Revolution vor etwa zehntausend Jahren sind wir aus diesem Paradies, auf das wir uns körperlich, seelisch und geistig entwickelt haben, vertrieben. Die sich mit der Ackerbaukultur bildenden Großgesellschaften entwickeln sich nach vollkommen anderen Gesetzen. Sie folgen den Gesetzen der >Gesellschaftsmechanik<, wie Norbert Elias es nennt [...]. Die Gesellschaft ist und bleibt menschenfern, obwohl sie von uns zwangsläufig selbst gemacht wird.“*

Michael Lukas Moeller (Psychoanalytiker) [275]

---

[274] Josef H. Reichholf: Das Rätsel der Menschwerdung, S. 11
[275] Michael Lukus Moeller: Der Krieg, S. 40

Die völlig neuartigen kulturellen Entwicklungen, die am >Ende der Eiszeit< einsetzen, erklären sich nicht als Umschlag von der biologischen Evolution in die kulturelle Evolution und nicht als Beginn der Kulturentwicklung, wie man dies im Gefolge der Vorstellungen des 19. Jahrhunderts (wo man das Alter der Erde und der Menschheit auf etwa 6.000 Jahre ansetzte) mitunter heute noch sieht.

Der Beginn der Entwicklung von Kultur ist vielmehr der Inhalt der humanevolutionären Entwicklung vor unserer Art Homo sapiens. Homo sapiens ist schon das evolutionäre Produkt der Entwicklung von Kultur, die soweit vollgültig die biologischen Anforderungen an Kultur erreichte: die Lösung von zu unfähigen Sozialverhältnissen aufgrund eines zu unfähigen Sozialverhaltens. Diese Lösung wurde durch die Aneignung der genetischen Verhaltens-Steuerung mittels Entwicklung einer auf diesen Zweck angelegten Sprache erreicht. Im Einzelnen enthielt dies (in der >Jugend-Initiation<) im Besonderen kulturelle Bildung, eine Schulung zwecks wirklicher Sprach-Beherrschung, Verhaltens-Training und den Erwerb der Fähigkeit im Sozial- und Beziehungs-Umgang durch die Fähigkeit zu Kommunikation und im Konflikt-Umgang (insbesondere im Geschlechter-Verhältnis und in Sache Liebe).

Dies ist der Kern-Inhalt des Sachverhaltes >Kultur< in der Entsprechung unserer Genetik der >kulturalen Anlage<, die zur Bewältigung der sozialen Problematik auf diese Lern-Entwicklung ausgerichtet ist, wie der Computer auf Software und deren Installation.

In Wirklichkeit verhält es sich nach heutigen Einsichten genau umgekehrt. Das >Ende der Eiszeit< bedeutete nicht den Beginn der Entwicklung von Kultur, sondern in dem geologischen Umbruch vom Pleistozän auf das Holozän, der sich mit gigantischen Naturkatastrophen verknüpfte, Verlust an Kultur. Anders als vielen höheren Tierarten gelang es dem Menschen wohl zu überleben, doch verbreitet auch nicht mehr.

„Die letzten 5.000 Jahre der Eiszeit waren eine Periode von Klimaveränderungen geradezu apokalyptischen Ausmaßes, die alles übertrafen, was uns heute bekannt ist.“ [276]

„Dieser grundlegende Klimawechsel, der für viele Pflanzenfresser das Aussterben bedeutete, betraf auch den Menschen.“ [277]

Vieles, was man bei den früheren Zeit-Ansätzen der menschlichen Existenz (vor 200 Jahren noch auf 6.000 Jahre geschätzt) der Evolution zurechnete, erweist sich längst als Sachverhalt der historischen Entwicklung seit dem >Ende der Eiszeit<.

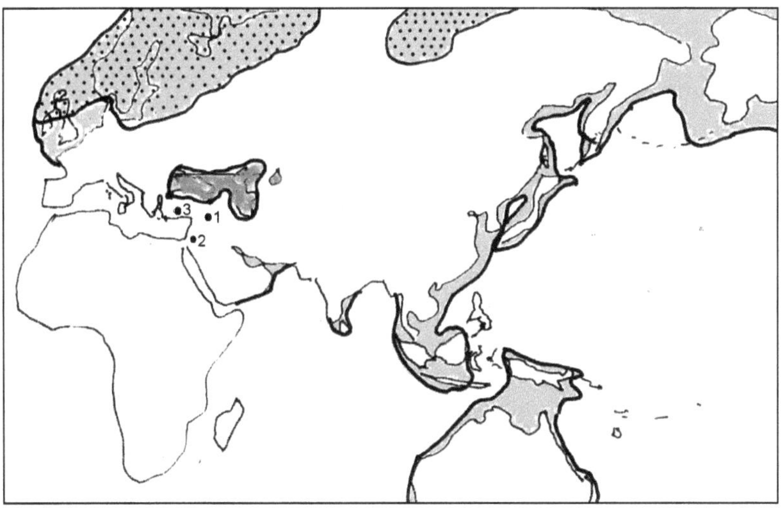


**Die Umbrüche am >Ende der Eiszeit<**: gepunktet **Gletscher**; grau **Landverluste**; 1 Göbekli Tepe; 2 Jericho; 3 (neolithisch) Çatal Höyük

[276] Brian Fagan: Die Eiszeit – Leben und Überleben im letzten großen Klimawandel, S. 131
[277] Wighart von Koenigswald & Joachim Hahn: Jagdtiere und Jäger der Eiszeit, S. 92 f.

Karte zum Nahen Osten:

Die äußerst **schwierige Lage** des Nahen Ostens zwischen **Meeren**, dem großen **Wüstengürtel** von der Sahara bis zur Wüste Gobi und den Hochgebirgen weit größer und höher als die Alpen, die sich östlich mit dem Hindukusch, Himalaja, Altai usw. verlängern. Diese Gebirgsfaltung entstand durch das nördliche Driften der afrikanischen Platte auf Eurasien, weswegen der Nahen Osten auch stärker von Vulkanismus und Erdbeben betroffen ist.
Dazu entstand am >Ende der Eiszeit< der Persische Golf (vorher Küste bei der >Zacke< von Oman), zeitweilig noch 200 km größer als heute (gepunktet) und damit in einer Größe wie etwa Deutschland.

Der angebliche „**fruchtbare Halbmond**" ist lediglich **weder Wüste noch Gebirge**, sondern der schmale Übergang zwischen Beidem oder aber Küstenstreifen.

Tatsächlich erweist sich selbst das Problem der Nahrungs-Versorgung als menschlich selbst geschaffen, doch ist die Nahrungsproduktion nicht die erste Ursache dafür, sondern das Aufkommen von sozialen Problemen aufgrund des Verlusts an Kultur und Persönlichkeits-Entwicklung. Die fundamentalen klimatischen Umbrüche und die grandiosen Naturkatastrophen am >Ende der Eiszeit< schufen – insbesondere bei den besonders komplizierten Verhältnissen im Nahen Osten – scharfe Notstandsprobleme, die zu bewältigen die Energien beanspruchten. So fand man nicht mehr genug Zeit und Energie für die Entwicklung seiner Persönlichkeit und sozial zu Kultur.

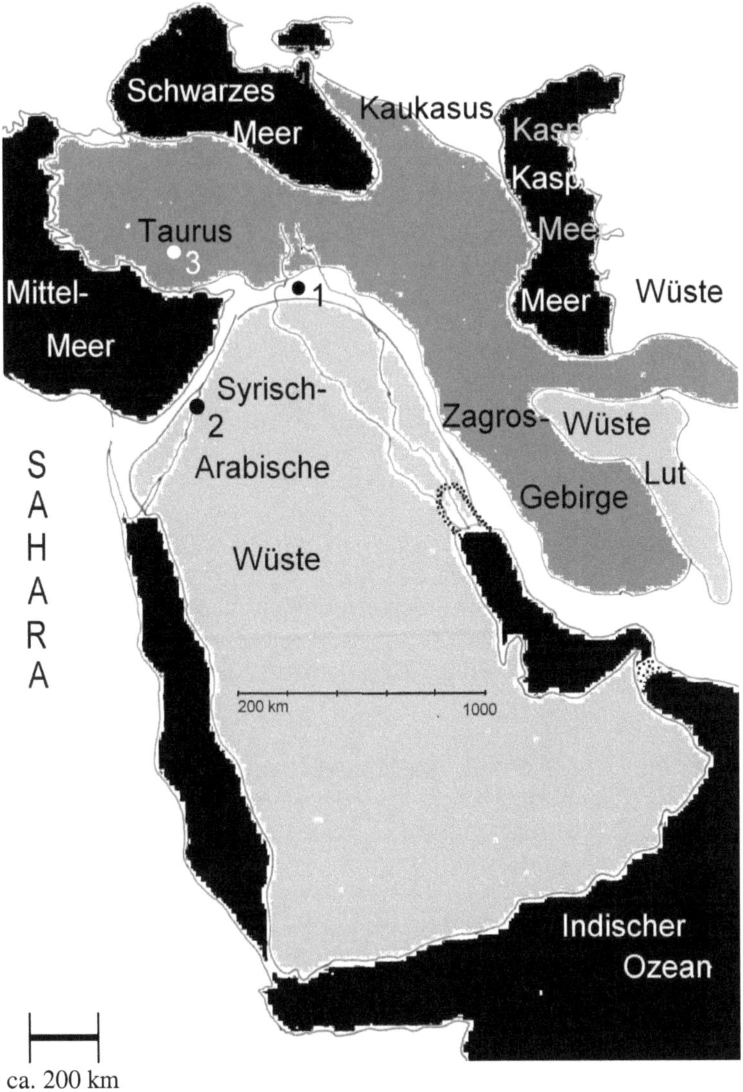


Hellgrau Wüste; Dunkelgrau Gebirge ab 1000 m

> *„Seltener macht man sich klar, wie viel Unglück der Mensch mit der Landwirtschaft über sich selber gebracht hat: die Fron, die Armut, die großen Kriege - und sogar den Hunger."*
>
> Wolf Schneider: *Wir Neandertaler*, S. 180 f.

Soweit man noch einigermaßen zu Kultur in der Lage war, wie selbst unter den damals prekär gewordenen Verhältnissen in Australien, ließen sich *ernstliche* Versorgungs- und kriegerische Disflikte vermeiden.

Gerade auch die Entwicklungen im Nahen Osten sind eine ganze Zeit in dieser Hinsicht besonders bemüht gewesen. Aufgrund der besonders komplizierten Verhältnisse kam es auch zu wichtigen produktiven Neuentwicklungen, die jedoch die entstandenen Probleme nicht zureichend zu lösen vermochten.

Mochten die Ansätze zur Nahrungsproduktion zuerst einige Kämpfe um Ressourcen lösen, so wurden bald die Anforderungen für eine Nahrungsproduktion zu einem völlig neuartigen Grund im Kampf um Ressourcen.

Auf jeden Fall sahen die damaligen Kulturtraditionen in der Nahrungsproduktion auch gar keinen Ansatz zur Entwicklung von „Fortschritt" – was erst eine ganz neue Perspektive und Auffassung seit der Industrialisierung ist -, sondern vielmehr einen *Fluch* („im Schweiße deines Angesichts") in der „Vertreibung aus dem Paradies".

> „Niemand konnte die landwirtschaftliche Revolution vorhersehen und niemand wollte sie. Eine Abfolge winziger Entscheidungen, mit denen sich die Menschen den Magen füllen und ein bisschen Sicherheit gewinnen wollten, summierte

sich so lange, bis die alten Wildbeuter unter sengender Sonne Wassereimer schleppten." (Yuval Harari: Eine kurze Geschichte der Menschheit, S. 115)

Es war unter den besonderen Voraussetzungen der nahöstlichen Verhältnisse von ebenso besonderen Konsequenzen, dass sich die Naturumbrüche mit zudem einigen Kapriolen über mehrere – hier mindestens drei zu rechnende – Jahr*tausende* hinzogen, und es war auf die Dauer Konflikt verschärfend, dass die Naturumbrüche im Nahen Osten ständig gleichermaßen mit Verschlechterungen wie mit Optimierungen verbunden waren, was Absprachen aus zwei grundsätzlich unterschiedlichen Gründen wieder und wieder über den Haufen warf. Hierbei wurden auch mehr und mehr manche situative Lösungen zu den Ursachen neuer Probleme. Mit dem Ackerbau konnte man etwa nicht mehr beliebig umziehen. Dass die technischen Lösungen die sozialen Folgen mangelnder Kultur nicht zu lösen vermochten, versteht sich von selbst.

Alles in allem deuten die Entwicklungen ab dem >Ende der Eiszeit< darauf, dass der erste Bereich, der effektiv von dem Verlust der Entwicklung von Kultur und Persönlichkeit betroffen war, der der >Jugend-Initiation< war und im Erwerb der Sprachbeherrschung lag. Hier wurde aus >Geist< *Gespenstisches,* woraus – historisch neuartig – der Geister- und dann der Ahnen-Toten-Kult entstand. Aus den ursprünglichen Sprachfiguren wie >UrMutterVater Mond< wurden nun *exklusive* „Stamm-Ahnen" in der Art von >Adam und Eva<, die nun zum Zweck von >Erbansprüchen< auf Stammes- und dann (spätmesolithisch) auf Clan-Gebiet wortwörtlich zu nehmen waren.

Schon das Aufkommen der neuartigen frühmesolithischen Konzeption >Stamm< basiert zuerst auf einem mangelnden Sprachverstehen und dann auf einer aktiven Umdeutung verschiedener Sprach- und Traditions-Momente zum Zwecke einer Stammes-Mythologie zum Zweck einer neuen Sozial-Organisation. Diese wurde notwendig, weil die neuen Sozialverhältnisse mangels Sprachverstehen und Persönlichkeits-Entwicklung nicht mehr auf der Basis von Kommunikation zu händeln waren, worin der zentrale Sachverhalt der humanevolutionären Entwicklung gelegen hatte.

Der zentrale Sachverhalt der humanevolutionären Entwicklung verknüpft sich mit einer auf Kultur angelegten Sprachform, auf einer Sozialisation von Sprachbeherrschung und der Fähigkeit zu Kommunikation zwecks gemeinschaftlicher Steuerung seiner Sozialverhältnisse, also dem, was eigentlich unter >Demokratie< und unter >Kultur< zu verstehen ist. Dass bei mangelnder Sprachbeherrschung und gar bei einer mangelnden kulturellen Sprach-Entwicklung Ideologien und autoritäre Strukturen mit der Drohung und dem Gebrauch von Gewalt auftreten (auch als Exekutive), ist von den gegebenen Einsichten schlichtweg zwangsläufig, ebenso, dass in solchen Ansätzen bei der humanevolutionären Anlage des >Menschen< keine dauerhafte Lösung zu erreichen war, wie es sich historisch zeigt.

Damit ergibt sich ein erster Anhalt, dass es unter den Notstandsproblemen am >Ende der Eiszeit< vielmehr in Teilen zu einem Rückfall hinter die humanevolutionäre Entwicklung kam, woraus einige eskalative Probleme folgten. Dass diese Rückfälle in vielerlei Hinsichten an Sachverhalte vor der Humanevolution erinnern (>Affentheater<), ist nicht als Zufall zu sehen – sondern als eine definitive neurologische Problematik, die im Fall unzureichender Entwicklung von Kultur und Persönlichkeit unweigerlich in Erscheinung tritt. Doch ist dies auf keinen Fall mit Biologie im eigentlichen Sinn oder mit Sachverhalten der (Human-) Evolution zu verwechseln, sondern in jedem Fall eine unzureichende Entwicklung von Kultur, so etwa als >Eingeborenentum<, als >selbst verschuldete Unmündigkeit< usw.

Zu diesem Rückfall hinter die Humanevolution gehört auch, in der Entwicklung von Technologie sein Heil und „Kultur“ lediglich als Garnierung und Freizeitgestaltung zu begreifen.

In Bezug auf die weitere historische Entwicklung ist noch immer das Werk >Mythos der Maschine< von Lewis Mumford lesens- und bedenkenswert, auch wenn es bzgl. der Zeit vor 3.000 v. Chr. nicht mehr aktuell ist. In erster Linie empfehle ich das Buch des US-amerikanischen Historikers **William H. McNeill:** *Krieg und Macht. Militär, Wirtschaft und Gesellschaft vom Altertum bis heute.* Es entspricht im Grundsätzlichen meinen Erkenntnissen (das Buch setzt aber erst mitten in der Zeit des Alten Orients ein).

Näheres über die Entwicklungen ab dem >Ende der Eiszeit< mit ihren Konsequenzen bzgl. der Auffassung des historischen Prozesses enthält mein Buch **>Die kopernikanische Wende unseres Weltgeschichts-Bildes<** (September 2018, s. dazu auch hier S. 343)

## 9.2 Inmitten einer neuen evolutionären Transformation *

Das, was sich nun aus der übergreifenden evolutionären Perspektive in Hinsicht auf die >historische Entwicklung< darstellt, ist, dass wir es seit der fundamentalen Krise am >Ende der Eiszeit< mit der Entwicklung einer neuen evolutionären Stufe zu tun haben.

---

* Der Begriff >Transformation< spielt auf internationale Debatten und Initiativen an, s. dazu im Besonderen das Buch: Uwe **Schneidewind**, Die Große Transformation – Eine Einführung in die Kunst des gesellschaftlichen Wandels (Frankfurt/M 2018)

Diese Überlegung ist nicht neu. Im Grunde steckt sie auch in dem alten Modell der Fortschritts-Geschichte, und es gibt noch andersartige Konzeptionen der Sicht einer neuen evolutionären Stufe. Dennoch meine ich, dass dieser Sachverhalt von den sich inzwischen darstellenden Daten noch etwas anders zu denken ist.

Die Vorstellung von >Hochkultur< besteht nicht ohne Grund. Es ist effektiv zutreffend, dass die ursprüngliche = paläolithische Kultur weder als *endgültiges* Optimum noch insgesamt als evolutionär dauerhaft zureichend gesehen werden kann. Die entstandenen Probleme sind kein Zufall. Wenn auch die Naturkatastrophen am >Ende der Eiszeit< außergewöhnlich dramatisch waren, eben Phänomene eines >geologischen Umbruchs< (vom Pleistozän auf das Holozän), so gehört es doch zu dem Sachverhalt der Realitätsfähigkeit einer Art, auch geologische Umbrüche bewältigen zu können, wie dies etwa auch den >Affen< usw. möglich war. An diesem Punkt zeigte sich, dass die ursprüngliche Kultur des *Homo sapiens* insgesamt noch nicht zureichte.

In gewisser Weise ist die Großhirn-Evolution aus ihrer besonderen Fähigkeit in der Bewältigung von geologischen Krisen hervorgegangen, und wir sehen in der historischen Entwicklung, dass es das Aufkommen existenzialer Probleme in dem geologischen Umbruch am >Ende der Eiszeit< war, das die menschliche Intelligenz zu völlig neuen Leistungen und Entwicklungen anregte. So können wir die historische Entwicklung in einem Teil als eine Art evolutionären Schub *bzgl. der Entwicklung von Kultur* begreifen, der inzwischen eine Stufe erreicht hat, die eine völlig neuartige historische Perspektive in den Raum stellt.

Wenn es bislang gemeinhin auch falsch verortet war, so ist es durchaus richtig, dass das Potential zu Nahrungsproduktion und der weiteren technologischen Entwicklung als Basis der evolutionär entscheidenden Fortschritts-Entwicklung begreifbar ist. Das inzwischen bestehende Potential an Nahrungs- und sonstiger Produktion reicht nicht bloß hin, die entstandenen Notstands-Probleme komplett zu beheben, sondern wir sind inzwischen auch schon zu einer Weltraum-Technologie gekommen, mit der sich mit der Zeit noch weitere völlig neuartige Entwicklungs-Möglichkeiten erschließen lassen.

Es mangelt schon lange nicht mehr an den Angeboten von Nahrung, Produktion, Technologien und Dienstleistung. Bereits in den 1830er Jahren wurde (schon vor Marx usw.) erkannt, dass in Wirklichkeit längst das Gegenteil das *Problem* ist: das *Überangebot*, das aufgrund der ökonomisch-politischen Zusammenhänge bislang regelmäßig in Kriege und einen allgemeinen gegenseitigen Selbstruin führte.

Das also, woran es in Wirklichkeit **seit dem >Ende der Eiszeit< bis heute** mangelt, verknüpft sich mit der Entwicklung von Kultur, Persönlichkeit und Sprach-Beherrschung. Dieser kulturelle Rückfall besteht in vielem als ein tatsächlich wahrhaft finsteres menschheitsgeschichtliches Mittelalter bis heute fort, und dieser Stand reicht für die Bewältigung der evolutionären Anforderung etwa in sozialer Hinsicht nicht hin. So richtig es auch ist, die >Hochkultur< als menschliche Möglichkeit zu begreifen, so wichtig ist es, überhaupt erst einmal zu verstehen, was Kultur im tatsächlichen Sinn: in der genetisch-biologischen Anlage des Menschen bedeutet.

So sehr die technologischen Entwicklungen an sich sehr wohl als Fortschritte gewürdigt werden können, so ist die der Vorstellung von „Hochkultur“ zugrunde liegende Verwechslung von Technik und Kultur tatsächlich Bestandteil des seit dem >Ende der Eiszeit< entstandenen Mangels an Entwicklung von Kultur, Bewusstsein und Persönlichkeit, sonst würde man so fundamentale Unterschiede (vergleichbar mit >Umsatz< und >Gewinn< bei zumal Roten Zahlen) nicht verwechseln.

Es zeigte sich bereits in der humanevolutionären Entwicklung, dass das Technologische zum Überleben nicht hinreicht und darin nicht die Lösung liegt, weil das eigentliche evolutionäre und auch das historische Problem – bis auf die besonderen Krisen in den geologischen Umbrüchen, womit wir jedoch seit 10.000 Jahren nicht mehr zu tun haben - gar nicht in Hinsicht auf Versorgung liegt, sondern im Sozialen. Die historische Linie zu den beiden Weltkriegen und dem Faschismus sollte endlich wahrgenommen und in seinem tatsächlichen Inhalt endlich auch begriffen werden - sonst kann bei den Geschichts-Darstellungen auch nicht mehr im Ernst von Wissenschaft gesprochen werden.

In gewisser Weise sind wir in der eigentlichen kulturellen Hinsicht durch die Naturkatastrophen des geologischen Umbruchs am >Ende der Eiszeit< auf den Anfang der humanevolutionären Entwicklung zurückgeworfen worden. Wir haben von daher wieder mit exakt den gleichen Problemen des Gerangels um Macht, Ränge und >erotische Attraktivität< wie am Anfang der humanevolutionären Entwicklung zu tun, nur diesmal mit dem ganz anderen Bestand an Technologie und Wissen. Dies ist Problem wie Chance zugleich.

Die Chance besteht darin, dass wir heute die menschliche Situation humanwissenschaftlich in Persönlichkeit und Sozialwesen weltweit über die gesamte Geschichte bis weit in die Evolution zurück überblicken können und die organisatorischen Möglichkeiten haben, die entstandenen sozialen Probleme zu beheben.

Die vorhandenen Technologien können hierfür eine bedeutsame Hilfe sein. Doch liegt in ihnen selbst an sich nicht die geringste Lösung, sondern bei den bisherigen alten historischen Prämissen nur das sichere Scheitern. Dieses Problem belegt sich nicht bloß in der geschichtlichen Linie der eingebildeten „Hochkulturen“ und tatsächlichen Notstands-Technokratien bis hin zum Faschismus und den Weltkriegen usw., sondern auch schon in den evolutionären Vorformen. Die Lösung verknüpft sich genau wie in der Humanevolution **ausschließlich** mit der Entwicklung von Kultur und Persönlichkeit, d.h. wenn die Technologien und Wissenschaften definitiv unter diesem *Primat* stehen und dafür gebraucht werden, sozial und ökonomisch Kultur zu schaffen und etwa das Problem der selbst verschuldeten Unmündigkeit zu beheben.

Eine >menschheitsgeschichtliche Neuzeit< kann bislang historisch ausschließlich da gesehen werden, wo in der Verarbeitung der historisch entstandenen Verhältnisse eine wirkliche Identität als >Mensch< entwickelt wird und von *dort* her eine Überwindung der menschlich entglittenen und entfremdeten Kultur- und Sozialverhältnisse aufgenommen wird. Die Hoch*kultur* als **menschlich verarbeiteter** technologischer und wissenschaftlicher Fortschritt ist sehr wohl eine menschliche Möglichkeit. Doch davon kann bislang in unserer gesellschaftlichen Anlage noch keine Rede sein, auch wenn es dafür schon über die ganze Geschichte hinweg bis heute viele wichtige und richtige Ansätze und Beiträge gibt.

Es ist inzwischen deutlich geworden, dass die Erde keine Scheibe und die Karibik noch nicht Indien ist. Vieles konnte man bis vor kurzem nicht besser wissen. Inzwischen ist jedoch die Geschichte bis in die ferne Evolution zurück zumindest im Grundsätzlichen überschaubar geworden. Dies bietet die Chance, endlich tatsächlich die Lösung der menschheitsgeschichtlichen Probleme zu erreichen, die am >Ende der Eiszeit< aufrissen und bis heute andauern. Ökonomisch, technisch und in Know How steht dafür alles Potential zur Verfügung. Es ist inzwischen deutlich geworden, dass sich so manches auf der sich nun abzeichnenden neuen historischen >Weltkarte< doch recht anders darstellt als noch bis vor kurzem gedacht. Die Karibik war noch nicht Indien, aber Indien wurde doch erreicht. Das Erreichen der *menschheitsgeschichtlichen* Neuzeit ist eine echte Möglichkeit, und dieser Prozess ist nun endlich auch effektiv verortbar geworden.

Was der Sachverhalt einer evolutionären Krise bedeutet, können wir also selbst erleben. In einem gewissen Sinn befinden wir uns wieder in der gleichen Lage wie in der humanevolutionären Krise vor Homo sapiens.

Die historische Entwicklung von Technologie und Wissenschaft zeigt in einem gewissen Rahmen durchaus Sinn und auch Notwendigkeit. Doch alles hängt davon nun ab, den am

>Ende der Eiszeit< entstandenen Rückfall hinter die Humanevolution mit ihren Formen an Macht, Gewalt, Popanz und kultureller Verwahrlosung zu überwinden.

Wenn dies gelingt, dann werden wir eine neue Ära der Menschheit erreichen, in der die kulturelle Entwicklung auf eine höhere technologische Stufe gestellt ist und in der die Technologie wieder menschlich und sozial angeeignet ist. Es geht nicht um ein Zurück zur „Natur“, sondern um das Zurück zu Kultur, Bewusstheit und einer zureichenden Persönlichkeits-Entwicklung, insbesondere in dem Verstehen von dem, worum es sich neurologisch bei uns Homo sapiens bei >Sprache< handelt: nicht eigentlich um >Wissen bzgl. von Realität<, sondern als Instrument der Selbst-Steuerung und von Kommunikation incl. einem fähigen Konflikt-Umgang, nicht zuletzt in Sachen >Liebe< und in dem, was beim Menschen unter >Beziehung< zu verstehen ist.

# Literatur-Liste

Das inhaltliche Problem bzgl. der >Humanevolution< wirft auch einige Schwierigkeiten bzgl. der Literatur auf, da hier die spezifischere Fachliteratur *in dieser Hinsicht* nicht sehr ergiebig erscheint, zumindest bei dem, was mir bislang dazu bekannt wurde. Auch das Buch >Die Frühzeit des Menschen< von Friedemann Schrenk behandelt im Grunde ausschließlich die Sachverhalte **vor** der eigentlichen Humanevolution (in dem hier dargestellten Sinn). Manche ältere Literatur bot hier inhaltlich bzgl. des Eigentlichen mehr.

Weit wichtiger *für die behandelte* Thematik erscheinen neuere Einsichten bzgl. von Geschichte und Ethnologie wie von den Human- und Neurowissenschaften incl. dem Komplex Sprache, der meinen besonderen Schwerpunkt in den letzten Jahren bildete.

Friedemann **Schrenk**: Die Frühzeit des Menschen. Der Weg zum Homo sapiens; München, Beck 2008

Hermann **Parzinger**: Die Kinder des Prometheus, Eine Geschichte der Menschheit vor der Erfindung der Schrift, C.H. Beck Verlag München, 2014
(enthält auch den Bereich der Humanevolution)

Richard E. **Leakey** & Roger **Lewin**: Wie der Mensch zum Menschen wurde - Neue Erkenntnisse über den Ursprung und die Zukunft des Menschen, (Hamburg 1978), München 1985

Roger **Lewin**: Spuren der Menschwerdung, Die Evolution des Homo sapiens, Heidelberg 1992

**GEO Wissen:** Die Evolution des Menschen, Wie wir wurden, was wir sind. Heft September 1998, Hamburg 1998

Göran **Burenhult** (Hg.): Illustrierte Geschichte der Menschheit, (Hamburg) Augsburg 2000

**4 Millionen Jahre Mensch** - Das einzigartige Schauspiel zur Menschheitsgeschichte (Deutschland-Tournee 1997 – 2000 mit verschiedenen Ausstellungen, Katalog United Exhibits 1996)

Gabriele **Uelsberg** & Stefan **Lötters**: Roots/Wurzeln der Menschheit, Mainz (Verlag Philipp von Zabern), 2006 (Katalog zur Ausstellung Roots/Wurzeln der Menschheit im Rheinischen Landesmuseum Bonn 2006)

Ernst **Probst**: Deutschland in der Steinzeit, (1991), München 1999

Reinhard **Pohanka**: Die Urgeschichte Europas, Marixverlag, Wiesbaden, 2. Auflage 2016

**DIE ZEIT Welt- und Kulturgeschichte, Band 1:** Anfänge der Menschheit und Altes Ägypten, Hamburg 2006

**Saeculum Weltgeschichte**, hg. von Herbert Franke u.a., Freiburg, Basel, Wien 1965

**RelMen=** Die **Religion der Menschheit**, hg. Christel Matthias **Schröder**.
- Band I: Friedrich **Heiler**: Erscheinungsformen und Wesen der Religion, Stuttgart 1961, 2. verbesserte Auflage 1979
- Band 3: I. **Paulson**: Die Religion der nordasiatischen Völker
- Band 10,2: Hartmut **Gese**: Die Religionen Altsyriens, und: Maria **Höfner**: Die vorislamischen Religionen Arabiens

Jes Peter **Asmussen** & Jørgen **Læssøe** (Hg.): Handbuch der Religionsgeschichte, Göttingen 1971 - 1975

**Harenberg Lexikon der Religionen** – Die Religionen und Glaubensgemeinschaften der Welt, Redaktion Berthold **Budde** und Christine **Laue-Bothen**, Dortmund 2002

Der **Neue Pauly** – Enzyklopädie der Antike, hg. von Hubert **Cancik** & Helmuth **Schneider,** Stuttgart – Weimar 1997 ff.

Rolf Wilhelm **Bredrich** (Hg.), Herman **Bausinger**: **Enzyklopädie des Märchens** – Handwörterbuch zur historischen vergleichenden Erzählforschung, Berlin – New York, Band 4 1984

**Etymologisches Wörterbuch des Deutschen**, 2. Bände, erarbeitet im Zentralinstitut für Sprachwissenschaft Berlin unter der Leitung von Wolfgang Pfeifer, (1989) 2. Auflage, durchgesehen und ergänzt von Wolfgang Pfeifer, Berlin 1993

**Duden**, Band 7: Herkunftswörterbuch der deutschen Sprache, 2. völlig neu bearb. und erweiterte Auflage von Günther Drosdowski, Mannheim, Wien, Zürich, 1989, 5. Auflage 2014

Julius **Pokorny**: Indogermanisches Etymologisches Wörterbuch I, Bern – München 1959

## Sprachwörterbücher

Latein, Dänisch usw. sind hier nicht in Quellen aufgeführt
Die *Hochzeichen* in den Wortlisten bedeuten:

(alpha) [א] = Wilhelm **Gesenius**: **Hebräisches** und Aramäisches Handwörterbuch über das Alte Testament, bearb. von Frants Buhl, unveränderter Neudruck der 1915 erschienenen 17. Auflage, Berlin, Göttingen, Heidelberg, 1962

**Σ** [mit Seitenzahl] = Bruno **Meißner**: Die Keilschrift, (**Sumerisch**; Akkadisch), 3. völlig neu bearb. Auflage von Karl Oberhuber, Berlin 1967

## Wichtigere zitierte Literatur

Emmanuel **Anati**: Höhlenmalerei, (1997), Düsseldorf 2002

Bärbel **Auffermann** & Gerd-Christian **Weniger** (Hg.): Frauen - Zeiten - Spuren, Neanderthal-Museum, Mettmann 1998

Joachim **Bauer**: Prinzip Menschlichkeit. Warum wir von Natur aus kooperieren; (2006), TB: Wilhelm Heyne Verlag München, 2014 [7]

Joachim **Bauer**: Selbststeuerung. Die Wiederentdeckung des freien Willens; (2015), TB: Wilhelm Heyne Verlag München, 2018

Hans **Biedermann**: Knaurs Lexikon der Symbole, München 1989; Augsburg 2002

Hans-Jürg **Braun**: Das Jenseits – Die Vorstellungen der Menschheit über das Leben nach dem Tod, (1996) Insel Taschenbuch, Frankfurt/M – Leipzig 2000

Bill **Bryson**: Eine kurze Geschichte der alltäglichen Dinge, (Original London 2010) Goldmann Verlag München 2011

Henning **Christoph**, Klaus E. **Müller** & Ute **Ritz-Müller**: Soul of Africa - Magie eines Kontinents, Köln 1999

Jean **Clottes** & David **Lewis-Williams**: Schamanen – Trance und Magie in der Höhlenkunst der Steinzeit, Sigmaringen 1997

Hoimar von **Ditfurth**: Der Geist fiel nicht vom Himmel, Die Evolution unseres Bewusstseins, (Hamburg) (Augsburg 1990)

Hoimar von **Ditfurth**: Im Anfang war der Wasserstoff (Hamburg 1972), München/Zürich 1975

Jeff **Doring** (Hg.): Gwion Gwion, Dulwan Mamaa - Geheime und heilige Pfade der Ngarinyin, Aborigines in Australien, Köln 2000

Mircea **Eliade**: Geschichte der religiösen Ideen, Freiburg, Basel, Wien, Band I: (1978). 1990[6], Band II 1979

Erik H. **Erikson**: Identität und Lebenszyklus, Frankfurt/M 1966; 1973, 9. Aufl. 1985

Clarissa Pinkola **Estés**: Die Wolfsfrau. Die Kraft der weiblichen Urinstinkte. München (1993), TB 1996

Brian **Fagan**: Die Eiszeit – Leben und Überleben im letzten großen Klimawandel, Theiss Verlag Stuttgart, 2009

Hans **Findeisen**/ Heino **Gehrts**: Die Schamanen - Jagdhelfer und Ratgeber, Seelenfahrer, Künder und Heiler, München 1983, 4. Auflage 1996

Andreas **Flitner**: Spielen-Lernen. Beltz Taschenbuch, Weinheim und Basel 2002 (erweiterte Neuausgabe der Veröffentlichung des Piper-Verlages München)

Erich **Fromm**: Die Kunst des Liebens, Großdruck Frankfurt/M, Berlin 1989

Erich **Fromm**: Leben zwischen Haben und Sein, (hg. von Rainer Funk), Freiburg, Basel, Wien, 1993

Daniel **Goleman**: Emotionale Intelligenz (Original New York 1995; dt. München – Wien 1995), dtv München 1997

Daniel **Goleman**, Paul **Kaufman** & Michael **Ray**: Kreativität entdecken, (1997), dtv München, 1999, 2. Auflage 2000

A.C. **Grayling**: Wittgenstein, Herder Verlag Freiburg – Basel – Wien o. J.

Harald **Haarmann**: Universalgeschichte der Schrift, Frankfurt/M – New York, 2. Aufl. 1991, Sonderausgabe Köln 1998

Harald **Haarmann**: Weltgeschichte der Sprache – Von der Frühzeit des Menschen bis zur Gegenwart. Verlag C.H. Beck, München, 2006

Yuval Noah **Harari**: Eine kurze Geschichte der Menschheit, (München 2013, Original Israel 2011) Pantheon Verlag 2015[6]

Steven C. **Hayes** & Spencer **Smith**: In Abstand zur inneren Wortmaschine, Ein Selbsthilfe- und Therapiebegleitbuch auf der Grundlage der Akzeptanz- und Commitment-Therapie (ACT), dgvt-Verlag, Tübingen, 2007

Friedrich **Heiler**: Erscheinungsformen und Wesen der Religion, Stuttgart 1961, 2. verbesserte Auflage 1979

Gerald **Hüther**: Was wir sind und was wir sein könnten – Ein neurobiologischer Mutmacher, S. Fischer Verlag Frankfurt/M 2011; Fischer Taschenbuch 2013, 2017 [8]

Gerald **Hüther** & Christoph **Quarch**: Rettet das Spiel! Weil Leben mehr als Funktionieren ist. Carl Hanser Verlag München, 2016

Johan **Huizinga**: Homo Ludens, Vom Ursprung der Kultur im Spiel, Hamburg, (1956), 1981

Åke **Hultzkrantz**: Schamanische Heilkunst und rituelles Drama der Indianer Nordamerikas, München 1994, 1996[2]

David M. **Jones** & Brian L. **Molynaux**: Die Mythologie der Neuen Welt, Reichelsheim 2002

Michael **Jordan**: Die Mythen der Welt (Scherz Verlag, Bern, 1997), Patmos Verlag/Albatros Verlag, Düsseldorf, 2005

Carl Gustav **Jung**: Der Mensch und seine Symbole, Solothurn – Düsseldorf, 1968; 13. Aufl. der Sonderausgabe 1993

Friedhart **Klix**: Erwachendes Denken, Geistige Leistungen aus evolutionspsychologischer Sicht, Heidelberg - Berlin - Oxford, 1993

Wighart von **Koenigswald** & Joachim **Hahn**: Jagdtiere und Jäger der Eiszeit, Fossilien und Bildwerke, Stuttgart 1981

Martin **Kuckenburg**: Wer sprach das erste Wort? Die Entstehung von Sprache und Schrift, Konrad Theiss Verlag Stuttgart 2004

André **Langeney**, Jean **Clottes**, Jean **Guilaine**, Dominique **Simonnet**: Die schönste Geschichte des Menschen – Von den Geheimnissen unserer Herkunft, Bergisch Gladbach 2000

Richard **Lewontin**: Menschen, Genetische, kulturelle und soziale Gemeinsamkeiten, Heidelberg 1986

Max **Liedtke** (Hg.): Zur Evolution von Kommunikation und Sprache – Ausdruck, Mitteilung, Darstellung. Matreier Gespräche. Verlag austria medien service, Graz (A), 1998

Michel **Lorblanchet**: Höhlenmalerei - Ein Handbuch, Sigmaringen 1997

Alexander **Lowen**: Liebe und Orgasmus, Persönlichkeitserfahrung durch sexuelle Erfüllung, München (?) 1983, 6. Aufl. 1991

Alexander **Lowen**: Der Verrat am Körper, Der bioenergetische Weg, die verlorene Harmonie von Körper und Psyche wiederzugewinnen, Reinbek 1982

Alexander **Lowen**: Lust, Der Weg zum kreativen Leben, München 1979, 7. Auflage 1991

Helma **Marx**: Das Buch der Mythen (aller Zeiten aller Völker), Verlag Styria Graz, Wien, Köln & Eugen Diederichs Verlag München, 1999

John **McCrone**: Als der Affe sprechen lernte, Die Entwicklung des menschlichen Bewusstseins, Frankfurt/M 1992

Michael Lukas **Moeller**: Der Krieg, die Lust, der Frieden, die Macht. rororo Reinbek 1992

Michael Lukas **Moeller**: Die Wahrheit beginnt zu zweit. rororo Reinbek 1992, 34. Auflage 2014

Horst M. **Müller**: Sprache und Evolution – Grundlagen der Evolution und Ansätze einer evolutionstheoretischen Sprachwissenschaft. Verlag de Gruyter Berlin – New York, 1990

Horst M. **Müller**: Arbeitsbuch Linguistik, Eine Einführung in die Sprachwissenschaft, Ferdinand Schönigh, Paderborn – München – Wien – Zürich, 2., überarbeitete und aktualisierte Auflage 2009

Josef H. **Reichholf**: Das Rätsel der Menschwerdung. Die Entstehung des Menschen im Wechselspiel mit der Natur. Stuttgart (München) 1990 (Lizensausgabe)

Berthold **Riese** (Hg.): Schrift und Sprache (Verständliche Forschung), Heidelberg, Berlin, Oxford, 1994

Carl R. **Rogers**: Entwicklung der Persönlichkeit (Original 1961), Klett-Cotta, Stuttgart 1973, 20. Auflage 2016

Richard **Rudgley**: Abenteuer Steinzeit – Die sensationellen Erfindungen und Leistungen prähistorischer Kulturen, Wien 2001

Mario **Ruspoli**: Die Höhlenmalerei von Lascaux, Auf den Spuren des frühen Menschen, Augsburg, 1998

Oliver **Sacks**: Der Mann, der seine Frau mit einem Hut verwechselte, Rowohlt Taschenbuch Verlag, Reinbek bei Hamburg 1990 (1994) (Or. New York 1985)

Vjačeslav E. **Ščelinskij** & Vladimir N. **Širokov**: Höhlenmalerei im Ural – Kapova und Ignatievka, Die altsteinzeitlichen Bilderhöhlen im südlichen Ural, Sigmaringen 1999

Wolfgang **Schmidbauer**: Mythos und Psychologie, München 1970, Neuauflage 1999; Krummwisch 2001

Wolfgang **Schmidbauer**: Wie Gruppen uns verändern – Selbsterfahrung, Therapie und Supervision, Kösel-Verlag München, 1982

Wolf **Schneider**: Wir Neandertaler, Der abenteuerliche Aufstieg des Menschengeschlechts, (Hamburg, Gütersloh o.J.)

Manfred **Spitzer**: Lernen: Gehirnforschung und die Schule des Lebens, Spektrum Akademischer Verlag Heidelberg – Berlin, (2002), korrigierter Nachdruck 2003

Rachel **Storm**: Die Enzyklopädie der Östlichen Mythologie, Reichelsheim 2000

Piers **Vitebsky**: Schamanismus – Reisen der Seele, Magische Kräfte, Ekstase und Heilung, Köln 2001

Frans de **Waal**: Wilde Diplomaten – Versöhnung und Entspannungspolitik bei Affen und Menschen, Carl Hanser Verlag München – Wien, 1991 (Or. 1989)

# Weitere zitierte Literatur

Folgende Literatur erscheint in diesem Buch zumeist lediglich in einer Einzelinformation oder in einem Zitat


Margo **Anand**: Magie des Tantra: Die hohe Schule der Erotik, München 1995; 1997

Paul **Arnold**: Das Totenbuch der Maya, (Scherz Verlag) Gondrom Verlag, Bindlach 1991

Mary **Barnett**: Götter und Mythen des Alten Ägypten, Blindlach 1998

Joachim-Ernst **Berendt**: Nada Brahma, Die Welt ist Klang, (Insel Verlag Frankfurt/M 1983), Rowohlt Taschenbuch-Verlag Reinbek bei Hamburg, 1983, 1997

Sylvia & Paul F. **Botheroyd**: Lexikon der keltischen Mythologie, München 1999

Manfred **Brauneck**: Theater im 20. Jahrhundert, Programmschriften, Stilperioden, Reformmodelle, Reinbek (1982), aktualisierte Ausgabe 1986, 1988

Emma **Brunner-Traut** (Hg.): Altägyptische Märchen (Diederichs Märchen der Weltliteratur), Reinbek 1991, 1993

Friedrich **Burschell**: Schiller, Reinbek, 1958, 1987

Gert **Chesi**: Susanne Wenger – Ein Leben mit den Göttern, Schwaz (A) 1980

Fiona **Danks** & Jo **Schofield**: Spielplatz Natur – Mit Kindern die Natur spielerische entdecken, erleben und gestalten, (Original 2005), AT-Verlag Baden, München, 2008

Ronald **Daus**: Die Erfindung des Kolonialismus, Wuppertal 1983

Alain **Degré** & Sylvie **Robert**: Tippis Welt – Die Lehrjahre unserer Tochter unter den wilden Tieren Afrikas, München 2002, TB-Ausgabe (Ullstein) 2004

Keith **Dowman**: Geheimes, heiliges Tibet – Ein Führer zu den Mysterien des verbotenen Landes, Kreuzlingen, München 2000

Friedrich **Engels**: Herrn Eugen Dührings Umwälzung der Wissenschaft (>Anti-Dühring<), 1878, Ausgabe Dietz Verlag Berlin (DDR) 1970

Franz Xaver **Faust**: Totgeschwiegene indianische Welten, Eine Reise in die Philosophie der Nordanden, Gehren 1998

Edoardo **Fazzioli**: Gemalte Wörter, 214 chinesische Schriftzeichen – vom Bild zum Begriff, Wiesbaden 2003 (nach der 5. Auflage von 1991; Original Milano 1986)

Moshé **Feldenkrais**: Bewusstheit durch Bewegung, Der Aufrechte Gang, Frankfurt/M 1968, TB: 1978, 1985

Richard **Fester**: Die Eiszeit war ganz anders, Das Geheimnis der versunkenen Brücke nach Amerika, R. Piper & Co., München 1973

Richard **Fester**, Marie E.P. **König**, Doris F. **Jonas**, A. David **Jonas**: Weib und Macht - Fünf Millionen Jahre Urgeschichte der Frau, Frankfurt (1979), TB 1980, 1986

Sigrid **Früh**: Märchen von Drachen, Frankfurt/M 1988

Lilo **Gersdorf**: Orff, Reinbek, 1981

Jane **Goodall** (& Philipp Berman): Grund zur Hoffnung, Autobiographie, (Goldmann) München 2001

Marcel **Griaule**: Schwarze Genesis, Ein afrikanischer Schöpfungsbericht, (Freiburg, 1970) suhrkamp taschenbuch 1980

Wolfgang **Hadamitzky**: Langenscheidts Handbuch und Lexikon der Japanischen Schrift, Kanji und Kann, Berlin, München, Wien, Zürich, New York, o.J.

Elisabeth **Hämmerling**: Mondgöttin Inanna, Ein weiblicher Weg zur Ganzheit, Zürich 1990, 3.Aufl. 1994

Mihály **Hoppál**: Schamanen und Schamanismus, Augsburg 1994

Klaus **Lankheit**: Dokumentarische Neuausgabe von: Wassily Kadinsky, Franz Marc, Der Blaue Reiter, München 1965, überarbeitete Neuausgabe 1984, 1994

Robert **Lawlor**: Am Anfang war der Traum, Die Kulturgeschichte der Aborigines, München 1993

Stanley **Milgram**: Das Milgram-Experiment - Zur Gehorsamsbereitschaft gegenüber Autorität, Reinbek, (1974) 1982, 1988

Lewis **Mumford**: Mythos der Maschine, Kultur, Technik und Macht, Die umfassende Darstellung der Entdeckung und Entwicklung der Technik, Frankfurt/M 1977, 1986

Hans-Peter **Nolting**: Lernschritte zur Gewaltlosigkeit, Ergebnisse psychologischer Friedensforschung: Wie kollektive Gewalt entsteht – was man dagegen tun kann, Reinbek 1981

John S. **Pobee**: Grundlinien einer afrikanischen Theologie, Göttingen 1981

Rudolf **Pörtner**: Bevor die Römer kamen, Städte und Stätten deutscher Urgeschichte, (1961) München, Zürich 1964, 1976

Gerardo **Reichel-Domatoff**: Das schamanische Universum – Schamanismus, Bewusstsein und Ökologie und Südamerika, München 1996

Mark **Rowlands**: Der Philosoph und der Wolf – Was ein wildes Tier uns lehrt (London 2008) Piper Verlag München, 2010

Peter **Schellenbaum**: Nimm deine Couch und geh! Heilung mit Spontanritualen, (1992), München 1994, 1995[2]

Anton **Scherer** (Hg.): Die Urheimat der Indogermanen, Darmstadt 1968

Eckard **Schleberger**: Die indische Götterwelt – Gestalt, Ausdruck und Sinnbild, Ein Handbuch der hinduistischen Ikonographie, Köln 1986

Erika & Manfred **Taube**: Schamanen und Rhapsoden – Die geistige Kultur der alten Mongolei, Leipzig 1983

Antje **Tesche-Mentzen** & Herlinde **Koelbl**: Kunst von Kindern, München 2002

Désirée **v. Trotha**: Heisse Sonne Kalter Mond, Tuaregnomaden in der Sahara, München 2001, 2. Auflage 2002

Raoul **Vaneigem**: Handbuch der Lebenskunst für die jungen Generationen, Verlag Association, Hamburg 1977 (Or. Paris [1967])

Roger N. **Walsh**: Der Geist des Schamanismus – Geschichte, Heilung, Technik, (Düsseldorf – Zürich 1992) Düsseldorf 2003

Christoph W. Rosenthal

# Die kopernikanische Wende unseres Weltgeschichts-Bildes

Das komplementäre Werk zu dem Bereich Geschichte

Am >Ende der Eiszeit< stürzten die gigantischen Naturkatastrophen am >Ende der Eiszeit< seit vor etwa 13.000 Jahren die Menschheit weltweit in die Krise, insbesondere in den besonders komplizierten Verhältnissen im Nahen Osten in der Mitte zwischen drei Kontinenten.

Das Buch verfolgt in Aufnahme neuer Forschungseinsichten die Entwicklungen, die zur Lösung der entstandenen Probleme unternommen wurden. Aus ihnen resultierten die großen Fortschritte. Doch da nicht in allem Lösungen gelangen, kam es auch zu Eskalationen und zu Fehlentwicklungen, die sich ebenfalls bis heute fortpflanzten. Die große Chance besteht heute darin, dass die historisch entstandenen Probleme endlich überschaubar und verstehbar werden und die Möglichkeiten zur Lösung inhaltlich und materiell schon bereit stehen.

**Rediroma-Verlag**
**September 2018**

**Edition Neue Kultur**

Hg. Christoph W. Rosenthal

# Christel Rücker: Der 4. Februar

In diesem **Roman** lässt Christel Rücker ihre Mutter am Ende ihres Lebens die zentralen Geschehnisse ihres Lebens erzählen. Verlor Mutter Hermine 1914 mit nicht einmal 6 Jahren ihren Vater im Krieg, so wiederholt sich dieses Schicksal 1943, wo sie nun als Mutter von sechs Kindern mitten im Krieg Witwe wird. Als solche erlebt sie die Bombardierung Wuppertals, Evakuierung und Einsatz als Magd, die Rückkehr in das Nichts einer zerbombten Stadt und einige Folgen, als die äußere Not endlich Dramatik verlor.

Authentisch ist der Roman auch insofern, als dass die Autorin Christel Rücker (Jg. 1932) als Tochter selbst Betroffene der erzählten Geschichte ist. In der Auseinandersetzung mit der schwierigen Geschichte ihrer Mutter entsteht bei ihr und den anderen Geschwistern ein mitfühlendes und Anteil nehmendes Verstehen für die Mutter. Es ist ein Weg der Aufarbeitung und Heilung, der letztlich zu einem versöhnlichen Ende führt, in dem Beiden ein dankbares Annehmen ihres Lebens gelingt.

**Rediroma-Verlag 2018** **€ 8,95 (D)**